U0392163

国家社科基金重点项目"跨界流域生态补偿的一般均衡分析及横向转移支付研究"（证书号：20222345）

国家社科基金丛书
GUOJIA SHEKE JIJIN CONGSHU

跨界流域生态补偿的一般均衡 分析及横向转移支付研究

General Equilibrium Analysis and Horizontal Transfer Payment Study of
Ecological Compensation in Transboundary Watersheds

谢慧明　沈满洪　毛　狄　等著

人 民 出 版 社

目　录

序

　　生态文明建设造福民生福祉，关乎民族未来。具有中国特色的生态补偿实践，是实现人与自然和谐共生区域协同多赢发展的制度性创新。学理上，生态保护地区所维系或提升的，是清新的空气、干净的水、繁荣的生物多样性等社会公益属性的生态资产。由于部分生态资产例如干净的水具有定向即地表水随地势地貌从上游向下游的生态产品的自然转移，获取生态产品即干净的水的受益地区传统的认知是自然的恩赐而不需付费的。农耕文明时代，上游处于高地自然转移干净的水至下游，但也将洪水风险转移至下游，在某种意义上，也是一种自然均衡。但在工业文明时代，这种平衡被打破，上游修建水库保持水土而发展受限或滞后，下游获取免费生态产品也规避了洪灾等自然风险。生态文明建设，需要重塑自然生态经济社会系统的空间均衡，有偿享用生态服务或优质生态产品，实际上也具有市场"交易"的属性：上游向下游转移支付生态资产，下游向上游实施财政或货币的资产转移支付。实际上，国家财政投入到自然保护区的费用，也是一种较为典型的财政转移支付，维系生态资产，获取具有公共产品属性的生态公益的生态服务、生态产品。中国生态文明建设进程中的生态补偿作为一种制度或政策工具，已经涌现许多创新和有益探索，并且也有许多制度固化。从省内补偿到跨省补偿的流域生态补偿正在形成"中国模式"，从跨界视角切入研究流域生态补偿的一般均衡和横向转移支付问题具有更强的现实问题针对性和理论问题导向性。

宁波大学谢慧明教授主持的国家社科基金重点项目"跨界流域生态补偿的一般均衡分析及横向转移支付研究"的最终成果,遵循"文献综述—理论框架—成因剖析—机制设计—对策建议"的思路,第一,围绕"流域生态补偿""一般均衡分析"和"生态转移支付"这三个关键词对已有研究进行了系统梳理。第二,围绕"谁来补""补多少""怎么补"等基本问题在理想情形下构建了九大流域片区城市之间横向生态转移支付方案。第三,成因剖析明确了跨界流域生态补偿低效率的决定因素并为一般均衡分析的机制设计提供了学理支撑。第四,在央地分权体制下构建动态随机一般均衡模型,为上下游居民、企业和地方政府参与流域环境共治共建共享提供了优化路径。第五,明确了跨界流域生态补偿机制的健全原则和完善举措等。

本专著聚焦于上游与下游的空间均衡、生态与经济的耦合均衡、政府与市场的主体均衡、公平与效率的目标均衡、供给与需求的制度均衡,贡献了基于流域补偿均衡论的生态补偿机制建立健全方案,在问题解析、概念解构、方法探索和创新实践等方面,作出了较为系统、深入的梳理和提炼。其学术价值主要表现在:一是构建了包含消费者、生产者、政府和环境的四部门动态随机一般均衡模型,将环境宏观经济学的主流政策分析框架运用于我国跨界流域生态补偿机制研究。二是注重从项目效率、契约效率和综合效率过渡到资金效率的演变过程以及包含资金效率的综合效率研究,揭示了跨界流域生态补偿低效率的体制和机制性成因。三是从跨界流域横向生态转移支付视角切入研究政府支出结构偏向,探讨了与经济发展水平相适应、与生态产品价值相匹配、与其他环保政策相协调的横向转移支付政策。课题组的10余篇阶段性成果业已刊发在具有学术影响力的中英文期刊上,阶段性成果《绿水青山的价值实现》获浙江省第二十一届哲学社会科学优秀成果奖一等奖(2021年12月)。

本专著的实践应用价值也值得赞赏：一是为健全生态补偿机制提供新探索和新经验。总结推广新安江流域生态补偿多年实践经验，为完善新安江流域生态补偿建言献策。二是为制定横向生态补偿机制办法提供新思路和新方法。建立跨界流域横向转移支付制度能优化补偿资金结构和完善绿色财政制度，为实施"以地方补偿为主，中央财政给予支持"的横向生态补偿机制提供创新路径。三是为探索和推动生态文明体制改革提供新动力和新举措。考虑政府支出偏向和财权事权匹配的补偿策略能明晰多元主体的补偿边界，在提高中央和地方两个积极性的同时为具有不同财政支出偏向的地方政府提供决策参考。基于课题研究的许多政策建议，获得决策者的肯定，得到主管部门的重视和采纳。

谢慧明教授作为本领域具有一定建树的青年学者，在生态经济学科研与决策实践的学术探索中，勤奋耕耘，锐意创新，成果的认可度较高。值其领衔的团队合作完成的重大成果完稿付梓，特作序推荐！

中国社会科学院学部委员　潘家华

2023 年 8 月

绪　论

生态文明建设关系人民福祉，关乎民族未来。作为生态文明制度的重要组成部分，生态补偿制度是落实生态保护权责、调动各方参与生态保护积极性、推进生态文明建设的重要手段。一直以来，中共中央、国务院高度重视生态补偿制度建设。"十二五"和"十三五"期间，我国跨省与多省合作的流域横向生态补偿试点以及市市合作、市县合作、县县合作的生态补偿实践不胜枚举。跨界流域生态补偿的一般均衡分析及横向转移支付研究从跨界视角切入研究流域生态补偿的一般均衡及横向转移支付问题具有重大的理论和现实意义。本章在梳理重点政策和回顾具体实践的基础上，明确了突出问题和研究意义、研究思路和基本框架，最后聚焦重点难点明确主要创新。

第一节　我国生态补偿的重点政策和流域生态补偿实践

"十二五"期间，2013 年 11 月 12 日，党的十八届三中全会全体会议通过的《中共中央关于全面深化改革若干重大问题的决定》提出，要实行资源有偿使用制度和生态补偿制度。坚持谁受益、谁补偿原则，完善对重点生态功能区的生态补偿机制，推动地区间建立横向生态补偿制度。2015

年 9 月 21 日，中共中央、国务院印发的《生态文明体制改革总体方案》提出，到 2020 年构建起由自然资源资产产权制度和国土空间开发保护制度等组成的生态文明制度体系。由此，生态文明体制的"大厦"筑成，资源有偿使用和生态补偿制度成为"四梁八柱"之一。

"十三五"期间，生态补偿制度作为新时代生态文明制度建设的重要组成部分，被提到了前所未有的高度。党的十九大报告明确指出，要建立市场化、多元化生态补偿机制。党的十九届四中全会通过的《中共中央关于坚持和完善中国特色社会主义制度 推进国家治理体系和治理新能力现代化若干重大问题的决定》明确要求落实生态补偿制度。党的十九届五中全会通过的《中共中央关于制定国民经济和社会发展第十四个五年规划和二〇三五年远景目标的建议》提出要建立生态产品价值实现机制，完善市场化、多元化生态补偿。期间，《关于健全生态保护补偿机制的意见》是"十三五"期间生态补偿制度建设和实践的纲领性文件。

2016 年 12 月 20 日，财政部、环境保护部、国家发展和改革委、水利部联合出台了《关于加快建立流域上下游横向生态保护补偿机制的指导意见》，明确提出要通过横向生态补偿促进改善流域水环境质量。2020 年 4 月 20 日，财政部、生态环境部、水利部、国家林业和草原局联合印发了《支持引导黄河全流域建立横向生态补偿机制试点实施方案》，提出要建立黄河流域生态补偿机制管理平台、中央财政安排引导资金和鼓励地方加快建立多元化横向生态补偿机制等举措。2021 年 4 月 16 日，财政部、生态环境部、水利部、国家林业和草原局联合印发了《支持长江全流域建立横向生态保护补偿机制的实施方案》，明确了长江全流域横向生态保护补偿机制建设时间表，引导推进跨省流域生态补偿机制建设。2021 年 9 月 12 日，中共中央办公厅、国务院办公厅印发了《关于深化生态保护补偿制度改革的意见》，对纵向补偿、横向补偿和补偿重点等都提出了明确要求，如逐步增加重点生态功能区转移支付规模，鼓励地方加快重点流域跨省上下游横向生态保护补偿机制建设，开展跨区域联防联治等。

总之，从国家层面看，生态保护补偿实践经历了从试点到推广、从机制到体制、从局部区域到全国范围的变化。就跨界流域生态补偿而言，国家政策从支持建立省内流域上下游生态补偿机制，到引导跨省上下游横向生态补偿合作，再到正在推进的多个省份（长江、黄河全流域）横向生态补偿制度和平台建设。从省际层面看，建立了省级纵向和横向生态补偿机制，试点了跨省横向生态补偿机制，再到跨省合作和长江黄河全流域横向生态补偿机制建设，流域生态补偿实践成果丰硕。截至 2021 年 10 月，除了西藏和新疆及港澳台地区，29 个省（自治区、直辖市）都已建立了省内流域生态补偿机制，18 个省（自治区、直辖市）参与开展了 13 个跨省与多省合作的流域横向生态补偿试点（二轮及以上协议签订不单独计算），如表 0—1 所示。市市合作、市县合作、县县合作生态补偿更是不胜枚举，如表 0—2 所示。

从表中可以看出，省际跨界流域生态补偿的具体实践经历了从"自下而上"探索到"自上而下"推动的过程。早在 2011 年，在财政部、环保部指导下，浙江省和安徽省率先建立了全国首个省际生态补偿试点。2012 年，陕西和甘肃两省迅速跟进，自主协商确立补偿标准，不失为省际生态补偿机制建设的又一有益尝试。2015 年，国家层面重磅文件《生态文明体制改革总体方案》出台，九洲江流域、汀江—韩江流域、东江流域相继建立跨省横向生态补偿机制，涉及广东、广西、福建、江西等多个省份，在全流域综合治理、生态养殖新模式、生态补偿考核与管理方式等多方面实现了系列创新。与此同时，为贯彻落实中央政策文件精神，滦河流域、赤水河流域、潮白河流域、酉水流域、滁河流域、渌水流域等流域横向生态补偿机制试点陆续推进，天津与河北、北京与河北、湖南与重庆等跨省合作相继实现；云南、贵州、四川则在赤水河流域建立了多省份的生态补偿机制，并与生态减贫实现协同；鉴于新安江流域、滦河流域、九洲江流域、东江流域的良好实践效果，对应的二轮及以上协议接连签订，流域生态补偿长效机制可期。此外，黄河流域第一个和第二个省际横向生态补偿机制试点分别在黄河流域豫鲁段以及四川—甘肃段建立，全流域生态补偿机制也值得期待。

表 0—1 跨省流域生态补偿实践和政策文件

省份	时间	补偿范围	部分政策	核算基准
浙江、安徽	2011 年 11 月	新安江流域	《关于新安江流域上下游横向生态补偿的协议（2012—2014 年）》	水质
陕西、甘肃	2012 年 1 月	渭河流域	《渭河流域环境保护城市联盟框架协议》	水质
浙江、安徽	2015 年 11 月	新安江流域二期	《关于新安江流域上下游横向生态补偿的协议（2015—2017 年）》	水质
广东、广西	2016 年 3 月	九洲江流域	《九洲江流域上下游横向生态补偿协议（2015—2017 年）》	水质
广东、福建	2016 年 3 月	汀江—韩江流域	《汀江—韩江流域上下游横向生态补偿协议（2016—2018 年）》	水质
广东、江西	2016 年 10 月	东江流域	《东江流域上下游横向生态补偿协议（2017—2019 年）》	水质
天津、河北	2017 年 11 月	滦河流域	《关于引滦入津上下游横向生态补偿的协议（2016—2018 年）》	水质
云南、贵州、四川	2018 年 2 月	赤水河流域	《赤水河流域横向生态补偿协议（2018—2020 年）》	水质
浙江、安徽	2018 年 11 月	新安江流域三期	《关于新安江流域上下游横向生态补偿的协议（2018—2020 年）》	水质
北京、河北	2018 年 11 月	潮白河流域	《密云水库上游潮白河流域水源涵养区横向生态保护补偿协议（2018—2020 年）》	水质
湖南、重庆	2018 年 12 月	酉水流域	《酉水流域横向生态保护补偿协议》	水质
广东、广西	2019 年 1 月	九洲江流域二期	《九洲江流域上下游横向生态补偿协议（2018—2020 年）》	水质

续表

省份	时间	补偿范围	部分政策	核算基准
江苏、安徽	2019 年 4 月	滁河流域	《关于建立长江流域横向生态保护补偿机制的合作协议》	水质
湖南、江西	2019 年 8 月	渌水流域	《渌水流域横向生态保护补偿协议》	水质
天津、河北	2019 年 12 月	滦河流域二期	《关于引滦入津上下游横向生态补偿的协议（2019—2021 年）》	水质
广东、江西	2020 年 1 月	东江流域二期	《东江流域上下游横向生态补偿协议（2019—2021 年）》	水质
山东、河南	2021 年 5 月	黄河流域（豫鲁段）	《黄河流域（豫鲁段）横向生态保护补偿协议》	水质
四川、甘肃	2021 年 9 月	黄河流域（四川—甘肃段）	《黄河流域（四川—甘肃段）横向生态补偿协议》	水质

表 0—2　跨市县流域生态补偿实践和政策文件

省份	时间	补偿范围	部分政策	核算基准
广东	2006 年 6 月	全省	《广东省跨行政区域河流交接断面水质保护管理条例》	水质
陕西	2009 年 12 月	部分区域	《陕西省渭河流域水污染补偿实施方案（试行）》	水质
山西	2009 年 10 月	全省	《山西省人民政府办公厅关于实行地表水跨界断面水质考核生态补偿机制的通知》	水质
	2013 年 7 月	全省	《关于完善地表水跨界断面水质考核生态补偿机制的通知》	水质
北京	2015 年 1 月	全市	《北京市水环境区域补偿办法（试行）》	水质
江苏	2007 年 12 月	部分区域	《江苏省环境资源区域补偿办法（试行）》《江苏省太湖流域环境资源区域补偿试点方案》	水质、水量
	2010 年 11 月	部分区域	《通榆河水环境质量区域补偿试点工作方案》	水质
	2014 年 10 月	全省	《江苏省水环境区域补偿实施办法（试行）》	水质

省份	时间	补偿范围	部分政策	核算基准
江西	2018 年 1 月	全省	《江西省流域生态补偿办法》	水质水量、森林质量
	2019 年 2 月	全省	《江西省建立省内流域上下游横向生态保护补偿机制实施方案》	水质
云南	2016 年 7 月	全省	《云南省跨界河流水环境质量生态补偿试点方案》	水质
	2017 年 4 月	部分区域	《昆明市滇池流域河道生态补偿办法（试行）》	水质、水量
湖北	2016 年 7 月	全省	《湖北省长江流域跨界断面水质考核办法》	水质
	2018 年 7 月	部分区域	《关于建立省内流域横向生态补偿机制的实施意见》	水质
河北	2008 年 3 月	部分区域	《关于在子牙河水系主要河流实行跨市断面水质目标责任考核并试行扣缴生态补偿金政策的通知》	水质
	2017 年 1 月	全省	《关于进一步加强河流跨界断面水质生态补偿的通知》	水质
安徽	2017 年 12 月	全省	《安徽省地表水断面生态补偿暂行办法》	水质
	2019 年 12 月	部分区域	《沱湖流域上下游横向生态补偿实施方案》	水质
宁夏	2017 年 7 月	全区	《关于建立流域上下游横向生态保护补偿机制的实施方案》	水质
辽宁	2008 年 10 月	全省	《辽宁省跨行政区域河流出市断面水质目标考核暂行办法》	水质
	2017 年 4 月	全省	《辽宁省河流断面水质污染补偿办法》	水质
浙江	2016 年 4 月	部分区域	《金华市流域水质考核奖惩实施办法（试行）》	水质
	2017 年 12 月	全省	《浙江省财政厅等四部门关于建立省内流域上下游横向生态保护补偿机制的实施意见》	水质、水量
	2018 年 7 月	部分区域	《金华市流域水质生态补偿实施办法（试行）》	水质、水量
吉林	2020 年 5 月	全省	《吉林省水环境区域补偿办法》	水质

省份	时间	补偿范围	部分政策	核算基准
福建	2015 年 1 月	全省	《福建省重点流域生态补偿办法》	水质、水量、森林质量
	2017 年 9 月	全省	《福建省重点流域生态保护补偿办法（2017 年修订）》	水质、水量、森林质量
河南	2010 年 2 月	部分区域	《河南省水环境生态补偿暂行办法》	水质、水量
	2017 年 6 月	全省	《河南省水环境质量生态补偿暂行办法》	水质
海南	2020 年 12 月	全省	《海南省流域上下游横向生态保护补偿实施方案》	水质
重庆	2018 年 6 月	全市	《重庆市建立流域横向生态保护补偿机制实施方案（试行）》	水质
天津	2018 年 1 月	全市	《天津市水环境区域补偿办法》	水质
四川	2018 年 9 月	部分区域	《沱江流域横向生态保护补偿协议》	水质
	2019 年 6 月	全省	《四川省流域横向生态保护补偿奖励政策实施方案》	水质、水量
山东	2010 年 5 月	部分区域	《小清河流域上下游协议生态补偿暂行办法》	水质、水量
	2011 年 8 月	部分区域	《墨水河流域生态补偿暂行办法》	水质
	2019 年 4 月	全省	《山东地表水环境质量生态补偿办法》	水质
	2021 年 7 月	全省	《山东省关于建立流域横向生态补偿机制的指导意见》	水质
湖南	2012 年 2 月	部分区域	《长沙市境内河流生态补偿办法（试行）》	水质、水量
	2015 年 4 月	部分区域	《湖南省湘江流域生态补偿（水质水量奖罚）暂行办法》	水质、水量
	2019 年 7 月	部分区域	《湖南省流域生态保护补偿机制实施方案（试行）》	水质、水量
黑龙江	2016 年 12 月	部分区域	《黑龙江穆棱河和呼兰河流域跨行政区界水生态补偿办法》	水质
贵州	2020 年 12 月	全省	《贵州省赤水河等流域生态保护补偿办法》	水质
内蒙古	2019 年 4 月	部分区域	《内蒙古自治区重点流域断面水质污染补偿办法（试行）》	水质

第二节　跨界流域生态补偿的突出问题和研究意义

生态补偿有广义和狭义之分。从广义生态补偿视角看，我国生态补偿经历了"生态补偿依附于环境管制"的初始阶段、"以'受益者补偿'为指导原则"的形成阶段和"建立健全生态保护补偿制度"的完善阶段。[1] 就流域补偿而言，虽然从省内补偿到跨省补偿的流域生态补偿"中国模式"正在形成，但是跨界流域生态补偿实践中补偿主体参与激励不足、补偿资金保障不可持续、上下游协商的高交易成本等问题依然存在。[2] 因此，从跨界视角切入研究流域生态补偿的一般均衡和横向转移支付问题具有更强的现实问题针对性和理论问题导向性。

一、跨界流域生态补偿是流域生态补偿与区际生态补偿的耦合，流域范围内的跨界问题是关键

《中共中央国务院关于加快推进生态文明建设的意见》要求建立地区间横向生态保护补偿机制，从区内补偿拓展为区际补偿是生态补偿机制建设的重要趋势。[3] 流域区际生态补偿是指通过流域生态补偿的社会化、市场化和法制化运行机制使流域区内各行政区之间形成相对合理的生态资源分配体系和利益安排。[4] 流域区际生态补偿可以是行政区域之间也可以是非行政区域之间，跨界流域生态补偿一般是指跨行政区域，包括跨国界、跨省界和跨市县等。我国跨界流域生态补偿研究主要集中在跨市县层面，

---

① 李国平、刘生胜：《中国生态补偿 40 年：政策演进与理论逻辑》，《西安交通大学学报（社会科学版）》2018 年第 6 期。
② 刘桂环、文一惠：《新时代中国生态环境补偿政策：改革与创新》，《环境保护》2018 年第 24 期；张捷：《我国流域横向生态补偿机制的制度经济学分析》，《中国环境管理》2017 年第 3 期。
③ 沈满洪：《生态补偿机制建设的八大趋势》，《中国环境管理》2017 年第 3 期。
④ 陈瑞莲、胡熠：《我国流域区际生态补偿：依据、模式与机制》，《学术研究》2005 年第 9 期。

跨省流域生态补偿较难推进。[①] 新安江流域生态补偿是全国首个跨省流域生态补偿机制试点，随后汀江—韩江流域、九洲江流域、东江流域、赤水河流域等跨省横向生态补偿相继推开。不论是跨市县流域生态补偿研究还是跨省流域生态补偿实践，相关分析一般是在"补偿主体、补偿对象、补偿标准"等补偿要素研究的基础上增加流域尺度，缺少对跨界问题本质的探讨。

二、健全生态补偿机制旨在提高补偿效率，一般均衡分析是跨界流域生态补偿机制创新的基础

补偿效率不仅是短期内的成本有效更应该是长期中对可持续保护行动的激励。[②] 项目效率说、契约效率说和综合效率说等分别从生态效益、经济效益、社会效益或综合效益维度给出了生态补偿制度安排的局部均衡结果。[③] 我国流域生态补偿缺少将水量和水质因素进行综合，缺少将自然和人为因素进行综合，缺少与宏观管理政策和经济政策等的相互配合。[④] 有限的跨界流域生态补偿效率研究主要集中在政策是否有效方面，更多的局

[①] 刘桂环、文一惠、张惠远：《中国流域生态补偿地方实践解析》，《环境保护》2010 年第 23 期；郑海霞：《中国流域生态服务补偿机制与政策研究：基于典型案例的实证分析》，中国经济出版社 2010 年版；乔旭宁、杨永菊、杨德刚：《流域生态补偿研究现状及关键问题剖析》，《地理科学进展》2012 年第 4 期。

[②] Martin, A., N. Gross-Camp & B. Kebede, et al., "Measuring Effectiveness, Efficiency and Equity in an Experimental Payments for Ecosystem Services Trial", *Global Environmental Change*, Vol. 28（2014）, pp. 216-226.

[③] 赵雪雁：《生态补偿效率研究综述》，《生态学报》2012 年第 6 期；李国平、张文彬：《退耕还林生态补偿契约设计及效率问题研究》，《资源科学》2014 年第 8 期；陈伟、余兴厚、熊兴：《政府主导型流域生态补偿效率测度研究——以长江经济带主要沿岸城市为例》，《江淮论坛》2018 年第 3 期。

[④] 阮本清、许凤冉、张春玲：《流域生态补偿研究进展与实践》，《水利学报》2008 年第 10 期。

部均衡分析围绕主体展开。[①] 局部均衡的主体分析包含了一般均衡分析的所有参与者，但尚未对主体关系的一般均衡过程进行深入研究。此外，可计算一般均衡模型和动态随机一般均衡模型等鲜被运用于跨界流域生态补偿研究，机制设计缺少一般均衡视角。

三、流域生态补偿要靠政府推动也靠市场激励，横向转移支付是跨界流域生态补偿的内在要求

流域生态补偿过程中市场失灵与政府失灵并存，市场手段与政府手段相互依赖，政府补偿发挥主导作用。[②] 政府补偿机制的发挥受政府支出规模影响，包括生态补偿的纵向和横向转移支付机制。然而，生态补偿财政转移支付明显呈现"纵多横少"格局。[③] 单一的纵向调节机制难以解决区域间横向生态环境成本分摊和生态环境利益分享等问题，故需加强横向生态转移支付制度建设。[④] 在横向生态转移支付制度建设和探索过程中，转移支付受政府支出结构偏向影响；[⑤] 地方利益、部门利益乃至财政管理体制等问题突出。[⑥] 因此，需要加强跨界流域生态补偿的横向转移支付研究，并基于政府支出的资源环境偏向来设计跨界流域生态补偿机制。

---

① 靳乐山、甄鸣涛：《流域生态补偿的国际比较》，《农业现代化研究》2008 年第 2 期；刘玉龙、胡鹏：《基于帕累托最优的新安江流域生态补偿标准》，《水利学报》2009 年第 6 期；徐大伟、涂少云、常亮等：《基于演化博弈的流域生态补偿利益冲突分析》，《中国人口·资源与环境》2012 年第 2 期；景守武、张捷：《新安江流域横向生态补偿降低水污染强度了吗？》，《中国人口·资源与环境》2018 年第 10 期。

② 葛颜祥、吴菲菲、王蓓蓓等：《流域生态补偿：政府补偿与市场补偿比较与选择》，《山东农业大学学报（社会科学版）》2007 年第 4 期。

③ 卢洪友、杜亦譞、祁毓：《生态补偿的财政政策研究》，《环境保护》2014 年第 5 期。

④ 卢洪友、余锦亮：《生态转移支付的成效与问题》，《中国财政》2018 年第 4 期。

⑤ 傅勇、张晏：《中国式分权与财政支出结构偏向：为增长而竞争的代价》，《管理世界》2007 年第 3 期；陈旭佳：《主体功能区建设中财政支出的资源环境偏向研究》，《中国人口·资源与环境》2015 年第 11 期；吕冰洋、张凯强：《转移支付和税收努力：政府支出偏向的影响》，《世界经济》2018 年第 7 期。

⑥ 李齐云、汤群：《基于生态补偿的横向转移支付制度探讨》，《地方财政研究》2008 年第 12 期。

总之，我国跨界流域生态补偿研究成果相对丰硕，但在补偿范围、补偿框架和补偿方式上呈现"三重三轻"现象：重区内生态补偿，轻区际生态补偿；重局部均衡分析，轻一般均衡分析；重纵向转移支付，轻横向转移支付。

四、研究意义

本书将以新安江流域生态补偿为例，围绕效率补偿原则探究一般均衡分析框架下跨界流域生态补偿中不同参与主体的效用变化和福利损益，并基于公平补偿原则探究跨界流域横向转移支付中的均衡性转移支付和生态转移支付及与其他环保政策的协同效应。该研究具有如下两方面意义：

（一）学术价值

第一，构建了包含消费者、生产者、政府和环境的四部门动态随机一般均衡模型，将环境宏观经济学的主流政策分析框架运用于我国跨界流域生态补偿机制研究。第二，注重从项目效率、契约效率和综合效率过渡到资金效率的演变过程以及包含资金效率的综合效率研究，揭示了跨界流域生态补偿低效率的体制和机制性成因。第三，从跨界流域横向生态转移支付视角切入研究政府支出结构偏向，探讨了与经济发展水平相适应、与生态产品价值相匹配、与其他环保政策相协调的横向转移支付政策。

（二）应用价值

第一，为健全生态补偿机制提供新探索和新经验。总结推广新安江流域生态补偿多年实践经验，为完善新安江流域生态补偿建言献策。第二，为制定横向生态补偿机制办法提供新思路和新方法。建立跨界流域横向转移支付制度以优化补偿资金结构和完善绿色财政制度，为实施"以地方补偿为主，中央财政给予支持"横向生态补偿机制提供创新路径。第三，为探索和推动生态文明体制改革提供新动力和新举措。考虑政府支出偏向和财权事权匹配的补偿策略以明晰多元主体的补偿边界，在提高中央和地方两个积极性的同时为具有不同财政支出偏向的地方政府提供决策参考。

第三节　跨界流域生态补偿的研究对象和基本思路

一、研究对象

　　跨界流域生态补偿研究可以是跨行政边界，如省市之间；可以是跨自然边界，如跨流域；明确的研究对象有助于进一步聚焦研究思路和框架。跨界流域生态补偿的一般均衡分析和横向转移支付研究是上下游区域典型消费者、生产者和政府在一般商品和生态产品市场中的选择和优化过程。以全国首个跨省流域生态补偿机制试点区——新安江流域为例，本书重点关注跨界流域生态补偿中的机制设计和政策创新。

　　（一）理论研究对象有消费者、生产者、政府和环境所构成的四部门经济

　　消费者、生产者和政府有上下游两类空间区域之分，即上游有消费者、生产者和政府，下游也有消费者、生产者和政府；政府又可以区分为中央政府和地方政府，地方政府包括省—市—县—乡镇四级。环境主要关注流域水资源、水环境和水生态，以水质和水量为两个基本分析单元，实践中往往以产权形式出现，如水权和排污权等。

　　（二）经验研究对象有新安江主要干支流流经的杭黄都市圈内县（市、区）

　　包括其下游富春江和钱塘江流经区域，主要有黄山市市辖区、黟县、

祁门县、休宁县、绩溪县、歙县以及杭州市市辖区、萧山区、富阳市、桐庐县、建德市和淳安县，皖浙交界断面国家级水质自动监测站位于黄山市歙县街口镇。由点及面，全国九大流域所有地级市层面上的横向转移支付方案也被尝试设计。

（三）政策研究对象有横向转移支付中的均衡性转移支付和生态转移支付

纵向转移支付和横向转移支付是两类最重要的政府补偿方式。其中，横向转移支付可以以协调发展为目的也可以以绿色发展为目的，两者的关系及其背后的补偿资金结构是关键。转移支付制度设计需要逐步考虑环境因素是政府支出绿色偏向研究和生态转移支付政策研究的重要内容。由于生态转移支付科目不单列，数值模拟时生态转移支付估算会基于均衡性转移支付核算。

二、基本思路

（一）研究框架的构建思路

遵循"文献综述—理论框架—成因剖析—机制设计—对策建议"的思路对跨界流域生态补偿机制进行研究。第一，围绕"流域生态补偿""一般均衡分析"和"生态转移支付"这三个关键词对已有研究进行系统梳理。第二，围绕"谁来补""补多少""怎么补"等基本问题在理想情形下构建九大流域片区城市之间横向生态转移支付方案。第三，成因剖析旨在明确跨界流域生态补偿低效率的决定因素并为一般均衡分析的体制设定和机制设计提供支撑，基于新安江流域生态补偿试点仿真模拟补偿资金及其结构变化对不同参与主体的具体影响。第四，在央地分权体制下构建动态随机一般均衡模型，为上下游居民、企业和地方政府参与流域环境共治共建共享设计机制和提供路径。第五，围绕横向转移支付政策明确跨界流域生态补偿机制的健全原则和完善举措等。

（二）一般均衡的分析思路

跨界流域生态补偿打破了原流域环境上下游分治的格局，通过一般商品流通和生态产品交易将上下游的居民、企业和地方政府有机地关联在一起从而实现中央政府改善流域环境的目的。跨界流域生态补偿的一般均衡分析思路如图0—1所示，其中实线为原局部均衡过程，点划线为一般均衡过程。

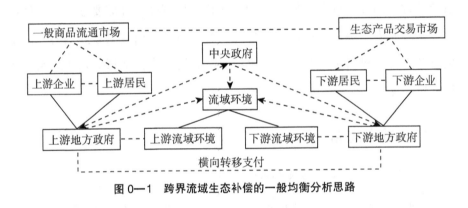

图0—1　跨界流域生态补偿的一般均衡分析思路

第四节　跨界流域生态补偿研究的重点难点和主要创新

一、重点难点

（一）跨界流域生态补偿城市主体的身份界定是重点，城市主体支付关系确立依据和支付标准是难点

跨界流域生态补偿需要城市主体，从横向转移支付视角切入重构城市主体关系并明确横向转移支付标准是补偿政策落地亟须攻克的理论难题；将生态转移支付纳入政府财政转移支付框架并推进横向生态转移支付是区

域政策创新的关键。第二篇明确了跨界流域生态补偿的城市主体，优化了补偿关系的确立原则，给出了城市间横向生态转移支付的理论方案。

（二）跨界流域生态补偿效率后评估是重点，揭示跨界流域生态补偿低效率的体制机制性成因是难点

跨界流域生态补偿效率的后评估方法选择、结果比较和低效率成因剖析等是重点，体制机制性成因的分类选择及理论观点提炼是难点，而且如何在新安江流域做到"以小见大"具有一定的技术难度。该重点难点将在第三篇着重回答，包括基于双重差分的财政环保支出绩效评估、上下游政府和居民的支付偏好以及可持续的跨界流域生态补偿制度安排等。

（三）跨界流域生态补偿的动态随机一般均衡模型构建是重点，模型化新型流域生态补偿机制是难点

如何设计并模型化区际流域生态补偿机制和生态产品交易机制是新型跨界流域生态补偿机制研究的理论难题，如何优化跨界流域生态补偿标准的设定原则和调整跨界流域生态补偿责任的分担比例等是仿真研究的难点。第四篇的第十二章和第十三章构建了包含环境部门的动态随机一般均衡模型，并模型化了生态补偿机制，在单区域模型揭示了生态转移支付与环境税的政策协调效应，在两区域模型揭示了生态转移支付与排污权交易的政策协调效应。

二、主要创新

跨界流域生态补偿的一般均衡分析及横向转移支付研究深入探讨了上游与下游的空间均衡、生态与经济的耦合均衡、政府与市场的主体均衡、公平与效率的目标均衡、供给与需求的制度均衡，贡献了基于流域补偿均衡论的生态补偿机制建立健全方案。文献综述篇研究表明，流域生态补偿

需要重点关注跨界机制、分担模式以及多元主体的多样目标，需要将环境动态随机一般均衡模型运用于跨流域和跨界的环境问题、水问题和气候变化问题等，需要将政府主导的横向生态补偿实践纳入转移支付框架进行研究。理论模型和经验研究表明：

（一）明确了跨界流域生态补偿的城市主体，基于产业联系优化了跨界流域生态补偿城市主体关系，突破了下游补上游的空间均衡

基于时空调节后的生态系统服务当量，以全国九大流域片为研究对象，在"谁开发谁保护，谁破坏谁恢复"原则的指导下，将城市主体两分为保护者和破坏者，四分为最优保护者、次优保护者、次劣破坏者和最劣破坏者。在特定流域范围内，上游会存在破坏者、下游也会存在保护者。从保护者角度出发，产业联系能力指数越大说明该城市主体可优先接受流域片内其他城市主体以产业资源输送、优势产业培育、先进技术帮扶、助力产品销售为主要方式的生态补偿。从破坏者角度出发，产业联系能力指数越大说明该城市主体由于生态保护力度不足所损失的生态效益相对更小，与之相比其产业联系能力相对较强且具备能够支撑当地经济水平发展的优势产业，可优先为流域片内部亟须补偿的城市主体提供相对成熟的产业资源、产业技术等。此时，单一的下游补上游空间均衡会被打破。

（二）跨界流域生态补偿低效率面临体制性和机制性成因，体制性因素主要是指环境分权，机制性因素包括主体偏好和经济社会因素等

在财政分权的背景下，财政自主度较低的地方政府更依赖于上级财政转移支付，从而更倾向于与上级政府偏好保持一致而非完全基于地方实际情况进行资源配置；为了追求政绩，其更愿意将资金用于短期内能提高环保水平的项目，忽略环保资金使用的效率和环保投入的可持续性。从居民

视角看，上游居民实践中甚少收到生态补偿资金，流域生态补偿的普惠性亟须提高；普惠的生态补偿不仅能增加上游居民的获得感，还能通过准确把握上游居民接受生态补偿的意愿及偏好，从而让他们得以获得与生态增益行为贡献相匹配的补偿。

（三）政府支出绿色偏向决定补偿规模及多元主体的出资比例，政府主导的跨界流域生态补偿需财力保障

在联合补偿支付框架下，下游政府和居民可按一定比例共同支付上游地区（生态产品提供者）；在新安江流域，该比例可以控制在1∶2。完善的流域生态补偿框架离不开中央政府和上下游地方政府的共同参与，财政分权体制下垂直环境财政不平衡是调整生态补偿责任的关键，央地遵循整体财权与环境事权相匹配原则确定出资比例。当然，流域生态补偿的责任分担需要考虑地方政府的支付能力，依据整体财权与环境事权相匹配原则划分的补偿责任需要随财政资金安排能力的改变而动态调整。

（四）跨界流域生态补偿标准确定需有效市场并要求市场有效，高补偿诉求和低实践标准是长期存在并难以调和的一对矛盾

合理的补偿标准应该在有效市场中形成并满足生态产品市场出清的有效性假说。若不满足，那么通过政府矫正渠道实现的跨界流域生态补偿至少需要维持跨界流域经济体的整体福利不变。跨界流域生态补偿标准一体化和要素市场化可以通过生态产品交易和市场失灵时的政府矫正两种渠道实现。前者旨在推动要素市场化，通过水权交易和排污权交易等方式实现；后者旨在实现标准一体化，通过均衡性转移支付和生态转移支付等方式实现。地方政府加强生态转移支付能力建设是调和这一对矛盾的有效方式。这就要积极推进市场主导下水权或排污权交易制度等与生态补偿制度的融合，要积极拓宽政府主导下生态补偿基金的来源渠道，要积极鼓励公众参

与生态补偿实践。

（五）制度耦合可以有效防范政府或市场失灵，横向转移支付方式能兼顾跨界流域生态补偿的公平和效率

在转移支付制度设计中逐步考虑环境因素所形成的生态转移支付或生态补偿需与经济发展水平相适应、与生态产品价值相匹配、与其他环保政策相协调。单一的横向生态转移支付制度会面临政府失灵风险，单一的排污权交易制度会面临市场失灵风险，横向生态转移支付制度与排污权交易制度的耦合可以有效地减少单一使用某一跨地区环境制度可能带来的政府或市场失灵风险。从政策组合来看，只有基于合适的排污权分配比例和横向生态转移支付标准，单一横向生态转移支付才会有效；单一的排污权交易制度难以同时实现经济总量、地区经济和居民效用的"三提升"；横向生态转移支付制度与排污权交易制度的耦合短期内可以实现两地区环境质量的改善但会造成经济的部分损失，长期则可以实现"三提升"。从流域实践的长效机制看，新安江流域跨界生态补偿协议之所以能够顺畅达成并持续运行，是由上游生态保护比较优势决定的必要性与下游经济发展比较优势所决定的可能性共同决定的，是由上下游共同的生态补偿制度需求与各级政府生态补偿制度供给的均衡所决定的。

第一章 流域生态补偿的研究进展及未来趋势

流域生态补偿一直是建立健全生态补偿机制的重要领域，流域生态补偿研究与传统生态补偿一致，重点围绕"谁来补""补给谁""怎么补""补多少"等问题展开。基于生态补偿的内涵外延可以进一步明确流域生态补偿的理论基础说、补偿内容说和制度二元说。流域生态补偿的研究进展包括理论依据的进展、标准制定的进展、典型模式的进展和绩效评价的进展四个方面。流域生态补偿分担模式及横向补偿的基础研究、流域生态补偿对民生及上下游共富的影响研究、流域生态补偿的支付偏好及其动机拥挤研究等是一般均衡框架下深入推进流域生态补偿机制研究的关键。

第一节 流域生态补偿的内涵外延

什么是生态补偿，国内外并没有一个统一的定义。国外使用较多的是环境服务付费（Payment for Environmental Services，PES）或是生态系统服务付费（Payment for Ecological Services，PES）这个名称。需要注意的是，生态补偿与环境服务付费或是生态系统服务付费其实并不是完全相同的概念，它们之间在内容范围、基本性质上还是有区别的，主要体现在如下方面：（1）内容范围上的不同。国外的生态系统服务付费主要强调生态系统服务提供者和生态系统服务购买者通过自愿交易市场机制来保障环境保护效率，而国内的生态补偿不仅采用诸如碳排放权交易、排污权交易、水权交易等市场化手段，还运用中央政府具有生态补偿特点的纵向财政转移支付、地方政府间横向财政转移支付这两种政府主导的手段。因此，相对生态系统服务付费，生态补偿的研究范围更广，不仅包括生态系统服务付费的所有内容，还包括碳排放权交易、排污权交易等内容。（2）基本性质上的差异。国内的生态补偿严格意义上是一个更具法律属性的概念，而国外的生态系统服务付费则是一个更具经济属性的概念。无论是纵向财政转移支付还是地方政府间横向财政转移支付，生态补偿更接近于对利益受损方的"补偿"，而不是互利双赢中的"得利"。而在生态系统服务付费中，生态系统服务提供者和生态系统服务购买者按市场价格达成自愿交易，实现互利双赢。尽管如此，国外的生态系统服务付费和国内的生态补偿在大多数时候更多被看成是同一个概念。① 具体来说，生态补偿的定义大体有如下三类分法。

一、理论基础说

生态补偿可以分为基于科斯理论、基于庇古理论，以及超越科斯和庇古理论的生态补偿。生态补偿的经典定义是旺德（Wunder, 2005）提出的，他将生态系统服务付费定义为自愿交易，即"由（至少）一个（最少）提供商的生态环境服务（ES）购买者，且仅当生态环境服务提供商确保生态环境服务条款（条件）时，购买了定义明确的服务（或可能用

---

① 靳乐山、吴乐：《中国生态补偿十对基本关系》，《环境保护》2019 年第 22 期；在没有特别说明的情况下，生态补偿和 PES 概念被同等。毕竟在国内外的实践中，生态补偿的内涵外延可以拓展延展和相互学习，经济属性和社会属性也可兼而有之。

于确保该服务的土地使用）的自愿交易"。[①] 旺德（2005）的定义倾向于将生态系统服务付费视为市场化的环境保护手段，通过利益相关者的私人谈判产生最大化的社会效益，被称为科斯式的生态系统服务付费。[②] 科斯分析着眼于直接的和相对短期的环境影响，从而评估生态系统服务付费的成本效益（效率），有时通过评估其对贫困的影响来补充。[③] 庇古式生态系统服务付费遵循庇古理论，即向正外部性补贴或负外部性征税，政府通过经济激励来调整边际私人收益与边际社会收益、边际私人成本与边际社会成本之间的背离，进而使环境服务外部性内部化。[④] 富有代表性的庇古式生态系统服务付费定义由穆拉迪恩等（Muradian, et al., 2010）提出，他们将生态系统服务付费定义为"社会参与者之间的资源转移，旨在创造激励措施，使个人和 / 或集体土地使用决策符合自然资源管理中的社会利益"[⑤]。穆拉迪恩等的定义体现了经济激励措施的重要性（与激励措施在生态环境服务的实际提供中所起的作用有关）、转移的直接性（生态环境服务提供者与生态环境服务的最终受益人之间进行调解的程度）、环境服务的商品化程度（可以评估和获取可测量数量的生态环境服务的程度和清晰度），而并不强调生态补偿的市场交易属性。[⑥] 相对于旺德的定义，穆拉迪恩等的定义更加符合生态经济学。在生态经济学中，生态

① Wunder, S., "Payments for Environmental Services: Some Nuts and Bolts", *CIFOR Occasional Paper*, No. 42（2005）, pp. 3–4.

② Muradian, R., M. Arsel & L. Pellegrini, et al., "Payments for Ecosystem Services and the Fatal Attraction of Win–Win Solutions", *Conservation Letters*, Vol. 6, No. 4（2013）, pp. 274–279.

③ Wunder, S., "Payments for Environmental Services: Some Nuts and Bolts", *CIFOR Occasional Paper*, No. 42（2005）, pp. 3–4; Wunder, S., "The Efficiency of Payments for Environmental Services in Tropical Conservation", *Conservation Biology*, Vol. 21, No. 1（2007）, pp. 48–58.

④ 吴健、郭雅楠:《生态补偿：概念演进、辨析与几点思考》,《环境保护》2018 年第 5 期。

⑤ Muradian, R., E. Corbera & U. Pascual, et al., "Reconciling Theory and Practice: An Alternative Conceptual Framework for Understanding Payments for Environmental Services", *Ecological Economics*, Vol. 69, No. 6（2010）, pp. 1202–1208.

⑥ 袁伟彦、周小柯:《生态补偿问题国外研究进展综述》,《中国人口·资源与环境》2014 年第 11 期。

可持续性和公平分配在促进社会利益方面优先于市场效率。[①] 根据生态补偿实践项目研究，生态补偿计划不是一定能带来环境服务的空间转移，金钱也不是唯一的激励因素，也就是说生态补偿无法从科斯理论和庇古理论获得解释，舒默斯等（Schomers, et al., 2013）将生态补偿定义为"广义的地区局部的制度转型"[②]。塔科尼（Tacconi, 2012）认为，条件性、附加性和透明性是生态系统服务付费的重要特征，至少应由生态系统服务提供者自愿参与。[③] 因此，他将生态系统服务付费定义修订如下：生态系统服务付费计划是一个透明的系统，用于通过有条件地向自愿提供者付款来额外提供环境服务。这个定义比旺德（2005）的定义更广泛，但比穆拉迪恩等（2010）提出的定义更具体。

二、补偿范围说

国内生态补偿有狭义广义甚至有中义之说，但对狭义、中义、广义三个层次的理解不尽相同。吕忠梅（2003）提出狭义广义之说，狭义的生态补偿是对生态系统、自然资源的破坏和环境污染的补偿、修复、综合治理等一系列活动的总称；广义的生态补偿还包括对因生态环境保护而丧失发展机会的区域内的居民资金、技术、实物、智力上的补偿和政策上的优惠，以及为增进生态环境保护意识，提高环境水平而进行的教育研发费用的投入。[④] 王金南等（2006）认为生态补偿不仅有狭义、广义，还应有中义之说。狭义的生态补偿就是生态（环境）服务功能付费，对应的是国外的生态系统服务付费概念；中义的生态补偿是在生态（环境）服务功能付

---

① Farley, J. & R. Costanza, "Payments for Ecosystem Services: From Local to Global", *Ecological Economics*, Vol. 69, No. 11（2010）, pp. 2060–2068.

② Schomers, S. & B. Matzdorf, "Payments for Ecosystem Services: A Review and Comparison of Developing and Industrialized Countries", *Ecosystem Services*, Vol. 6（2013）, pp. 16–30.

③ Tacconi, L., "Redefining Payments for Environmental Services", *Ecological Economics*, Vol. 73（2012）, pp. 29–36.

④ 吕忠梅：《超越与保守：可持续发展视野下的环境法创新》，法律出版社 2003 年版。

费的基础上，增加生态破坏恢复的内容，也就是"受益者补偿（Beneficiary
Pays Principle，BPP）"和"破坏者恢复（Polluter Pays Principle，PPP）"，
这构成生态补偿政策的核心；广义的生态补偿不仅包括对生态环境外部成
本内部化的环境经济手段，还包括与自然地域环境相关的区域协调发展政
策，总之囊括生态环境保护的所有经济手段。① 吕忠梅（2003）狭义的生
态补偿其实就是破坏者恢复，而对于广义的生态补偿，吕忠梅（2003）和
王金南等（2006）较为相似。王丰年（2006）提出，狭义的生态补偿就是
生态功能的补偿，也就是受益者补偿；广义的生态补偿是污染环境的补偿
和生态功能的补偿，和王金南等（2006）中义层次的解释是一致的。②

三、制度二元说

生态补偿制度的二元性是指生态补偿被区分为普遍义务生态补偿和特
殊义务生态补偿两种类型，这主要是由引发生态补偿中生态损害减轻行为
的前置性环境保护义务有普遍环境保护义务与特殊环境保护义务两种类型
而导致的。③普遍义务生态补偿是指由严重违背普遍环境保护义务的行为主
体采取针对性的生态损害减轻工程进行环境治理的行为和法律制度的总称。
特殊义务生态补是生态系统服务的使用者为了鼓励生态系统服务的提供者
进行生态损害减轻工程，而对后者进行经济补偿的法律行为和制度的总称。

综上分析，生态补偿的概念有多样化的解释，但无论从哪个角度去解
释，生态补偿本质上是通过提供激励来维持或重建生态系统服务供应的工
具，均突出了以激励换取生态环境保护这一核心内涵。尽管理论上生态补
偿是有利于生态环境保护的，但从研究和项目实践来看，生态系统服务付
费的实施一直是"相当混乱"的努力，其中实施了生态系统服务付费的

---

① 王金南、万军、张惠远：《关于我国生态补偿机制与政策的几点认识》，《环境保护》2006
年第 19 期。
② 王丰年：《论生态补偿的原则和机制》，《自然辩证法研究》2006 年第 1 期。
③ 辛帅：《论生态补偿制度的二元性》，《江西社会科学》2020 年第 2 期。

国家、地区和地方的社会政治和文化复杂性处于设计和实施的中心阶段。[①]
这种"混乱"揭示了"富有魅力"的生态系统服务付费至少有如下四个缺
点:(1)由于生态环境服务"提供者"的目标取决于多层次的治理安排,
效率和额外性原则在生态系统服务付费中通常起着次要作用。(2)由于方
法论上的困难,估计生态系统服务提供者的机会成本可能具有一定的挑战
性,从而使成本和收益的精确计算变得较为困难。(3)由于非经济理由和
一系列替代动机,生态系统服务付费参与者即使在付款低于其土地使用机
会成本的情况下也可能会接受保护。(4)在某些情况下,生态系统服务付
费可能会弱化那些维持对生物多样性保护和自然资源管理的非功利主义观
点的社会制度、文化价值观和动机。[②]此外,罗德里格斯·德·弗朗西斯
科和巴兹(Rodríguez-de-Francisco & Budds, 2015)提出了生态系统服务
付费的局限性,他们认为将生态系统服务付费作为促进生态环境保护和地
方经济社会协同发展的强大政策工具,不仅忽视了当地资源使用和管理的
复杂性,而且其参与者和出资者可以轻而易举地选择它们作为追求控制的

① Muradian, R., M. Arsel & L. Pellegrini, et al., "Payments for Ecosystem Services and the Fatal Attraction of Win-Win Solutions", *Conservation Letters*, Vol. 6, No. 4 (2013), pp. 274-279; Engel, S., "The Devil in the Detail: A Practical Guide on Designing Payments for Environmental Services", *International Review of Environmental Resource and Economics*, Vol. 9, No. 1-2 (2016), pp. 131-177; Ezzine-de-Blas, D., S. Wunder & M. Ruiz-Pérez, et al., "Global Patterns in the Implementation of Payments for Environmental Services", *PLoS One*, Vol. 11, No. 3 (2016).

② Ezzine-de-Blas, D., E. Corbera & R. Lapeyre, "Payments for Environmental Services and Motivation Crowding: Towards a Conceptual Framework", *Ecological Economics*, Vol. 156 (2019), pp. 434-443; Kosoy, N., M. Martinez-Tuna & R. Muradian, et al., "Payments for Environmental Services in Watersheds: Insights from a Comparative Study of Three Cases in Central America", *Ecological Economics*, Vol. 61 (2007), pp. 446-455; McCauley, D.J., "Selling Out on Nature", *Nature*, Vol. 443 (2006), pp. 27-28; Arsel, M. & B. Büscher, "Nature TM Inc.: Changes and Continuities in Neoliberal Conservation and Market-Based Environmental Policy Murat", *Development & Change*, Vol. 43, No. 1 (2012), pp. 53-78; Peluso, N.L., "What's Nature Got to Do with It? A Situated Historical Perspective on Socio-Natural Commodities", *Development & Change*, Vol. 43, No. 1 (2012), pp. 79-104; McAfee, K., "The Contradictory Logic of Global Ecosystem Services Markets", *Development & Change*, Vol. 43, No. 1 (2012), pp. 105-131; Kosoy, N. & E. Corbera, "Payments for Ecosystem Services as Commodity Fetishism", *Ecological Economics*, Vol. 69, No. 6 (2010), pp. 1228-1236.

手段，在扛着生态环境保护的旗帜下却过度使用资源。[①] 因此，就生态补偿而言，无论其技术定义是有条件的市场交易还是社会参与者之间的简单资源转移，重要的是要审视这些机制的表示、设计和实施方式，并超越官方的视野。流域生态补偿一直是建立健全生态补偿机制的重要领域。[②] 流域生态补偿可以从理论基础说、补偿内容说和制度二元说等给予界定，更可以具体化为补偿依据、补偿标准、补偿模式、补偿绩效等问题的讨论。

第二节　流域生态补偿的标准制定

流域生态补偿的标准制定遵循生态补偿标准制定的一般方法。生态补偿标准的制定方法归纳为如下几类。

一、投入成本类

在我国生态补偿制度实践初期，生态补偿较多地服务于在生态环境保护的直接生产成本或生态建设成本；在完善阶段，生态补偿开始全面考虑生态环境保护的直接生产成本或生态建设成本、发展机会成本和生态服务价值的补偿。[③] 饶清华等（2018）基于机会成本构建了闽江流域生态补偿标准测算模型，分类统计了 2010—2015 年闽江流域上游地区生态环境保护的直接成本和机会成本损失，并引入生态补偿系数，最终确定闽江流域下游地区支付给上游地区的补偿金额。[④] 机会成本法是被普遍认可、最有效率的确定生

---

① Rodríguez-de-Francisco, J. & J. Budds, "Payments for Environmental Services and Control over Conservation of Natural Resources: The Role of Public and Private Sectors in the Conservation of the Nima Watershed, Colombia", *Ecological Economics*, Vol. 117（2015）, pp. 295—302.

② 沈满洪：《生态补偿机制建设的八大趋势》，《中国环境管理》2017 年第 3 期。

③ 沈满洪、魏楚、谢慧明等：《完善生态补偿机制研究》，中国环境出版社 2015 年版，第224—226 页。

④ 饶清华、林秀珠、邱宇等：《基于机会成本的闽江流域生态补偿标准研究》，《海洋环境科学》2018 年第 10 期。

态补偿标准的方法，但因机会成本统计不完全，往往导致生态补偿不足。[①]

二、环境效益类

环境效益包括流域生态系统服务价值和选择容量价值。这里的生态系统服务价值不是存量价值，而是以区域生态恢复所产生的新增生态系统服务价值为依据。[②] 孙贤斌等（2020）先是借鉴断裂点公式估算出生态服务距离或范围，然后利用场强公式估算从生态系统服务提供区域流转（或扩散）到生态系统服务受益区域的生态服务功能量，但是这些模型的相关系数没有形成一个统一的标准。[③] 选择容量价值是一个从全新的视角来估算生态系统服务服务价值的指标，按照"共享共担"和"同工同酬"原则进行跨区域生态补偿核算。[④] 总之，生态补偿的标准核算不仅应该考虑生态系统服务价值，更应该考虑以生态系统服务的空间辅加所给生态系统服务受益区创造的价值。

三、博弈协商类

流域生态补偿上下游参与主体、中央政府与地方政府等生态补偿主体在生态补偿过程中往往采用博弈策略，因此构建博弈模型也是确定生态补偿标准的常用方法。石广明等（2012）运用斯塔克尔伯格模型来测算跨界流域生态补偿标准。[⑤] 胡振华等（2016）引入激励约束机制构建演化博弈

① Thuy, P., B. Campbell & S. Garnett, "Lessons for Pro-Poor Payments for Environmental Services: An Analysis of Projects in Vietnam", *The Asia Pacific Journal of Public Administration*, Vol. 31, No. 2（2009）, pp. 117-133; 秦艳红、康慕谊:《国内外生态补偿现状及其完善措施》,《自然资源学报》2007 年第 7 期。

② 吴娜、宋晓谕、康文慧等:《不同视角下基于 InVEST 模型的流域生态补偿标准核算——以渭河甘肃段为例》,《生态学报》2018 年第 7 期。

③ 孙贤斌、孙良萍、王升堂等:《基于 GIS 的跨流域生态补偿模型构建及应用——以安徽省大别山区为例》,《中国生态农业学报（中英文）》2020 年第 3 期。

④ 杨海乐、危起伟、陈家宽:《基于选择容量价值的生态补偿标准与自然资源资产价值核算——以珠江水资源供应为例》,《生态学报》2020 年第 10 期。

⑤ 石广明、王金南、毕军:《基于水质协议的跨流域生态补偿标准研究》,《环境科学学报》2012 年第 8 期。

模型，对漓江流域生态补偿利益均衡进行了分析。[①] 谭婉冰（2018）基于强互惠理论构建演化博弈模型，对湘江流域生态补偿进行了演化博弈的稳定性分析。[②] 于成学等（2014）运用鲁宾斯坦的讨价还价博弈模型对辽河流域生态补偿标准进行测算。[③] 总体而言，由于考虑到非完全信息和有限理想，这些演化博弈模型分析更加具现实意义。

四、支付意愿类

主要包括生态系统服务受益者的最大支付意愿金额或生态系统服务提供者的最低受偿意愿金额。生态补偿支付意愿的估算方法主要采用条件价值法和选择实验法。条件价值法是利用问卷调查，收集消费者对生态环境等公共产品的支付意愿，在流域生态补偿支付意愿估算中得到了广泛运用。比如，在太湖流域、湘江流域、赣江流域的生态补偿支付意愿估算中均运用了条件价值法。[④] 虽然条件价值法运用广泛，但该方法存在信息偏差、嵌入型偏差、排序偏差、假想偏差、策略性偏差等各种偏差，越来越多的学者开始转向选择实验法。[⑤] 王奕淇等（2020）基于选择实验法对渭河流域中下游居民的生态补偿支付意愿进行实证分析。[⑥]

---

① 胡振华、刘景月、钟美瑞等：《基于演化博弈的跨界流域生态补偿利益均衡分析——以漓江流域为例》，《经济地理》2016年第6期。
② 谭婉冰：《基于强互惠理论的湘江流域生态补偿演化博弈研究》，《湖南社会科学》2018年第3期。
③ 于成学、张帅：《辽河流域跨省界断面生态补偿与博弈研究》，《水土保持研究》2014年第2期。
④ 陈莹、马佳：《太湖流域双向生态补偿支付意愿及影响因素研究——以上游宜兴、湖州和下游苏州市为例》，《华中农业大学学报（社会科学版）》2017年第1期；肖俊威、杨亦民：《湖南省湘江流域生态补偿的居民支付意愿WTP实证研究——基于CVM条件价值法》，《中南林业科技大学学报》2017年第8期；赵玉、张玉、熊国保：《基于随机效用理论的赣江流域生态补偿支付意愿研究》，《长江流域资源与环境》2017年第7期。
⑤ 查爱苹、邱洁威、黄瑾：《条件价值法若干问题研究》，《旅游学刊》2013年第4期。
⑥ 王奕淇、李国平：《基于选择实验法的流域中下游居民生态补偿支付意愿及其偏好研究——以渭河流域为例》，《生态学报》2020年第9期。

综上分析，生态补偿标准的下限应当为生态系统服务提供者的直接生产成本和机会成本之和，生态补偿标准的上限应当为生态系统服务使用者从服务使用中获得的生态系统服务价值或选择容量价值。杨兰等（2020）以新安江流域生态补偿为例，构建基于机会成本法和生态系统服务价值法的跨流域生态补偿动态测算模型，将生态补偿分为试行和修复两个阶段，试行阶段采用机会成本法核算，而修复阶段运用生态系统服务价值法。[①]在实践中，生态补偿标准也应动态调整。

第三节 流域生态补偿的典型模式

流域生态补偿的模式主要可分为政府补偿、市场补偿和社会补偿。[②]政府补偿是流域生态补偿最重要的运营模式，国内外政府补偿的具体方式有财政转移支付、建设生态补偿基金、征收生态补偿税费、异地开发、项目支持和对口支援、生态彩票等。[③]其中，财政转移支付是政府生态补偿中最重要的补偿方式，包括中央对地方或地方上级政府对下级政府的纵向转移支付和地方同级政府间的横向财政转移支付两种类型。除资金补偿外，朱九龙（2016）提出基于联合生态工业园的横向生态补偿模式，通过"造血型"补偿，促使生态系统服务提供者实现经济社会的可持续发展。[④]市场补偿也得到了广泛的应用，具体方式主要有绿色偿付、配额交易、排污权交易、水权交易、碳汇交易、生态标签等。当然，市场补偿模式的形成需要一定的条件，一是受益方对流域生态系统服务功能与价值的认可与支

---

① 杨兰、胡淑恒：《基于动态测算模型的跨界生态补偿标准研究——以新安江流域为例》，《生态学报》2020年第17期。

② 高玫：《流域生态补偿模式比较与选择》，《江西社会科学》2013年第11期。

③ 聂倩、匡小平：《完善我国流域生态补偿模式的政策思考》，《价格理论与实践》2014年第10期；徐永田：《我国生态补偿模式及实践综述》，《人民长江》2011年第6期。

④ 朱九龙：《基于联合生态工业园的南水北调中线工程水源区横向生态补偿模式》，《水电能源科学》2016年第4期。

付意愿；二是产权明晰；三是成本收益率高。^①事实上，政府补偿和市场补偿在生态补偿实践的不同阶段，发挥着各自不同的作用，两者之间并不是彼此对立；相反，政府补偿和市场补偿可相互结合，取长补短。陈泽晖等（2012）提出了政府和市场行为配合实施的基于联合投资的流域生态补偿模式。^②社会补偿模式是政府补偿和市场补偿的重要补充，具体方式有非政府组织（NGO）参与型补偿模式、环境责任保险等。^③政府补偿、市场补偿和社会补偿各自的优缺点和适用范围见表1—1。比较发现，在流域生态补偿实践中，生态补偿模式相对单一，应逐渐探索多元化、混合式的生态补偿模式。

表1—1　生态补偿模式比较

模式	优点	缺点	适用范围	典型案例	具体做法
政府补偿	政府强制，比较容易推动和实施；短期效果显著^④	中央政府停止下放补偿资金后，生态补偿资金成为难题，激励性与持续性不佳	各类型流域生态补偿，尤其是跨界大中型流域生态补偿项目	新安江流域生态补偿^⑤	2010年，中央拨款5000万元作为新安江流域生态补偿试点的启动资金；2012—2014年，中央财政每年3亿元无条件拨给安徽用于新安江的治理，浙皖两省每年投入1亿元，若两省交界处的水质变好，浙江补偿安徽1亿元；若水质变差，安徽补偿浙江1亿元；水质没有变化，双方互不补偿。2015—2017年，中央财政以退坡原则分年补助4亿元、3亿元、2亿元，浙皖两省政府投入补偿资金增加到2亿元。2018年以来，开始探索多元化的补偿方式

① 高玫：《流域生态补偿模式比较与选择》，《江西社会科学》2013年第11期。
② 陈泽晖、曹国华、王小亮：《基于联合投资的流域生态补偿模式研究》，《西南师范大学学报（自然科学版）》2012年第1期。
③ 高玫：《流域生态补偿模式比较与选择》，《江西社会科学》2013年第11期。
④ 赵晶晶、葛颜祥：《流域生态补偿模式实践、比较与选择》，《山东农业大学学报（社会科学版）》2019年第2期。
⑤ 谢慧明、俞梦绮、沈满洪：《国内水生态补偿财政资金运作模式研究：资金流向与补偿要素视角》，《中国地质大学学报（社会科学版）》2016年第5期。

续表

模式	优点	缺点	适用范围	典型案例	具体做法
市场补偿	补偿主体间利益均衡、补偿方式灵活、补偿资金持续，补偿效果具备一定激励性	交易的盲目性、局部性和短期性；交易成本过高；实施需满足一定的条件	小型流域生态补偿项目	赤水河流域生态补偿①	贵州茅台集团与流域上游村民签订补偿协议，实施资金补偿、产业优化、人才培训、共建园区等多元化补偿方式。截至2018年，茅台集团共出资4.68亿元，修建5座污水处理厂，2017年共处理达标排放污水200多万吨
社会补偿	调动全社会公众参与流域生态补偿的积极性	生态补偿程度和规模较小、资金来源不稳定	各类型流域生态补偿，尤其是小流域生态补偿项目	世界自然基金会的洞庭湖长江项目②	每年投入一定资金用于洞庭湖流域的综合管理和保护工程，并为政府、学术机构等搭建学习交流平台
政府和社会资本合作	拓宽补偿资金来源、增加补偿资金总量、丰富补偿方式③	容易形成流域局部片段式治理、条块分割的局面	各类型流域生态补偿，尤其是跨界大中型流域生态补偿项目	永定河流域生态补偿④	2018年6月，由北京市牵头、会同津冀晋三省市和中国交建集团共同组建永定河流域投资公司，发挥政府和市场的协同作用，以水量为主、量质兼顾，分阶段、分步骤打造"成本共担、效益共享、合作共治"的永定河流域横向生态补偿样板

第四节　流域生态补偿的绩效评价

生态补偿绩效是对生态补偿政策实施后各方面的影响和效果进行综合

---

① 赵晶晶、葛颜祥：《流域生态补偿模式实践、比较与选择》，《山东农业大学学报（社会科学版）》2019年第2期。

② 邓雪薇、黄志斌、张甜甜：《新时代多元协同共治流域生态补偿模式研究》，《齐齐哈尔大学学报（哲学社会科学版）》2021年第8期。

③ 张丛林、黄洲、郑诗豪等：《基于赤水河流域生态补偿的政府和社会资本合作项目风险识别与分担》，《生态学报》2021年第17期。

④ 王东：《永定河流域治理PPP模式创新初探》，《建筑经济》2020年第3期。

分析和考核。[①]生态补偿绩效问题是生态补偿"后研究"的重要内容，日益受到学者和政策制定者的关注。[②]综观文献，生态补偿绩效的相关研究主要集中在评价方法、指标体系和效应评估三个方面：（1）评价方法。评价方法主要有荟萃分析、定量二元逻辑回归和定性文献分析、双重差分法、合成控制法和断点回归法，实证研究越来越多。[③]（2）指标体系。芦苇青等（2020）以国家财政转移支付类生态补偿为研究对象，基于 DPSIR 模型框架构建"生态补偿保障度—响应度"绩效评价指标体系，进而计算出青海省各地区不同年份生态补偿保障度—响应度效绩水平，以此判断国家财政转移支付型的生态补偿政策执行的有效性。[④]（3）效应评估。效应评估主要集中在生态补偿对生态环境的影响、对经济增长的影响、对民生的影响以及减贫效应和多元融资效果等，如表1—2所示。

表1—2　流域生态补偿绩效研究

作者	流域	研究方法	效应	结果
田雅翔等（2016）[⑤]	湘江流域	因子分析法	综合效应	对流域经济发展、环境治理带来积极影响，生态环境得到较大改善

①　虞慧怡、许志华、曾贤刚：《生态补偿绩效及其影响因素研究进展》，《生态经济》2016年第8期。

②　曲超、刘桂环、吴文俊等：《长江经济带国家重点生态功能区生态补偿环境效率评价》，《环境科学研究》2020年第2期；焦丽鹏、刘春腊、徐美：《近20年来生态补偿绩效测评方法研究综述》，《生态科学》2020年第6期。

③　Liu, Z. & A. Kontoleon, "Meta-Analysis of Livelihood Impacts of Payments for Environmental Services Programmes in Developing Countries", *Ecological Economics*, Vol. 149（2018），pp. 48-61; Ola, O., L. Menapacea & E. Benjamin, et al., "Determinants of the Environmental Conservation and Poverty Alleviation Objectives of Payments for Ecosystem Services (PES) Programs", *Ecosystem Services*, Vol. 35（2019），pp. 52-66；张晖、吴霜、张燕媛等：《流域生态补偿政策对受偿地区经济增长的影响研究——以安徽省黄山市为例》，《长江流域资源与环境》2019年第12期；刘聪、张宁：《新安江流域横向生态补偿的经济效应》，《中国环境科学》2021年第4期；林爱华、沈利生：《长三角地区生态补偿机制效果评估》，《中国人口·资源与环境》2020年第4期。

④　芦苇青、王兵、徐琳瑜：《一种省域综合生态补偿绩效评价方法与应用》，《生态经济》2020年第4期。

⑤　田雅翔、戴宇：《流域生态补偿机制绩效评价研究——以湘江为例》，《商》2016年第7期。

续表

作者	流域	研究方法	效应	结果
王慧杰等（2020）[1]	新安江流域	AHP—模糊综合评价法	综合效应	新安江流域生态补偿第一轮试点（2012—2014）政策实施效果整体较好，但对区域经济和社会发展的促进作用不显著
秦蓓蕾等（2021）[2]	东江流域	层次分析法	综合效应	只是构建了生态补偿绩效评价模型，并计算出三个维度层的指标权重，但并没有实际的评价
张晖等（2019）[3]	新安江流域	双重差分法	经济效应	实施生态补偿政策使黄山市的人均 GDP 降低 2.93%
刘聪等（2021）[4]	新安江流域	双重差分法	经济效应	生态补偿政策对上游地区的经济发展造成了一定程度的抑制影响，而对流域下游地区经济发展并无显著作用
娜仁等（2020）[5]	新安江流域	基准回归、门槛回归	减贫效应环境效应	生态补偿不仅具有显著的生态环境综合治理保护作用，而且也具有显著的削减贫困作用
张明凯等（2018）[6]		系统动力学模型	多元融资的效果	多元融资渠道比单一融资渠道的生态补偿效果好
布伦多·坎托等（Blundo-Canto, et al., 2018）[7]		系统评价	民生影响	生态系统服务付费对民生的正面影响要大于负面影响，这些影响主要是集中在财务收益方面

---

① 王慧杰、毕粉粉、董战峰：《基于 AHP—模糊综合评价法的新安江流域生态补偿政策绩效评估》，《生态学报》2020 年第 20 期。

② 秦蓓蕾、王亚雄、赖国友：《基于层次分析法的东江流域生态补偿评价模型探究》，《广东水利水电》2021 年第 5 期。

③ 张晖、吴霜、张燕媛等：《流域生态补偿政策对受偿地区经济增长的影响研究——以安徽省黄山市为例》，《长江流域资源与环境》2019 年第 12 期。

④ 刘聪、张宁：《新安江流域横向生态补偿的经济效应》，《中国环境科学》2021 年第 4 期。

⑤ 娜仁、陈艺、万伦来等：《中国典型流域生态补偿财政支出的减贫效应研究——来自 2010—2017 年安徽新安流域的经验数据》，《财政研究》2020 年第 5 期。

⑥ 张明凯、潘华、胡元林：《流域生态补偿多元融资渠道融资效果的 SD 分析》，《经济问题探索》2018 年第 3 期。

⑦ Blundo-Canto, G., V. Baxd & M. Quintero, et al., "The Different Dimensions of Livelihood Impacts of Payments for Environmental Services (PES) Schemes: A Systematic Review", *Ecological Economics*, Vol. 149（2018），pp. 160–183.

具体地讲，田雅翔等（2016）运用因子分析法对湘江流域的生态补偿政策进行了绩效评价，结果发现，通过生态补偿，湘江流域生态环境得到较大改善。张晖等（2019）运用双重差分法，发现生态补偿政策的实施在短期内制约着黄山市的经济增长。刘聪等（2021）运用相同的方法，发现生态补偿政策不仅对新安江流域上游地区的经济发展造成一定程度的抑制影响，而且对流域下游地区经济发展并无显著作用。娜仁等（2020）运用2010—2017年的统计数据，对新安江流域生态补偿财政支出的环境效益和减贫效应进行实证检验，结果发现：无论是输血型还是造血型生态补偿，生态补偿财政支出都具有显著的减贫效应，只是造血型生态补偿减贫效应更大；生态补偿减贫效应存在门槛效应，输血型生态补偿的减贫效应具有双重门槛特征，而造血型生态补偿具有单一门槛特征，跨过门槛后仍一直保持着显著的减贫作用。张明凯等（2018）运用系统动力学模型，分析了不同融资渠道或融资渠道组合的流域生态补偿效果，结果发现，多元融资渠道的效果较好，在排污权交易市场存在的情况下，政府和社会资本共同提供资金的生态补偿效果和效率较好。布伦多·坎托等（2018）系统分析了环境服务费对民生影响，综合46项研究评估了生态系统服务付费对民生的影响，评估所带来的正面影响要大于负面影响，且主要是集中在财务收益方面。

第五节　流域生态补偿的研究趋势

生态补偿的概念有多样化的解释，但无论从哪个角度去解释，生态补偿本质上是通过提供激励来维持或重建生态系统服务供应的工具，均突出了以激励换取生态环境保护这一核心内涵。流域生态补偿的理论基础可以归纳为经济学理论基础和政策学理论基础。生态补偿标准测量方法可以归纳为投入成本类、环境效益类、博弈协商类和支付意愿类。政府补偿、市场补偿和社会补偿有各自的优缺点和适用范围，在流域生态补偿实践中，补偿模式不应单一，应逐渐探索多元化、混合式的生态补偿模式。流域生态补偿绩效的相关研究主要集中在评价方法、指标体系和效应评估三个方面，效应评估主要集中在生态补偿对生态环境的影响、经济增长的影响、减贫效应、多元融资的效果和民生影响等。流域生态补偿分担模式的研究、流域生态补偿对民生的影响研究、流域生态补偿的动机拥挤研究等可能是未来的研究趋势。

一、流域生态补偿分担模式及横向补偿的基础研究

流域生态补偿实践中不仅面临着生态补偿标准的确定，即补偿多少的测算，而且面临着上下游不同行政区域生态补偿资金分担比例的设计，即这些补偿资金如何落实的问题。生态补偿资金的落实是生态补偿项目成功实施的重中之重。随着中央财政资金在生态补偿实践中渐渐退出，生态补偿资金肯定会落实在上下游政府之间，如何确定一个科学合理的分担比例，将会关系到生态补偿是否会可持续发展。因此，随着生态补偿标准估算方法的进步，流域生态补偿不同阶段分担比例的确定依据、分担的模式必将是生态补偿未来的研究热点，这也是横向生态补偿的基础。

二、流域生态补偿对民生及上下游共富的影响研究

生态补偿在什么条件下、在何种程度上可以改善民生，这对实现环境和民生协同发展目标具有指导意义。已有研究表明，生态补偿对民生影响的重点主要集中在财务收益方面，但其非货币和非物质方面的影响同样不应被忽视，这些内容主要包括生态补偿的社会和文化影响，评价环境和经济的附加性，以文化为代价来改善其他环境服务，并在多个民生维度之间作出选择。与此同时，流域民生具有上下游的自然属性，如何协调好上下游之间的利益关系并走向共同富裕是共富示范区流域生态补偿的重要研究内容。

三、流域生态补偿的支付偏好及其动机拥挤研究

生态补偿的动机拥挤是指生态补偿可能对加强（挤入）或削弱（挤出）参与者保护和可持续管理自然生态系统的内在动机。动机拥挤取决于政策特征如何被个人满意感所感知并影响个人的满足感需求，而这种满足感反过来又受到能力、自主性、社会和环境相关性的刺激或抑制的调节。生态补偿的设计和实施因素，比如付款方式、沟通和口头奖励、包容性和参与性决策以及监控和批准程序，可能会损害或增强内在动机。在未来的生态补偿研究中，应考虑行为主体之间的互动以及更大范围内的角色，将心理过程与生态补偿的社会生态绩效的其他环境决定因素联系起来，测量这些变量与其动机和行为的因果关系。

第二章　环境动态随机一般均衡模型研究综述

在一般均衡框架下讨论生态补偿机制离不开环境动态随机一般均衡模型（E—DSGE 模型）。环境动态随机一般均衡模型以其良好的模型扩展性和基于微观基础的预测性逐渐被环境宏观经济学者接纳并加以应用推广。本章在对近十年经典文献进行系统回顾和梳理的基础上围绕环境因素和不确定性的引入等展开综述。环境因素的引入包括经济系统对环境系统的作用、环境系统的演化过程、环境系统对经济系统的反作用等方式。环境动态随机一般均衡模型中的不确定性冲击包括经济不确定性冲击，政策不确定性冲击和环境不确定性冲击。多重环境政策的组合效应、环境影响的国际传导以及环境政策与宏观经济政策的融合等是环境动态随机一般均衡模型研究的重要前沿课题。加强环境系统、经济系统、环境经济系统的耦合创新，加强新凯恩斯框架下环境动态随机一般均衡模型的构建与应用，加强跨流域和跨界的环境问题、水的问题、碳的问题等要素研究是下一阶段环境动态随机一般均衡建模的关键。

第一节　环境动态随机一般均衡模型的内涵和外延

过去的数百年见证了世界经济超越过去任何一个历史时代的增长，技术的巨大进步、全球互联互通、结构变化与制度完善等因素显著地促进了全球经济发展，然而与之伴随的环境问题也愈演愈烈。人类逐渐意识到，经济系统的日趋扩大正在侵蚀岌岌可危的生态与环境系统，必须要将生态系统和经济系统作为整体进行考虑和规划，环境宏观经济学应运而生。环境宏观经济学主要关注环境约束下的宏观经济规模和总量问题，它能够将环境政策和宏观经济指标纳入同一个框架下进行考量。[①] 环境宏观经济学由戴利（Daly,H., 1991）首次提出，随后诺德豪斯（Nordhaus, 1992）构建了著名的气候与经济动态综合模型（DICE）。[②]

环境宏观经济学的一个主流研究方向是环境动态随机一般均衡模型的构建与应用。环境动态随机一般均衡这一简称最早来源于卡恩（Khan, 2015）发表于美国麻省理工学院"能源与环境政策研究中心"（CEEPR）的工作论文。[③] 他在引言中写道，"……最近环境经济学的一些工作将碳排放引入动态随机一般均衡（DSGE）模型……这些环境动态随机一般均衡模型……"环境动态随机一般均衡这一简称很快得到了认可和普及，赛义德和卡尔尼佐娃（Dissou & Karnizova, 2016）、程郁泰（2017）和陈（Chan, Y., 2020a, 2020b, 2020c, 2020d）等皆加以沿用。[④] 环境动态随机

① Fischer, C. & G. Heutel, "Environmental Macroeconomics: Environmental Policy, Business Cycles, and Directed Technical Change", *Annual Review of Resource Economics*, Vol. 5（2013），pp. 197–210.

② Daly, H., "Towards an Environmental Macroeconomics", *Land Economics*, No. 2（1991），pp. 255–259; Nordhaus, W., "An Optimal Transition Path for Controlling Greenhouse Gases", *Science*, Vol. 258, No. 5086（1992），pp. 1315–1319.

③ Khan, H., K. Metaxoglou & C. Knittel, et al., *How do Carbon Emissions Respond to Business-Cycle Shocks?*, Department of Economics, Carleton University, 2015.

④ Dissou, Y. & L. Karnizova, "Emissions Cap or Emissions Tax? A Multi-Sector Business Cycle Analysis", *Journal of Environmental Economics and Management*, Vol. 79（2016），pp. 169–188；程郁泰：《我国环境政策的宏观经济效应测度》，博士学位论文，天津财经大学，2017 年；Chan, Y., "Optimal Emissions Tax Rates under Habit Formation and Social Comparisons", *Energy Policy*, Vol. 146（2020a），pp. 1–12; Chan, Y., "Are Macroeconomic Policies Better in Curbing Air Pollution than Environmental Policies? A DSGE Approach with Carbon-Dependent Fiscal and Monetary Policies", *Energy Policy*, Vol. 141（2020b），pp. 1–13; Chan, Y., "Collaborative Optimal Carbon Tax Rate under Economic and Energy Price Shocks: A Dynamic Stochastic General Equilibrium Model Approach", *Journal of Cleaner Production*, Vol. 256（2020c），pp. 1–29; Chan, Y., "On the Impacts of Anticipated Carbon Policies: A Dynamic Stochastic General Equilibrium Model Approach", *Journal of Cleaner Production*, Vol. 256（2020d），pp. 1–12.

一般均衡模型在近 10 年间取得了长足发展，但相关的研究工作尚未得到全面且深入地梳理与总结。

一、为什么要用环境动态随机一般均衡模型

在研究宏观环境问题上，动态随机一般均衡模型的动态性、随机性和一般均衡特征，更能贴合现实中复杂的环境系统，满足环境问题研究的需要。

第一，环境系统的动态性。环境因素是影响效用的重要因素，未来环境的变化，也将影响人们的预期，最终对于当代的决策产生影响。正如沈满洪（2015）所说，生态问题既要考虑短期效果，又要考虑长期效果，既要考虑上一代人对这一代所产生的影响，又要考虑这一代人对下一代所产生的影响，环境经济学的代际公平实则就是体现出环境问题的跨期决策。[1]

第二，环境系统的随机性。经济系统和环境系统是一个耦合的复杂系统。在长期，该系统呈现出一种稳定的上升或下降趋势，但在短期又会受到系统中各个环节的不确定性而产生相应的扰动。经济体存在经济不确定性和环境不确定性两种外生冲击。[2]污染与宏观经济波动密切相关，只有在动态随机一般均衡框架下考虑这两个变量，环境政策才能有效，忽视不确定性的分析可能会导致政策建议效率低下。[3]特别是，在评估气候变化的风险和减少气候变化成本时，存在各种不确定性，这些不确定性导致了环境政策制定的巨大分歧。[4]

---

① 沈满洪：《资源与环境经济学》，中国环境出版社 2015 年版。

② Angelopoulos, K., G. Economides & A. Philippopoulos, "What is the Best Environmental Policy？Taxes, Permits and Rules under Economic and Environmental Uncertainty", *Social Science Electronic Publishing*, No. 3（2010）.

③ Pizer, W., "The Optimal Choice of Climate Change Policy in the Presence of Uncertainty", *Resource and Energy Economics*, Vol. 21, No. 3（1999）, pp. 255–287; Shobandea, O. & O. Shodipeb, "Carbon Policy for the United States, China and Nigeria: An Estimated Dynamic Stochastic General Equilibrium Model", *Science of the Total Environment*, No. 697（2019）, pp. 1–13.

④ Angelopoulos, K., G. Economides & A. Philippopoulos, "First-and Second-Best Allocations under Economic and Environmental Uncertainty", *International Tax and Public Finance*, Vol. 20, No. 3（2013）, pp. 360–380.

第三，环境系统与一般均衡。现代环境经济学强调协调环境与经济的关系，环境经济学是以系统论为理论基础，将环境系统视为社会系统中一个子系统，从系统角度研究经济发展与环境保护之间的关系。研究宏观环境问题，不能忽略环境系统与经济产出、宏观就业、居民总效用等各个经济因素的关联。[①]一般均衡视角，有利于检验环境政策的经济环境双重效果。

二、环境动态随机一般均衡模型与其他宏观环境经济模型比较

（一）与可计算一般均衡模型（CGE）的比较

可计算一般均衡模型是环境和气候变化领域应用最广泛的模拟评估模型之一，以可计算、一般性和均衡性为基本特征。可计算一般均衡模型强调以真实数据为基础探讨多主体的决策和市场出清。可计算一般均衡核心模块具有庞大的数据结构，便于对社会核算矩阵进行校准和分析，大量投入产出数据能够确保流量和存量的准确性和可追踪性。[②]相比较而言，可计算一般均衡模型能够较好地刻画冲击前后的静态变化但无法揭示动态路径，[③]该在处理动态随机冲击引起的经济系统中的深层不确定性能力较弱。[④]现实中，经济和环境系统缓慢衰退的不确定性冲击将会对经济社会产生深远影响，

① Fischer, C. & G. Heutel, "Environmental Macroeconomics: Environmental Policy, Business Cycles, and Directed Technical Change", *Annual Review of Resource Economics*, Vol. 5（2013），pp. 197–210; Chan, Y., "Are Macroeconomic Policies Better in Curbing Air Pollution than Environmental Policies? A DSGE Approach with Carbon-Dependent Fiscal and Monetary Policies", *Energy Policy*, Vol. 141（2020），pp. 1–13.

② Stern, N., "Current Climate Models Are Grossly Misleading", *Nature*, Vol. 530（2016），p. 407.

③ Babatunde, K., R. Begum & F. Said, "Application of Computable General Equilibrium (CGE) to Climate Change Mitigation Policy: A Systematic Review", *Renewable and Sustainable Energy Reviews*, Vol. 78（2017），pp. 61–71.

④ Xiao, B., Y. Fan & X. Guo, "Dynamic Interactive Effect and Co-Design of SO_2 Emission Tax and CO_2 Emission Trading Scheme", *Energy Policy*, Vol. 152（2021），pp. 1–15.

冲击的持续周期会影响经济系统向稳态收敛的程度与速度。[1] 面对随机因素的冲击，家庭、企业、政府的最优决策不是一个点，而是一条动态路径。[2] 环境动态随机一般均衡模型能较好地处理这一不确定性，故该模型渐受青睐。[3]

（二）与代理人基模型（ABM）的比较

代理人基模型逐渐运用于宏观经济分析并被运用于环境经济领域。[4] 代理人基模型采用"自下而上"的建模方式，重在探讨主体与主体、主体与环境之间的交互关联机制，旨在实现微观与宏观主体之间的自然连接。代理人基模型能处理异质性、不平衡性、复杂动态性和有限理性等问题。[5] 法默等（Farmer, 2015）指出，在气候不确定性（概率分布未知）情况下，代理人基模型表现更好；代理人基模型可以对不同级别的数据进行分解并将微观级别的代理行为与宏观级别的结果进行比较；代理人基模型允许对气候变化影响的各种"自下而上"的研究进行更模块化的汇总。[6] 然而，虽然代理人基模型相对于环境动态随机一般均衡模型具有一定的理论优势，但代理人基模型的复杂性使得它们很难进行实证检验，绝大多数代理

---

[1] Parhi, M., C. Diebolt & T. Mishra, et al., "Convergence Dynamics of Output: Do Stochastic Shocks and Social Polarization Matter?", *Economic Modelling*, Vol. 30（2013）, pp. 42–51.

[2] 盛仲麟：《我国碳排放因素分析及对应碳经济政策的 DSGE 模拟》，博士学位论文，北京科技大学，2016 年。

[3] Negro, M. & F. Schorfheide, "DSGE Model-Based Forecasting", *Staff Reports*, 2012.

[4] Gerst, M., P. Wang & A. Roventini, et al., "Agent-Based Modeling of Climate Policy: An Introduction to the ENGAGE Multi-Level Model Framework", *Environmental Modelling and Software*, Vol. 44（2013）, pp. 62–75; Wolf, S., S. Fürst & A. Mandel, et al., "A Multi-Agent Model of Several Economic Regions", *Environmental Modelling & Software*, Vol. 44（2012）, pp. 25–43.

[5] Howitt, P., "What Have Central Bankers Learned from Modern Macroeconomic Theory?", *Journal of Macroeconomics*, Vol. 34, No. 1（2012）, pp. 11–22; Dilaver, O., R. Jump & P. Levine, "Agent-Based Macroeconomics and Dynamic Stochastic General Equilibrium Models: Where do We Go from here?", *Journal of Economic Surveys*, Vol. 32, No. 4（2018）, pp. 1134–1159.

[6] Farmer, J., C. Hepburn & P. Mealy, et al., "A Third Wave in the Economics of Climate Change", *Environmental & Resource Economics*, Vol. 62, No. 2（2015）, pp. 329–357.

人基模型研究缺乏正式的估算程序。[①] 总之，两类模型被共同誉为气候变化经济学的第三波浪潮，都有潜力解释大部分环境问题，但环境动态随机一般均衡模型已经拥有较为成熟的理论体系，而环境代理人基模型（E—ABM）的研究还处于起步阶段。[②]

第二节 环境动态随机一般均衡模型的核心设计

一、环境系统的嵌入

环境系统的嵌入是环境动态随机一般均衡模型与传统动态随机一般均

① Dilaver, O., R. Jump & P. Levine, "Agent-Based Macroeconomics and Dynamic Stochastic General Equilibrium Models: Where do We Go from here?", *Journal of Economic Surveys*, Vol. 32, No. 4（2018）, pp. 1134–1159.

② 法默等（2015）所比喻的三波浪潮实质是气候变化经济学中的综合评估模型（IAMs）的演化。第一波浪潮由联合国政府间气候变化专门委员会（IPCC）的创建推动，包括以下模型：气候和经济的动态集成模型（DICE）（诺德豪斯，1997），气候变化综合评估模型（RICE）［杨（Yang），1996］，温室效应政策分析模型（PAGE）［霍普等（Hope, et al.），1993］等。这些模型在很大程度上借鉴经典经济增长文献的工具和概念，但受到数据可得性和计算力的限制。第二波浪潮主要对第一波模型的改进，包括全球多区域综合评估模型（WITCH）（Bosetti, et al., 2008），温室气体排放预测与政策分析模型（EPPA）（Paltsev, et al., 2005），不确定性、谈判和分配的气候框架3.7（FUND 3.7）（Anthoff & Tol, 2013）和温室效应政策分析模型09（PAGE09）（Hope, 2013）等。Farmer, J., C. Hepburn & P. Mealy, et al., "A Third Wave in the Economics of Climate Change", *Environmental & Resource Economics*, Vol. 62, No. 2（2015）, pp. 329–357; Nordhaus, W., "Managing the Global Commons: The Economics of Climate Change", *Journal of Economic Literature*, No. 4（1997）, p. 26; Yang, N., "A Regional Dynamic General-Equilibrium Model of Alternative Climate-Change Strategies", *American Economic Review*, Vol. 86, No. 4（1996）, pp. 741–765; Hope, C., J. Anderson & P. Wenman, "Policy Analysis of the Greenhouse Effect : An Application of the PAGE Model", *Energy Policy*, Vol. 21, No. 3（1993）, pp. 327–388; Bosetti, V., C. Carraro & E. Massetti, et al., "International Energy R&D Spillovers and the Economics of Greenhouse Gas Atmospheric Stabilization", *Energy Economics*, Vol. 30, No. 6（2008）, pp. 2912–2929; Paltsev, S., J. Reilly & H. Jacoby, et al., "MIT Joint Program on the Science and Policy of Global Change（EPPA）Model : Version 4", *Policy Analysis*, Vol. 125（2005）; Anthoff D. & R. Tol, "The Uncertainty about the Social Cost of Carbon: A Decomposition Analysis Using FUND", *Climatic Change*, Vol. 117, No. 3（2013）, pp. 515–530; Hope, C., "Critical Issues for the Calculation of the Social Cost of CO₂: Why the Estimates from PAGE09 are Higher than Those from PAGE2002", *Climatic Change*, Vol. 117, No. 3（2013）, pp. 531–543.

衡模型的主要区别。值得一提的是，绝大部分文献研究的环境问题主要是污染问题。从生命周期的视角来看，环境系统的嵌入主要包括三个阶段。第一阶段，模型需要刻画人类的生产生活对环境系统产生的影响。第二阶段，模型需要刻画环境系统自身的演化过程，例如污染物在自然界的自净过程，污染在自然界的传播过程。第三阶段，模型需要刻画环境污染对人类生产和生活产生的影响。通过在这三个阶段的刻画，环境系统与经济系统形成一个闭环结构。

（一）经济系统对环境系统的作用

经济系统对环境系统的作用，主要指生产部门的污染排放行为。对于这方面的刻画，文献中主要有两种方法：

1. 污染作为生产的附属产品

第一种方法将污染排放当作生产的附属行为。企业在生产过程中，总会不可避免地产生废水、废气和固体废物等非期望产出，而这些非期望产出则会对环境造成损害。例如，安耶洛普洛斯等（Angelopoulos, et al., 2010）将污染作为生产过程的副产品，其方程形式为：[1]

$$P_t = \phi_t Y_t \qquad (2—1)$$

P_t 是 t 期污染排放量，Y_t 是 t 期的产出水平，ϕ_t 是单位产出的污染排放系数。安耶洛普洛斯等（2010）的设定表明，污染排放随着产出水平的增长呈现同比例增长的趋势。

由于污染是生产中难以规避的附属产品，企业无法通过调整生产行为来改变污染排放。因此，学者们往往在第一种设定的基础之上，增加企业

---

[1] Angelopoulos, K., G. Economides & A. Philippopoulos, "What is the Best Environmental Policy?Taxes, Permits and Rules under Economic and Environmental Uncertainty", *Social Science Electronic Publishing*, No. 3（2010）.

减排率和减排努力等设定，企业可以通过投入成本，产生一个可变的减排率。[①] 例如，郑丽琳等（2012）增加了考虑减排支出的设定：[②]

$$P_t = \frac{Y_t}{Z_t} \qquad\qquad （2—2）$$

式（2—2）中，P_t 为 t 期污染排放量，Y_t 为 t 期总产出，Z_t 为 t 期减排支出。其假设，随着减排支出的提高，企业的污染排放也会随之下降。

2. 污染作为投入要素

第二种方法将污染排放作为一种投入要素，直接影响经济生产。例如，费希尔和斯普林伯恩（Fischer & Springborn, 2011）的模型设定：[③]

$$F_t(K_t, M_t, L_t) = K_t^\alpha M_t^\gamma L_t^{1-\alpha-\gamma} \qquad\qquad （2—3）$$

式（2—3）中，K_t 是 t 期资本，L_t 是 t 期劳动，F_t 是 t 期生产函数，α 和 γ 是资本和污染型中间品的产出弹性。他们设定了一个污染型的中间产品 M 并将 M 加入生产函数中，这种污染型中间品可能会带来环境损害或资源消耗，这种做法得到了杨翱等（2014a, 2014b）和吴兴弈等（2014）的引用。[④]

而针对第二种模型设定，企业主要通过调整生产要素的使用来改变污染的排放，即减少污染型中间产品的使用，转而使用资本、劳动或者更加清洁的中间产品等生产要素。例如，阿塔拉等（Atalla, et al., 2017）指

---

① 徐文成、薛建宏、毛彦军：《宏观经济动态性视角下的环境政策选择》，《中国人口·资源与环境》2015 年第 4 期。

② 郑丽琳、朱启贵：《技术冲击、二氧化碳排放与中国经济波动——基于 DSGE 模型的数值模拟》，《财经研究》2012 年第 7 期。

③ Fischer, C. & M. Springborn, "Emissions Targets and the Real Business Cycle: Intensity Targets versus Caps or Taxes", *Journal of Environmental Economics and Management*, Vol. 62, No. 3（2011），pp. 352–366.

④ 杨翱、刘纪显：《模拟征收碳税对我国经济的影响——基于 DSGE 模型的研究》，《经济科学》2014a 年第 6 期；杨翱、刘纪显、吴兴弈：《基于 DSGE 模型的碳减排目标和碳排放政策效应研究》，《资源科学》2014b 年第 7 期；吴兴弈、刘纪显、杨翱：《模拟统一碳排放市场的建立对我国经济的影响——基于 DSGE 模型》，《南方经济》2014 年第 9 期。

出，环境压力会迫使企业使用清洁的能源组合。[1] 贝纳维兹等（Benavides, 2015）也指出，碳税政策会驱使企业资源使用从碳密集度更高的燃料转向碳密集度更低的燃料转移。[2]

（二）环境系统的演化过程

企业生产行为产生的污染物在环境系统中不是一成不变的，其需要经过环境系统自身演化过程以后才会反作用于经济系统。例如，上游企业的污染排放并不直接作用于下游企业，而是经由河流系统，经过积累、扩散等过程，才影响到下游企业。因此，环境系统演化过程也是环境动态随机一般均衡模型设定的重要一环，环境系统的演化过程主要包括污染在时间维度层面上的积累过程和在空间维度层面上的扩散过程。

1. 污染在时间维度的演化过程

污染在时间维度的演化过程刻画的是污染从流量向存量转变的过程，与经济系统的投资积累成资本存量有着极其类似的设定，例如安耶洛普洛斯等（2013）将环境质量演变方程设定如下：[3]

$$Q_{t+1} = (1-\delta^q)\overline{Q} + \delta^q Q_t - P_t \qquad （2—4）$$

式（2—4）中，Q_t 是 t 期的环境质量，$\overline{Q}$ 是无污染时的环境质量，P_t 是 t 期污染流量，$0 < \delta^q < 1$ 是环境持久性的程度。这表明，未来的环境质量取决于当期环境质量加上当期的污染流量。在没有污染排放和污染治理的情况下，环境质量会逐渐回归到无污染的环境质量水平。

① Atalla, T., J. Blazquez & L. Hunt, et al., "Prices versus Policy: An Analysis of the Drivers of the Primary Fossil Fuel Mix", *Energy Policy*, Vol. 106（2017）, pp. 536–546.

② Benavides, C., L. Gonzales & M. Diaz, et al., "The Impact of a Carbon Tax on the Clean Electricity Generation Sector", *Energies*, Vol. 8, No. 4（2015）, pp. 2674–2700.

③ Angelopoulos, K., G. Economides & A. Philippopoulos, "First-and Second-Best Allocations under Economic and Environmental Uncertainty", *International Tax and Public Finance*, Vol. 20, No. 3（2013）, pp. 360–380.

2. 污染在空间维度的演化过程

由于污染物能够跨区域传播的特点，引入污染物在空间维度上的扩散过程，主要解决在开放经济下污染损害问题。豪特尔（Heutel, 2012）已经考虑了这个问题，将国外的污染纳入本地区的环境方程：[1]

$$X_{t+1} = \eta X_t + P_t + P_t^{row} \qquad\qquad （2—5）$$

式（2—5）中，X_{t+1} 是 $t+1$ 期污染存量，X_t 是 t 期污染存量，P_t 是 t 期污染流量，P_t^{row} 是 t 期国外污染流量。豪特尔（2012）的模型中 P_t^{row} 仍是外生的，而安尼基亚里科和迪卢伊索（Annicchiarico & Diluiso, 2019）在一个两国模型中沿用了豪特尔（2012）的设定并进一步将其内生化。[2]

（三）环境系统对经济系统的反作用

环境系统对经济系统的反作用，是环境动态随机一般均衡模型形成逻辑闭环之处，也是环境动态随机一般均衡模型设定的关键之处。学者们进行了丰富的讨论，主要包括以下三个层面：

1. 居民效用的损失

环境因素可通过居民效用函数方式影响社会福利。这种方式背后的逻辑是，模型中的居民不仅将消费和闲暇等动态随机一般均衡模型常用变量纳入效用考量，同时也意识到了环境因素对自身效用的影响，一味发展经济无视环境，无疑非是最优化状态。

安耶洛普洛斯等（2013）将环境质量偏好引入家庭居民的效用函数：[3]

---

① Heutel, G., "How should Environmental Policy Respond to Business Cycles? Optimal Policy under Persistent Productivity Shocks", *Review of Economic Dynamics*, Vol. 15, No. 2（2012）, pp. 244–264.

② Annicchiarico, B. & F. Diluiso, "International Transmission of the Business Cycle and Environmental Policy", *Resource and Energy Economics*, Vol. 58（2019）, pp. 1–29.

③ Angelopoulos, K., G. Economides & A. Philippopoulos, "First-and Second-Best Allocations under Economic and Environmental Uncertainty", *International Tax and Public Finance*, Vol. 20, No. 3（2013）, pp. 360–380.

$$E_0 \sum_{t=0}^{\infty} \beta^t u(C_t, Q_t) \qquad （2—6）$$

式（2—6）中，β 是贴现因子，E_0 是期望算子，C_t 是 t 期消费，Q_t 是 t 期环境质量。随后，学者们针对居民效用函数，还进行了一定的拓展。例如，武晓利（2017）认为，家庭效用不仅受到环境质量的影响，还会受到当期污染排放量的影响。[①] 尽管环境质量也会受到当期排放量的影响，但是武晓利（2017）认为居民对于当期的污染排放水平尤为敏感，因此在效用函数中同时引入了环境质量变量和污染排放量。

$$E_0 \sum_{t=0}^{\infty} \beta^t \left[\xi_t \frac{(C_t^{\lambda} Q_t^{1-\lambda})^{1-\sigma_1}}{1-\sigma_1} - \frac{L_t^{1+\sigma_2}}{1+\sigma_2} - \ln X_t \right] \qquad （2—7）$$

式（2—7）中，Q_t 表示 t 期环境质量，X_t 表示 t 期污染排放量，C_t 代表 t 期消费，L_t 代表 t 期劳动供给，其他为待定参数。

2. 企业收益的损减

豪特尔（2012）在厂商主体中引入了污染存量损减产出的机制。产出损减机制描述了既有的污染存量对于产出的负影响。[②] 这种损减机制最早由诺德豪斯（2008）建立的气候与经济动态集成综合模型刻画：[③]

$$Y_t = (1 - d(X_t)) A_t f(K_{t-1}) \qquad （2—8）$$

Y_t 是 t 期产出，A_t 是 t 期技术，f 是生产函数，K_{t-1} 是 $t-1$ 期人均资本投入。其中，X_t 为 t 时期污染存量，$d(X_t)$ 衡量了 t 期污染造成的潜在产出损失。诺德豪斯（2008）和豪特尔（2012）的这一方法在环境动态随机一

---

① 武晓利：《环保政策、治污努力程度与生态环境质量——基于三部门 DSGE 模型的数值分析》，《财经论丛》2017 年第 4 期。

② Heutel, G., "How should Environmental Policy Respond to Business Cycles? Optimal Policy under Persistent Productivity Shocks", *Review of Economic Dynamics*, Vol. 15, No. 2（2012），pp. 244–264.

③ Nordhaus, W., *Question of Balance: Weighing the Options on Global Warming Policies*, Yale University Press, New Haven and London, 2008.

般均衡模型文献中得到了最为广泛的应用。[①]

此外，还有一部分学者认为。资源的消耗的直接后果是，资源的采集成本提高，从而提高了企业使用资源的成本。例如，李和斯温（Li & Swain, 2014）在模型中的设定：[②]

$$C_t = a + de^{-rX_t} \qquad (2—9)$$

式中（2—9），C_t 为单位取水成本，X_t 为水资源的储量，e 为自然底数，随着水资源储量的下降，单位取水成本不断提高。资源的枯竭会逐渐提高企业的成本，从而降低企业的利润。

3. 政府偏好的下降

政府偏好往往是经济效益和环境效益结合，齐结斌和胡育蓉（2013）将环境质量同时引入家庭和政府的效用函数。[③] 把环境偏好视为经济系统中的因素，基于我国环境治理中政府占据主导地位的实际情况，讨论了家庭和政府的环境偏好对经济波动和环境质量的影响。结果表明家庭部门对环境质量偏好的增强带来环境质量和经济增长的双赢，而政府对环境质量偏好的增强只能带来环境质量的改善。

$$u_t^g = (1-g)\ln\left[(1-T_t)Y_t\right] + \eta_t^g g \ln Q_t \qquad (2—10)$$

式（2—10）中，g 是政府环境质量偏好参数，反映社会管理者对环境

---

① Grodecka, A. & K. Kuralbayeva, "The Price vs Quantity Debate: Climate Policy and the Role of Business Cycles", *GRI Working Papers 177, Grantham Research Institute on Climate Change and the Environment*, 2015; Khan, H., K. Metaxoglou & C. Knittel, et al., "How do Carbon Emissions Respond to Business-Cycle Shocks?", *Department of Economics, Carleton University*, 2015; Zhang, J. & Y. Zhang, "Examining the Economic and Environmental Effects of Emissions Policies in China: A Bayesian DSGE Model", *Journal of Cleaner Production*, Vol. 266（2020）, pp. 1-9.

② Li, C. & R. Swain, "Growth, Water Resilience, and Sustainability: A DSGE Model Applied to South Africa", *Working Paper*, Vol. 2, No. 4（2014）.

③ 齐结斌、胡育蓉：《环境质量与经济增长——基于异质性偏好和政府视界的分析》，《中国经济问题》2013年第5期。

质量的重视程度。$(1-T_t)Y_t$ 是除用于治理污染 T_tY_t 之外的产出，产出进入政府的效用函数。η_t^g 是环境质量的政府偏好冲击，可用于表示突发环境事件等。

在标准动态随机一般均衡模型中，经济缺乏外部性，因此满足福利经济学第一基本定理，因此规划问题的解决方案与竞争均衡的分配一致，这一事实证明了这种建模选择的合理性。但由于污染带来的外部性，经济系统不满足福利经济学第一定理。环境动态随机一般均衡模型环境系统的嵌入，其本质在于刻画一种外部性的关系，即谁（经济系统对环境产生影响）、怎么样（环境系统的演化）损害了谁（环境系统对经济系统的反作用）的利益，而不需要付出代价。例如，研究上游企业的对下游的影响，则可以采用上游企业排污（经济对环境作用的两种方式都可），通过污染扩散方程，最终损害下游企业生产（企业收益减损方程）。再比如，想要刻画当代人过度排放污染不顾下一代人发展的关系，则可采用当代企业排放污染，通过污染积累方程，损害未来企业的利益。尽管环境动态随机一般均衡模型采用了理性预期的设定，但仅限于消费者投资、劳动的决策。在没有外生政策干预下，企业的生产与排污的决策不会受到未来环境质量变化的影响。

二、不确定性冲击的设定

不确定性周期理论认为，不确定性是造成经济周期性波动的根源。使用环境动态随机一般均衡模型在经济周期的视角下研究环境问题，不确定性冲击的确定是核心环节。根据布卢姆（Bloom, 2014）对于不确定性的分类，可以将环境动态随机一般均衡模型的不确定性划分为经济不确定性，政策不确定性，和环境不确定性。[1] 经济不确定性主要指全要素生产率、资本

① Bloom, N., "Fluctuations in Uncertainty", *Journal of Economic Perspectives*, Vol. 28（2014），pp. 153-176.

价值等经济变量的不确定性，政策不确定性指的是政策不明确或者过度活跃而引发的不确定性。环境不确定性指环境系统中人为无法预见的不确定性。理性预期理论提出采用"白噪声"或随机项来刻画不确定性因素。实际经济周期理论和新凯恩斯主义均采取理性预期理论假设。

（一）经济不确定性

全要素生产率被视为造成经济周期性波动的主要原因，也是标准动态随机一般均衡模型中的基础设定。众多学者都是基于全要素生产率冲击的视角下，建立环境动态随机一般均衡模型。[①] 然而，全要素生产率冲击引发了质疑。一方面，全要素生产率冲击对解释商业周期波动的经验贡献仍有争议。[②] 另一方面，全要素生产率冲击对于理解环境问题周期性行为的相关性尚未确定。卡恩等（2015）就指出，总体生产率冲击不可能是美国排放的主要决定因素。[③] 因此，在研究环境问题，特别是碳排放经济周期问题上，学者们开始倾向于使用分部门生产率冲击来代替总体生产率冲击。福斯特等（Foerster, et al., 2011）估计，特定行业生产率冲击解释了20世纪80年代中期后美国工业生产季度变化的一半。[④] 赛义德和卡尔尼佐娃（2016）区分了煤炭、石油和天然气、电力等不同部门的生产率冲击。[⑤] 除了生产率冲击之外，经济不确定性还包括其他经济变量的不确定性冲

---

① Grodecka, A. & K. Kuralbayeva, "The Price vs Quantity Debate: Climate Policy and the Role of Business Cycles", *GRI Working Papers 177, Grantham Research Institute on Climate Change and the Environment*, 2015; Argentiero, A., T. Atalla & S. Bigerna, et al., "Comparing Renewable Energy Policies in EU-15, U.S. and China: A Bayesian DSGE Model", *The Energy Journal*, Vol. 38（2017）, pp. 77-96.

② Cochrane, J., "Shocks", *Carnegie-Rochester Conference Series Public Policy*, Vol. 41, No. 1（1994）, pp. 295-364.

③ Khan, H., K. Metaxoglou & C. Knittel, et al., "How do Carbon Emissions Respond to Business-Cycle Shocks?", Department of Economics, Carleton University, 2015.

④ Foerster, A., P. Sarte & M. Watson, "Sectoral versus Aggregate Shocks: A Structural Factor Analysis of Industrial Production", *Journal of Political Economy*, Vol. 119, No. 1（2011）, pp. 1-38.

⑤ Dissou, Y. & L. Karnizova, "Emissions Cap or Emissions Tax? A Multi-Sector Business Cycle Analysis", *Journal of Environmental Economics and Management*, Vol. 79（2016）, pp. 169-188.

击。例如，安尼基亚里科和迪卢伊索（2019）将资本价值冲击考虑到模型中，认为资本价值的外生冲击将会影响现有资本存量，并改变资本预期回报率，最终改变投资行为。[①]卡恩等（2019）基于结构向量自回归模型，验证了预期的投资技术冲击对于经济周期变化的贡献度为25%，并以此作为理论基础将预期投资技术冲击纳入环境动态随机一般均衡模型。[②]随着研究的深入，学者们开始意识到绿色技术对于环境经济周期的影响。张和张（Zhang, J. & Y. Zhang, 2020）将低碳技术冲击因素环境动态随机一般均衡模型。[③]肖等（Xiao, B., et al., 2018）认为能源的使用效率也存在不确定性质，可能造成环境经济周期的波动。[④]武晓利（2017）将环保技术冲击也考虑在内。[⑤]汪中华和陈思宇（2021）在"双碳"背景下区分研究了清洁型厂商技术冲击与污染型厂商技术冲击对宏观经济与环境质量的动态效应。[⑥]

（二）政策不确定性

帕斯特和韦罗内西（Pastor & Veronesi, 2013）将政策的不确定性广义地解释为政府未来行动的不确定性。[⑦]其内在原因在于，政府的动机既有经济目标，也有非经济目标，政府最大限度地提高了投资者的福利，但同

[①] Annicchiarico, B. & F. Diluiso, "International Transmission of the Business Cycle and Environmental Policy", *Resource and Energy Economics*, Vol. 58（2019）, pp. 1–29.

[②] Khan, H., K. Metaxoglou & C. Knittel, et al., "How do Carbon Emissions Respond to Business-Cycle Shocks?", *Department of Economics, Carleton University*, 2015.

[③] Zhang, J. & Y. Zhang, "Examining the Economic and Environmental Effects of Emissions Policies in China: A Bayesian DSGE Model", *Journal of Cleaner Production*, Vol. 266（2020）, pp. 1–9.

[④] Xiao, B., Y. Fan & X. Guo, "Exploring the Macroeconomic Fluctuations under Different Environmental Policies in China: A DSGE Approach", *Energy Economics*, Vol. 76（2018）, pp. 439–456.

[⑤] 武晓利：《环保政策、治污努力程度与生态环境质量——基于三部门 DSGE 模型的数值分析》，《财经论丛》2017 年第 4 期。

[⑥] 汪中华、陈思宇：《DSGE 模型下碳税政策与厂商技术冲击的动态效应研究》，《科技与管理》2021 年第 4 期。

[⑦] Pastor, L. & P. Veronesi, "Political Uncertainty and Risk Premia", *Journal of Financial Economics*, Vol. 110（2013）, pp. 520–545.

时也考虑了与采取任何特定政策相关的政治成本（或利益）。这些成本是不确定的，因此投资者无法完全预测政府将选择何种政策。政治成本的不确定性是模型中政策不确定性的来源。随后，政策不确定性被广泛引入环境动态随机一般均衡模型。肖等（2018）设定了政府消费、资本税率和劳动税率三种类型的不确定性冲击。[①] 安尼基亚里科和迪奥（Annicchiarico & Dio, 2015）引入了公共消费冲击和货币政策冲击。[②] 其设定是公共消费来源于政府税收和排污费收入，并且是外生随机变量。其认为名义利率响应通货膨胀率的变化时，存在不确定性，即货币政策冲击。牛等（Niu, et al., 2018）刻画了环境税收冲击。[③] 张和张（2020）将碳税和碳强度目标在内的排放政策也被视为外生冲击。[④] 王任和蒋竺均（2021）分析了燃油税冲击对节能减排、消费和投资的影响。[⑤]

（三）环境不确定性

环境不确定性有狭义与广义之分，狭义的环境不确定性指环境系统中人为无法预见的不确定性。例如，基恩和帕克科（Keen & Pakko, 2011）将自然灾害作为不确定性冲击，灾难的表现形式为一部分资本存量遭到破坏，暂时性的负面技术冲击降低了产量。[⑥] 但此类的研究相对较少，更多的研究将环境的不确定性广义化，即与环境系统相关联的经济变量也可以视为环境

---

① Xiao, B., Y. Fan & X. Guo, "Exploring the Macroeconomic Fluctuations under Different Environmental Policies in China: A DSGE Approach", *Energy Economics*, Vol. 76（2018）, pp. 439–456.

② Annicchiarico, B. & F. Dio, "Environmental Policy and Macroeconomic Dynamics in a New Keynesian Model", *Journal of Environmental Economics and Management*, Vol. 69, No. 1（2015）, pp. 1–21.

③ Niu, T., X. Yao & S. Shao, et al., "Environmental Tax Shocks and Carbon Emissions: An Estimated DSGE Model", *Structural Change and Economic Dynamics*, Vol. 47（2018）, pp. 9–17.

④ Zhang, J. & Y. Zhang, "Examining the Economic and Environmental Effects of Emissions Policies in China: A Bayesian DSGE Model", *Journal of Cleaner Production*, Vol. 266（2020）, pp. 1–9.

⑤ 王任、蒋竺均：《燃油税、融资约束与企业行为——基于 DSGE 模型的分析》，《中国管理科学》2021 年第 4 期。

⑥ Keen, B. & M. Pakko, "Monetary Policy and Natural Disasters in a DSGE Model", *Southern Economic Journal*, Vol. 77, No. 4（2011）, pp. 973–990.

的不缺定性。安耶洛普洛斯等（2010）将经济活动对环境影响设定为环境的不确定性。[1] 具体为污染排放率，其假设污染排放是服从一阶自回归过程。阿塔拉等（2017）将燃料价格波动纳入模型。[2] 布拉斯奎兹等（Blazquez, et al., 2017）除了加入石油价格冲击外，还引入了天然气和煤炭冲击，解释了这三种化石燃料价格对经济活动产生影响，并解释了能源结构的演变。[3]

第三节　环境动态随机一般均衡模型的研究前沿

一、从单一环境制度到多重环境制度

文献中最为常见的是对单一环境政策进行讨论，环境税和限额与交易制度是单一环境政策研究中的热门。[4] 随后，学者们开始将环境税收、限额与交易、强度管制等环境制度同时加入环境动态随机一般均衡模型的研究框架，比较环境制度之间的差异。贝纳维兹等（2015）使用环境动态随机一般均衡模型对智利不同环境政策的经济影响进行了评估。结果显示，可再生能源配额和部门上限政策优于环境税收制度。[5] 肖等（2018）在新凯恩斯主义框架下比较不同环境政策对宏观经济波动的影响。[6] 安耶洛普

---

① Angelopoulos, K., G. Economides & A. Philippopoulos, "What is the Best Environmental Policy? Taxes, Permits and Rules under Economic and Environmental Uncertainty", *Social Science Electronic Publishing*, No. 3（2010）.

② Atalla, T., J. Blazquez & L. Hunt, et al., "Prices versus Policy: An Analysis of the Drivers of the Primary Fossil Fuel Mix", *Energy Policy*, Vol. 106（2017）, pp. 536–546.

③ Blazquez, J., J. Martin-Moreno & R. Perez, et al., "Fossil Fuel Price Shocks and CO_2 Emissions: The Case of Spain", *Energy Journal*, Vol. 38, No. 1（2017）, pp. 161–176.

④ Barrage, L., "Optimal Dynamic Carbon Taxes in a Climate-Economy Model with Distortionary Fiscal Policy", *American Historical Review*, Vol. 124, No. 2（2019）, pp. 1–39.

⑤ Benavides, C., L. Gonzales & M. Diaz, et al., "The Impact of a Carbon Tax on the Clean Electricity Generation Sector", *Energies*, Vol. 8, No. 4（2015）, pp. 2674–2700.

⑥ Xiao, B., Y. Fan & X. Guo, "Exploring the Macroeconomic Fluctuations under Different Environmental Policies in China: A DSGE Approach", *Energy Economics*, Vol. 76（2018）, pp. 439–456.

洛斯等（2010）建立了环境动态随机一般均衡模型，比较了污染税、污染许可证和排放数字规则三类环境政策的有效性。[①] 结果发现，环境政策的选择取决于不确定性的来源。但是，上述研究忽略了环境制度之间的耦合效应，基于环境动态随机一般均衡模型的环境政策耦合效果研究，成为越来越多学者关注的对象。朱军（2015）研究发现，"许可证"制度、"污染税"制度和协会规则同时考虑两者的情况下，混合政策效应与单一政策效应面临差别。[②] 张等（Zhang, H., et al., 2021）发现碳税政策可以抵消碳交易制度对于市场的波动，两种政策的组合可以同时具备碳价格的灵活性和政策覆盖的全面性。[③] 从单一环境制度绩效研究，多种环境制度优化选择，再到环境制度的耦合研究，环境制度研究的广度和深度不断提高，为各级政府灵活组合各类环境制度提供了理论依据和经验参考。

二、从单一经济结构到多元经济结构

随着环境动态随机一般均衡模型研究的深入，环境动态随机一般均衡模型早已不再是单一的生产厂商结构，多厂商的多元经济结构成为主流。赛义德和卡尔尼佐娃（2016）将企业划分为能源密集型企业和非能源密集型企业，来研究碳税在来源于不同部门的生产率冲击下的效果。[④] 张和张（2020）建立了能源部门，其职能是向最终厂商提供能源。[⑤] 同样，牛等

---

① Angelopoulos, K., G. Economides & A. Philippopoulos, "What is the Best Environmental Policy? Taxes, Permits and Rules under Economic and Environmental Uncertainty", *Social Science Electronic Publishing*, No. 3（2010）.

② 朱军：《基于 DSGE 模型的"污染治理政策"比较与选择——针对不同公共政策的动态分析》，《财经研究》2015 年第 2 期。

③ Zhang, H., T. Cao & H. Li, et al., "Dynamic Measurement of News-Driven Information Friction in China's Carbon Market: Theory and Evidence", *Energy Economics*, Vol. 95（2021）, pp. 1-18.

④ Dissou, Y. & L. Karnizova, "Emissions Cap or Emissions Tax? A Multi-Sector Business Cycle Analysis", *Journal of Environmental Economics and Management*, Vol. 79（2016）, pp. 169-188.

⑤ Zhang, J. & Y. Zhang, "Examining the Economic and Environmental Effects of Emissions Policies in China: A Bayesian DSGE Model", *Journal of Cleaner Production*, Vol. 266（2020）, pp. 1-9.

（2018）也建立了独立能源部门经济结构。[①] 此类异质性的厂商设定，一定程度上打破了完全竞争市场的假定，非完全竞争市场模式下的环境问题研究也成为学者们关注的重点。安尼基亚里科等（2018）研究了，排放上限制度在垄断企业价格竞争的经济体中的环境经济效益。[②] 结果发现，企业在寡头垄断市场中可以凭借其市场力量，通过将减排成本的负担转移到家庭来应对环境规管。罗奇（Roach, 2021）同时考虑垄断竞争、价格黏性等形式的市场缺陷和摩擦，提出了一个动态的、基于规则的、收入中性的碳税。[③] 考虑负责经济结构和多重市场摩擦情况下，对于环境制度进行更加深刻的变革，是将来研究的重点领域。

三、从封闭经济系统到开放经济系统

早期的环境动态随机一般均衡模型构建往往基于经济封闭体。但在现实中，已经几乎无法找到一个完全封闭的经济体，而且学者们探讨的二氧化碳等温室气体或污染排放都极具外部性，封闭经济体的假定有待改进。已经有一些学者考虑了开放经济体，如豪特尔（2012）在污染存量变化方程里加入了国外碳排放流量，贝纳维兹等（2015）在模型中考虑了对外出口厂商。[④] 安尼基亚里科和迪卢伊索（2019）率先建立了一个两国经济，研究了碳税和允许跨境交换排放许可证的限额与交易制度。[⑤] 陈（2020a）

① Niu, T., X. Yao & S. Shao, et al., "Environmental Tax Shocks and Carbon Emissions: An Estimated DSGE Model", *Structural Change and Economic Dynamics*, Vol. 47（2018）, pp. 9–17.

② Annicchiarico, B., L. Correani & F. Dio, "Environmental Policy and Endogenous Market Structure", *Resource and Energy Economics*, Vol. 52（2018）, pp. 186–215.

③ Roach, T., "Dynamic Carbon Dioxide Taxation with Revenue Recycling", *Journal of Cleaner Production*, Vol. 289（2021）, pp. 1–12.

④ Heutel, G., "How should Environmental Policy Respond to Business Cycles? Optimal Policy under Persistent Productivity Shocks", *Review of Economic Dynamics*, Vol. 15, No. 2（2012）, pp. 244–264; Benavides, C., L. Gonzales & M. Diaz, et al., "The Impact of a Carbon Tax on the Clean Electricity Generation Sector", *Energies*, Vol. 8, No. 4（2015）, pp. 2674–2700.

⑤ Annicchiarico, B. & F. Diluiso, "International Transmission of the Business Cycle and Environmental Policy", *Resource and Energy Economics*, Vol. 58（2019）, pp. 1–29.

在两城经济模型中刻画了劳动力的迁移。[1] 在两国经济模型中，安尼基亚里科和迪卢伊索（2019）注重于分析冲击的传导而陈（2020c）引入了能源消费和能源价格冲击。[2] 潘等（Pan, X., et al., 2020）研究关注的是环境支出冲击的动态溢出效应。[3] 从封闭经济系统向开放经济系统的转型是指在固定环境系统的情形下重点考察经济系统环境设置差异所可能带来的不同影响，关键在于揭示开放经济系统假设下的环境经济效应，符合经济全球化不可逆转等现实。

四、注重环境政策与宏观经济政策的融合

相比于动态随机一般均衡模型的货币与财政政策，环境动态随机一般均衡模型的研究对象常常是环境政策。早期文献中宏观经济政策和环境政策往往是分离的。近几年的环境动态随机一般均衡模型发展趋势越来越倾向于将环境政策和宏观经济政策纳入同一个分析框架。陈（2020b）研究发现财政政策、货币政策和碳税政策有自己独特的减排机制。[4] 财政政策是唯一能够保持排放水平并同时改善家庭消费和劳动福利的政策。此外，关于碳税政策与宏观经济政策之间的耦合作用方面，碳税应补充货币政策，而不应补充财政政策。安尼基亚里科和迪奥（2015）考察了环境政策和货币政策的最优组合。[5] 伊科诺米季斯和塞帕卡达斯（Economides &

① Chan, Y., "Optimal Emissions Tax Rates under Habit Formation and Social Comparisons", *Energy Policy*, Vol. 146（2020a）, pp. 1–12.

② Chan, Y., "Collaborative Optimal Carbon Tax Rate under Economic and Energy Price Shocks: A Dynamic Stochastic General Equilibrium Model Approach", *Journal of Cleaner Production*, Vol. 256（2020c）, pp. 1–29.

③ Pan, X., H. Xu & M. Li, et al., "Environmental Expenditure Spillovers: Evidence from an Estimated Multi–Area DSGE Model", *Energy Economics*, Vol. 86（2020）, pp. 1–15.

④ Chan, Y., "On the Impacts of Anticipated Carbon Policies: A Dynamic Stochastic General Equilibrium Model Approach", *Journal of Cleaner Production*, Vol. 256（2020b）, pp. 1–12.

⑤ Annicchiarico, B. & F. Dio, "Environmental Policy and Macroeconomic Dynamics in a New Keynesian Model", *Journal of Environmental Economics and Management*, Vol. 69, No. 1（2015）, pp. 1–21.

Xepapadeas, 2018）研究了货币政策是否应该考虑气候变化的预期影响问题。[①] 陈（2020b）试图探究宏观经济政策是否能比环境政策更好地控制碳排放。[②] 王遥等（2019）则基于环境动态随机一般均衡模型研究了绿色信贷激励政策。[③] 从环境政策内部组合到环境政策与宏观经济政策的融合是政策评价研究的一次质的飞跃，真正让环境系统和经济系统在政策调整层面实现了耦合创新，有利于政府实现经济和环境的双重目标。

五、信息摩擦与行为基础等新兴研究

魏茨曼（Weitzman，1974）的开创性工作表明，在不确定条件下决定最优环境政策一直是环境经济学的主流问题。[④] 对于厂商来说，其面临的重大不确定之一便是环境政策的实施时间。而这种不确定性很可能会损害减排积极性，即环境政策反而会增加碳排放。比如一个厂商可能因为预期环境政策的实施而采取短视的行为。陈（2020d）利用环境动态随机一般均衡模型研究了预先宣布的碳政策对环境和福利的影响。[⑤] 张等（2021）从理论和实证两个方面对中国碳市场中新闻驱动的信息摩擦进行了动态测量。[⑥] 这两篇文献使用新闻冲击来刻画信息摩擦。与此同时，尽管动态随机一般均衡框架具备微观基础，但其基于的微观基础有时会被质疑。陈

---

① Economides, G. & A. Xepapadeas, "Monetary Policy under Climate Change", *CESifo Working Paper Series 7021*, 2018.

② Chan, Y., "Are Macroeconomic Policies Better in Curbing Air Pollution than Environmental Policies? A DSGE Approach with Carbon-Dependent Fiscal and Monetary Policies", *Energy Policy*, Vol. 141（2020b）, pp. 1–13.

③ 王遥、潘冬阳、彭俞超等：《基于 DSGE 模型的绿色信贷激励政策研究》,《金融研究》2019 年第 11 期。

④ Weitzman, M., "Prices versus Quantities", *Review of Economic Studies*, Vol. 41, No. 4（1974）, pp. 477–491.

⑤ Chan, Y., "On the Impacts of Anticipated Carbon Policies: A Dynamic Stochastic General Equilibrium Model Approach", *Journal of Cleaner Production*, Vol. 256（2020d）, pp. 1–12.

⑥ Zhang, H., T. Cao & H. Li, et al., "Dynamic Measurement of News-Driven Information Friction in China's Carbon Market: Theory and Evidence", *Energy Economics*, Vol. 95（2021）, pp. 1–18.

（2020a）认为以往的模型设定忽略了家庭的行为异常。[1] 扎永茨和阿夫迪尤申科（Zając & Avdiushchenko, 2020）使用环境动态随机一般均衡模型研究了资源效率提高对区域经济的影响。[2] 寻找不确定性情形下的微观决策基础和弥补微观决策机制是相关新兴研究的重点方向。

第四节　环境动态随机一般均衡模型研究的若干展望

环境经济学有微观环境经济学和宏观环境经济学之分。从宏观角度出发，无法忽视环境动态随机一般均衡模型的巨大影响。正是在环境动态随机一般均衡框架下，学者们更清晰地认识到环境政策是宏观政策中不可忽视的部分。环境动态随机一般均衡模型这一更富有洞察力的工具也提供了更多研究的可能性。但是，环境动态随机一般均衡模型也面临着挑战和批评。尽管动态随机一般均衡模型的优点之一是具备微观基础，但其设定的微观基础却常遭受质疑和批评。施蒂格利茨（Stiglitz, 2018）指出，动态随机一般均衡模型关键的失败之处在于其微观基础，这种微观基础来自于简单的竞争性均衡模型，而这种模型在行为经济学、博弈论和信息经济学等领域已相对过时。[3]

第一，代表性个体的假设仍处于环境动态随机一般均衡模型设定的核心，但在气候变化、家庭和企业环保决策、最优碳税率等环境经济议题上，代表性个体的假设存在与现实的偏差，往往忽略了单个家庭和企业在偏好和禀赋上的差异，同时代表性个体的设定无法反映大量微观个体互动

---

[1]　Chan, Y., "Optimal Emissions Tax Rates under Habit Formation and Social Comparisons", *Energy Policy*, Vol. 146（2020a）, pp. 1–12.

[2]　Zając, P. & A. Avdiushchenko, "The Impact of Converting Waste into Resources on the Regional Economy, Evidence from Poland", *Ecological Modelling*, Vol. 437（2020）, pp. 1–11.

[3]　Stiglitz, J., "Where Modern Macroeconomics Went Wrong", *Oxford Review of Economic Policy*, Vol. 34, No. 1–2（2018）, pp. 70–106.

产生的涌现效应，如此，基于家庭和企业行为基础的政策模拟效果可能无法给出稳健的预测结果，从而影响环境政策的制定。

第二，动态随机一般均衡模型往往将消费者设定为无限理性，但却将企业设定为只考虑当期利益的群体。在环境动态随机一般均衡框架中就出现了当期企业损害下一期的状况。过分短视的企业不符合耦合环境系统下的微观基础。同时，陈（2020a）也已指出习惯形成和社会比较等行为经济学揭示的人类行为系统性偏误会对最优碳税率施加影响。①

第三，环境动态随机一般均衡模型同样面临不确定冲击理论上的挑战。罗默（Romer, 2016）认为，不确定性冲击的选取缺乏理论依据和实证的佐证，主流宏观经济学将经济周期发生的原因归结为无法解释的外生冲击，从而将经济周期的原因与结果"本末倒置"。②范志勇和宋佳音（2019）认为，主流宏观经济学的外生周期分析模式只关注冲击在经济体内部的传递过程，而非探索经济危机的根源，主流宏观经济学无法解决预测经济危机的问题。③环境动态随机一般均衡模型中不确定性冲击设定同样是模型建构的重要部分，但这些设定没有探求环境政策和自然环境变化和波动的根源，环境动态随机一般均衡模型难以对潜在的"环境危机"、经济与环境周期拐点或是环境与经济的复杂互动进行预测。

尽管环境动态随机一般均衡模型有待完善之处，但仍不能否认其在环境宏观经济学领域的学术地位和应用价值。尤其是在当今全球对气候变化问题关注度日益增加的背景下，环境动态随机一般均衡模型能为全球气候变化的经济、社会与环境效应分析提供有力的支持。就环境动态随机一般

---

① Chan, Y., "Optimal Emissions Tax Rates under Habit Formation and Social Comparisons", *Energy Policy*, Vol. 146（2020a），pp. 1–12.

② Romer, P., "The Trouble with Macroeconomics", *Working Paper at New York University*, 2016.

③ 范志勇、宋佳音：《主流宏观经济学的"麻烦"能解决么？》，《中国人民大学学报》2019年第2期。

均衡模型发展而言，需要加强环境系统、经济系统、环境经济系统的耦合创新，需要加强新凯恩斯框架下环境动态随机一般均衡模型的构建与应用，需要加强贝叶斯参数估计方法等在参数估计中的运用等。与此同时，环境动态随机一般均衡模型有望进一步发展为经济—能源—环境动态随机一般均衡模型（3E-DSGE），将经济系统、环境系统和能源系统在同一个框架下进行分析。此外，现有的环境动态随机一般均衡文献尽管已开始从封闭走向开放，但甚少有文献用环境动态随机一般均衡模型研究跨流域和跨界环境的问题、水的问题和碳的问题等。

第三章　生态转移支付及其横向框架研究述评

生态转移支付是一类面向生态保护补偿和生态损害赔偿的转移支付，主要是政府间的财政转移支付。生态转移支付有纵向和横向之分，横向生态转移支付是跨界流域生态补偿的政府机制创新。生态转移支付及其横向框架研究处于起步阶段，生态转移支付的理论基础、概念内涵、基本框架、缘起发展、比较优势等均需要进行系统梳理，进而服务于横向转移支付在生态补偿领域的科学化、具体化和制度化。

第一节　生态转移支付及其基本框架

一、生态转移支付的理论基础

生态转移支付有两类理论基础：一是转移支付理论，二是生态补偿理论。要理解生态转移支付的概念需要了解何为转移支付。广为接受的转移支付概念是联合国《1990 年国民账户制度修订案》中的定义，即"转移支付是指货币资金、商品、服务或金融资产的所有权由一方向另一方的无偿转移。转移的对象可以是现金，也可以是实物"。① 虽然联合国的定义中并未对转移支付双方进行明确界定，但在国内外研究中大多探讨的是政府间的转移支付问题。② 因此，可以理解为一个国家各级政府之间在既定的职责、支出责任和税收划分框架下财政资金的相互转移。它以各级政府的财政能力差异为基础，以实现基本公共服务均等化为主旨，是一种财政资金转移或财政平衡制度，因此大多数研究中将其更加精确地描述为财政转移支付。③

生态转移支付的另一个缘起是生态补偿理论。④ 早在 20 世纪就有国外学者对生态补偿理论进行了研究。库珀鲁斯等（Cuperus, et al., 1996）提出的生态补偿是指通过各种办法降低人类行为对生态环境的影响，最终实现生态功能和自然资源价值的恢复。⑤ 艾伦和费德马（Allen & Feddema, 1996）认为生态补偿的目的要么是改善受损区域，要么是创造具有生态功能和质量属性的新栖息地。⑥ 毛显强等（2003）也最早定义了生态补偿，

---

① 袁广达、仲也、郭译文：《基于太湖流域生态承载力的生态补偿横向转移支付研究》，《南京工业大学学报（社会科学版）》2021 年第 2 期。

② Borck, R. & S. Owings, "The Political Economy of Intergovernmental Grants", *Regional Science and Urban Economics*, Vol. 33, No. 2（2003）, pp. 139–156; Gonschorek, G., G. Schulze & B. Sjahrir, "To the Ones in Need or the Ones You Need? The Political Economy of Central Discretionary Grants Empirical Evidence from Indonesia", *European Journal of Political Economy*, Vol. 54（2018）, pp. 240–260；曾军平：《政府间转移支付制度的财政平衡效应研究》，《经济研究》2000 年第 6 期。

③ Wu, Y., Y. Huang & J. Zhao, et al., "Transfer Payment Structure and Local Government Fiscal Efficiency: Evidence from China", *China Finance and Economic Review*, Vol. 5, No. 1（2017）, pp. 1–15；李升：《政府间转移支付体系走向：一个文献综述》，《改革》2011 年第 10 期；王磊：《转移支付制度国内研究文献综述》，《山东工商学院学报》2007 年第 2 期；郭庆旺、贾俊雪：《中央财政转移支付与地方公共服务提供》，《世界经济》2008 年第 9 期。

④ 刘炯：《生态转移支付对地方政府环境治理的激励效应——基于东部六省 46 个地级市的经验证据》，《财经研究》2015 年第 2 期。

⑤ Cuperus, R., K. Canters & A. Piepers, "Ecological Compensation of the Impacts of a Road. Preliminary Method for the A50 Road Link (Eindhoven–Oss, The Netherlands)", *Ecological Engineering*, Vol. 7, No. 4（1996）, pp. 327–349.

⑥ Allen, A. & J. Feddema, "Wetland Loss and Substitution by the Section 404 Permit Program in Southern California, USA", *Environmental Management*, Vol. 20, No. 2（1996）, pp. 263–274.

认为生态补偿是通过对损害（或保护）资源环境的行为进行收费（或补偿），提高该行为的成本（或收益），从而激励损害（或保护）行为的主体减少（或增加）因其行为带来的外部不经济性（或外部经济性），达到保护资源的目的。[1] 旺德（2005）进一步明确生态补偿的实施应包含五个条件，即自愿交易、有明确定义的生态系统服务、至少有一个生态服务的购买者、至少有一个生态服务的提供者、当且仅当生态服务提供者保证生态服务的供给。[2] 这表明，生态补偿理论研究重点从恢复生态功能转变为探讨交易模式。旺德（2015）进一步完善了该概念，认为生态补偿资金可以来自一个或多个生态服务受益者（非政府组织、私人团体、地区或中央政府），生态服务受益者与生态服务提供者是明确区分的，赔偿金额取决于土地管理情况，生态服务提供者可自愿参加生态补偿。[3] 它既强调了生态服务提供者供给生态服务的自愿性和土地利用在生态补偿中的作用，又注意到了生态服务的外部性。此外，还有一些学者从额外生态服务付费的角度出发来理解生态补偿，如塔科尼（2012）指出生态补偿机制是指有条件地给生态服务自愿供给者提供的额外生态服务付费。[4] 穆拉迪恩等（2010）认为生态补偿本质上是生态服务付费，是一种资源交换机制，其目的在于激励个人或集体将土地利用的决策安排与自然资源管理的社会利益结合在一起。[5] 阿吉拉尔·戈麦斯等（Aguilar-G ó mez, et al., 2020）也指出生态补偿是以货币或实物交换的方式向提供生态服务的供给者付费的机制，以

---

① 毛显强、钟瑜、张胜：《生态补偿的理论探讨》，《中国人口·资源与环境》2002 年第 4 期。

② Wunder, S., "Payments for Environmental Services: Some Nuts and Bolts", *CIFOR Occasional Paper*, No. 42（2005），pp. 3-4.

③ Wunder, S., "Revisiting the Concept of Payments for Environmental Services", *Ecological Economics*, Vol. 20（2015），pp. 234-243..

④ Tacconi, L., "Redefining Payments for Environmental Services", *Ecological Economics*, Vol. 73（2012），pp. 29-36.

⑤ Muradian, R., E. Corbera & U. Pascual, et al., "Reconciling Theory and Practice: An Alternative Conceptual Framework for Understanding Payments for Environmental Services", *Ecological Economics*, Vol. 69, No. 6（2010），pp. 1202-1208.

保证生态服务的持续供应。[①] 在国内学者看来，生态补偿有时也是一种利益协调，也是一种矛盾协调，是生态与环境保护经济外部性的内部化以及生态破坏、环境污染和资源消耗成本收益的对称化，是生态产品供给者生产成本与发展机会成本得到补偿、生态产品消费者费用支付和风险归位的过程。[②] 生态补偿旨在运用经济手段激励人们对生态系统进行维护和保护，解决由于市场失灵造成的生态效益外部性问题。[③]

二、生态转移支付的概念内涵

生态转移支付（Ecological Fiscal Transfers，EFT）是一种克服生态系统保护的环境效益和经济成本之间的规模不匹配的一种机制，其中的"生态"可以理解为政府的生态公共职能，包括自然保护和减少环境污染。[④] 也有学者认为生态转移支付是一种为生态保护提供资金的工具，一般与生态系统服务付费机制共同使用。[⑤] 我国的生态转移支付是一项重要的财政政策工具，它是实现生态补偿的一种重要方式。[⑥] 财政转移支付的目的在于实现各级预

---

① Aguilar-Gómez, C., T. Arteaga-Reyes & W. Gomez-Demetrio, et al., "Differentiated Payments for Environmental Services: A Review of the Literature", *Ecosystem Services*, Vol. 44（2020），pp.1-11.

② 李宁、丁四保：《我国建立和完善区际生态补偿机制的制度建设初探》，《中国人口·资源与环境》2009年第1期；卢洪友、杜亦譡、祁毓：《生态补偿的财政政策研究》，《环境保护》2014年第5期。

③ 邓晓兰、黄显林、杨秀：《积极探索建立生态补偿横向转移支付制度》，《经济纵横》2013年第10期。

④ Busch, J., I. Ring & M. Akullo, et al., "A Global Review of Ecological Fiscal Transfers", *Nature Sustainability*, Vol. 4, No. 9（2021），pp. 756-765; Ring, I., "Ecological Public Functions and Fiscal Equalisation at the Local Level in Germany", *Ecological Economics*, Vol. 42, No. 3（2002），pp. 415-427.

⑤ Wunder, S., R. Brouwer & S. Engel, et al., "From Principles to Practice in Paying for Nature's Services", *Nature Sustainability*, Vol. 1, No. 3（2018），pp. 145-150; Salzman, J., G. Bennett & N. Carroll, et al., "The Global Status and Trends of Payments for Ecosystem Services", *Nature Sustainability*, Vol. 1, No. 3（2018），pp. 136-144.

⑥ 祁毓、陈怡心、李万新：《生态转移支付理论研究进展及国内外实践模式》，《国外社会科学》2017年第5期；吴乐、孔德帅、靳乐山：《中国生态保护补偿机制研究进展》，《生态学报》2019年第1期；卢洪友、余锦亮：《生态转移支付的成效与问题》，《中国财政》2018年第4期。

算主体之间的收支规模对称，保障各地区间公共服务供给水平的均等化。[①]
生态转移支付则是在财政转移支付的基础上加入生态环境因素，以生态环境
质量为依据协调地区间财政收入差距的制度安排。[②] 因此，生态转移支付可
以理解为一种政府运用财政政策工具弥补生态保护成本、内化外部性、激励
地方实施生态保护的手段。[③]

三、生态转移支付的基本框架

财政转移支付包含纵向转移支付和横向转移支付两种，其中纵向转移
支付是上级政府对下级政府的收入下拨或下级政府对上级政府的收入上
缴，横向转移支付是同一层级的不同政府之间的转移支付。基于这一划分
原则，生态转移支付的基本框架同样可以分为纵向生态转移支付和横向生
态转移支付两种。其中纵向生态转移支付是指上下级政府间在生态领域资
金上的拨款与上缴；横向生态转移支付则是指按照"谁受益谁付费"的原
则，由生态服务的受益区政府向该服务的提供区政府支付一定的资金，使
后者提供的生态服务成本与效益基本对等，从而激励其提高生态产品或服
务的有效供给水平。[④] 这一基本框架被大多数研究学者沿用。[⑤]

对于上述两种生态转移支付形式哪一种更为重要，不同的学者有不同
的看法。考克斯（Cox, 2016）提出加强上级政府对地方的纵向转移支付力

---

① 蒋永甫、弓蕾：《地方政府间横向财政转移支付：区域生态补偿的维度》，《学习论坛》
2015 年第 3 期。
② 伍文中：《构建有中国特色的横向财政转移支付制度框架》，《财政研究》2012 年第 1 期。
③ 祁毓、陈怡心、李万新：《生态转移支付理论研究进展及国内外实践模式》，《国外社会
科学》2017 年第 5 期。
④ 张谋贵：《建立横向转移支付制度探讨》，《财政研究》2009 年第 7 期。
⑤ Busch, J., I. Ring & M. Akullo, et al., "A Global Review of Ecological Fiscal Transfers",
Nature Sustainability, Vol. 4, No. 9（2021），pp. 756-765；杨晓萌：《中国生态补偿与横向转移支
付制度的建立》，《财政研究》2013 年第 2 期；邓晓兰、黄显林、杨秀：《积极探索建立生态补偿
横向转移支付制度》，《经济纵横》2013 年第 10 期；樊存慧：《生态补偿横向转移支付研究动态及
文献评述》，《财政科学》2020 年第 10 期。

度是实现生态补偿的核心手段。[1]袁广达等（2021）也指出现阶段我国生态环境保护的投入主要依赖于中央及省级政府财政资金，以纵向生态转移支付为主，即由上级政府直接向下级政府转移支付。[2]这类支付已有诸多实践，如"退耕还林还草""天然林保护工程""国家重点生态功能区建设"等。[3]其中，最为典型的就是2008年实施的"国家重点生态功能区转移支付制度"，诸多学者也对这一制度的实施成效做了丰富的研究。[4]当然，也有学者认为生态转移支付制度应当是基于生态补偿的横向转移支付制度，其核心是通过经济发达地区向欠发达或贫困地区转移一部分财政资金，在生态关系密切的区域或流域建立起生态服务的市场交换关系，从而使生态服务的外部效应内在化。[5]也有学者指出纵横两种类型的生态转移支付各有侧重，其中纵向生态转移支付是生态补偿的基础，而横向生态转移支付作为补充，需要建立的是纵横交错的生态转移支付体系。[6]

　　除了按照支付方向来区分生态转移支付外，支付条件的有无也是一种常见的划分原则。财政转移支付可分为无条件转移支付制度和有条件转移支付制度，无条件转移支付制度也称为一般性转移支付制度，有条件转移支付制度也称为专项转移支付制度。[7]据此，生态转移支付也可以区分为

[1]　Cox, G., "Selling Forest Environmental Services: Market-Based Mechanisms for Conservation and Development", *Ecological Economics*, Vol. 45, No. 2（2016）, pp. 311-312.

[2]　袁广达、仲也、郭译文：《基于太湖流域生态承载力的生态补偿横向转移支付研究》，《南京工业大学学报（社会科学版）》2021年第2期。

[3]　郑雪梅、韩旭：《建立横向生态补偿机制的财政思考》，《地方财政研究》2006年第10期；李国平、李潇、汪海洲：《国家重点生态功能区转移支付的生态补偿效果分析》，《当代经济科学》2013年第5期；伏润民、缪小林：《中国生态功能区财政转移支付制度体系重构——基于拓展的能值模型衡量的生态外溢价值》，《经济研究》2015年第3期。

[4]　廖晓慧、李松森：《完善主体功能区生态补偿财政转移支付制度研究》，《经济纵横》2016年第1期。

[5]　郑雪梅：《生态转移支付——基于生态补偿的横向转移支付制度》，《环境经济》2006年第7期。

[6]　邓晓兰、黄显林、杨秀：《积极探索建立生态补偿横向转移支付制度》，《经济纵横》2013年第10期。

[7]　邓琨：《财政转移支付文献综述》，《合作经济与科技》2018年第23期。

规定生态转移支付用途的专项生态转移支付和均衡财力弥补生态保护地区发展机会成本的一般性生态转移支付。[①] 其中一般性转移支付的主要目的是给地方政府提供额外的财政收入，弥补地方政府的收支差额，缩小地区间的公共服务能力和贫富差距，一般对转移资金的具体用途不做限定，接收方政府可以根据支出需要自主安排。专项转移支付的主要目的是针对地方政府的某项目提供额外的财政支持，弥补项目收支差额，一般对转移资金的具体用途形成严格限定，专款专用，接收方政府不得随意改变财政资金的使用方向。[②]

除了上述两种常见的划分依据外，还存在一些不多见的划分方式。如刘炯（2015）认为生态转移支付能否产生激励效果首先与激励方式有关，正是激励方式的差异使地方政府面临不同的成本收益权衡，从而引致不同的决策响应，所以生态转移支付框架可以划分为"奖励型"和"惩罚型"两种。[③] 其中"奖励型"生态转移支付是基于"补助贡献者"原则，以省级政府作为全省环境受益者的利益代言人，统筹对生态环境改善作出贡献的地区进行财力补助，目标是鼓励辖区间环境正外部性的供给。"惩罚型"生态转移支付则是基于"惩罚污染者，补偿受损者"原则，将地方政府界定为环境恶化的第一责任人，通过直接扣缴地方财政来形成横向转移支付资金以补偿受损居民和企业，由此遏制辖区间负外部性的产生，强化地方政府环境治理的责任。

总之，基于不同的分类标准，生态转移支付的基本框架如图3—1所示。两两组合或三三组合，如一般性横向生态转移支付、奖励型纵向生态转移支付、惩罚型专项生态转移支付，生态转移支付的基本框架可以进一步丰富。

---

① 卢洪友、杜亦譔、祁毓：《生态补偿的财政政策研究》，《环境保护》2014年第5期。

② 田民利：《基于区域生态补偿的横向转移支付制度研究》，博士学位论文，中国海洋大学，2013年。

③ 刘炯：《生态转移支付对地方政府环境治理的激励效应——基于东部六省46个地级市的经验证据》，《财经研究》2015年第2期。

第二节　横向生态转移支付的缘起与发展

一、横向生态转移支付的理论缘起

布坎南（Buchanan, 1965）最早提出"横向均衡"的概念，为政府间横向转移支付制度的建立提供了理论支持。[①]他认为不同地区的财政能力各有差异，各个政府间的转移支付体系应当同时考虑税收公平和服务公平，此体系的核心在于财政充足的地方向财政困难的地方按照一定的规则进行政府间的财政支付，从而促进区域间基本公共服务均等化。横向生态转移支付本质上是横向转移支付手段在生态领域的运用。王德凡（2018）指出，横向生态转移支付体系应当以生态环境受益者与保护者之间的直接转移支付为主要方式，并以此形成稳定的制度。[②]

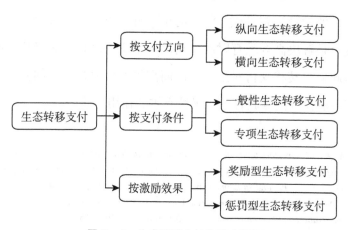

图 3—1　生态转移支付的基本框架

横向转移支付能有效促进区域均衡发展，可以调节跨区域生态产品服

---

① Buchanan, J., "An Economic Theory of Clubs", *Economica*, Vol. 32, No. 125（1965）, pp. 1–14.
② 王德凡：《基于区域生态补偿机制的横向转移支付制度理论与对策研究》，《华东经济管理》2018 年第 1 期。

务行为，同时缩小地区间的发展差距，进一步实现公共服务均等化。[①]科索伊和科尔韦拉（Kosoy & Corbera, 2010）号召经济发达地区向经济贫困地区进行横向转移支付，还特别强调了那些通过保护环境为周边带来环境收益的贫困地区应得到横向转移支付的补偿。[②]我国虽然没有以制度形式确立的横向生态转移支付，但在经济和教育等领域已经存在具有横向转移支付性质的具体实践。张谋贵（2009）和杨晓萌（2013）均认为我国地方政府之间虽然没有一个规范化、公式化、法治化的横向转移支付制度，但是经济较发达的省份对中西部经济落后省份的"对口支援"实质上起到了横向转移支付的作用；它是在中央政府的鼓励和安排之下，各省、地区之间出现的一种非公式化、非法制化的转移支付。[③]伍文中（2012）更是鲜明地指出我国实施多年的"对口支援"在本质上就是横向财政转移支付。[④]在教育领域，赵双剑和王驰（2018）指出通过财政横向转移支付可以实现欠发达地区的教育经费补偿。[⑤]王鹏和李明（2012）也认为实行政府间财政转移支付是解决高等教育财政不均衡的重要手段和必然趋势，政府间高等教育财政横向转移支付对平衡地区间高等教育财政水平的差距、引导和调动地方政府投资高等教育的积极性有重要作用。[⑥]

[①] Shah, A., *A Framework for Evaluating Alternate Institutional Arrangements for Fiscal Equalization Transfers*, Springer, Boston, MA, 2007; Ring, I., "Ecological Public Functions and Fiscal Equalisation at the Local Level in Germany", *Ecological Economics*, Vol. 42, No. 3（2002）, pp. 415–427; Plantinga, A., R. Alig & H. Cheng, "The Supply of Land for Conservation Uses: Evidence from the Conservation Reserve Program", *Resources, Conservation and Recycling*, Vol. 31, No. 3（2001）, pp. 199–215.

[②] Kosoy, N. & E. Corbera, "Payments for Ecosystem Services as Commodity Fetishism", *Ecological Economics*, Vol. 69, No. 6（2010）, pp. 1228–1236.

[③] 张谋贵：《建立横向转移支付制度探讨》，《财政研究》2009 年第 7 期；杨晓萌：《中国生态补偿与横向转移支付制度的建立》，《财政研究》2013 年第 2 期；邓晓兰、黄显林、杨秀：《积极探索建立生态补偿横向转移支付制度》，《经济纵横》2013 年第 10 期。

[④] 伍文中：《从对口支援到横向财政转移支付：文献综述及未来研究趋势》，《财经论丛》2012 年第 1 期。

[⑤] 赵双剑、王驰：《欠发达地区教育经费地区补偿的实现途径》，《经济论坛》2018 年第 1 期。

[⑥] 王鹏、李明：《我国政府间高等教育财政横向转移支付模式研究——基于外溢性补偿的视角》，《高教探索》2012 年第 5 期。

横向生态转移支付是服务地方生态公共职能的创新方式。[①] 作为生态补偿的一类支付机制，横向生态转移支付可以概括为自然资源消费地区或生态系统服务的受益地区向自然资源产地或生态系统服务功能区提供生态补偿资金。[②] 横向生态转移支付具有利益交换的性质，一般遵循"受益者付费"原则，目标是形成一种良性的循环圈。[③]

二、横向生态转移支付的比较优势

生态破坏、环境污染难以遏制以及地方环境保护乏力的可能原因是横向生态转移支付机制缺失。[④] 学者们大多从纵向生态转移支付存在的缺陷视角出发剖析实施横向生态转移支付的原因。杜振华和焦玉良（2004）认为纵向的生态转移支付通常仅履行了上级财政促进公平而没有很好地体现出上级财政行为增进效率和优化资源配置的原则，尤其没有体现出市场经济基础上特定区域在经济与生态的分工以及生态服务的市场交换关系。[⑤] 李齐云和汤群（2008）指出单一的纵向转移支付没有形成制度化，补偿覆盖范围有限、补偿数额不足且时间过短，效率和优化资源配置等调控目标很少顾及。[⑥] 杨晓萌（2013）认为纵向生态转移支付虽然可以确保中央政府调节地区间政府财力差异和实施一定的经济调控政策，但调节力度有

① Kumar, S. & S. Managi, "Compensation for Environmental Services and Intergovernmental Fiscal Transfers: The Case of India", *Ecological Economics*, Vol. 68, No. 12（2009）, pp. 3052-3059.
② Farley, J. & R. Costanza, "Payments for Ecosystem Services: From Local to Global", *Ecological Economics*, Vol. 69, No. 11（2010）, pp. 2060-2068.
③ 陈挺、何利辉：《中国生态横向转移支付制度设计的初步思考》，《经济研究参考》2016年第58期；陶恒、宋小宁：《生态补偿与横向财政转移支付的理论与对策研究》，《创新》2010年第2期；谢京华：《论主体功能区与财政转移支付的完善》，《地方财政研究》2008年第2期。
④ 郑雪梅：《生态转移支付——基于生态补偿的横向转移支付制度》，《环境经济》2006年第7期；田贵贤：《生态补偿类横向转移支付研究》，《河北大学学报（哲学社会科学版）》2013年第2期。
⑤ 杜振华、焦玉良：《建立横向转移支付制度实现生态补偿》，《宏观经济研究》2004年第9期。
⑥ 李齐云、汤群：《基于生态补偿的横向转移支付制度探讨》，《地方财政研究》2008年第12期。

限、透明度低，同时很难直接体现部分公共产品成本收益的对称性。[①] 邓晓兰等（2013）更是直接点出纵向生态转移支付方式仅适于全国性生态补偿项目。[②] 纵向生态转移支付的种种缺陷要求必须实施横向生态转移支付，以形成完善的生态转移支付体系，进而激励各主体的生态环境保护行为。

当然，除了能够弥补纵向生态转移支付的短板，横向生态转移支付本身也具备很多优势，这也是实施横向生态转移支付的重要原因之一。李齐云和汤群（2008）指出横向生态转移支付不仅可以大大减轻中央政府的财政压力，而且横向生态转移支付的透明度高，支付数量、来源、去向、谁转出、谁受益等都非常清楚明了，并且转移支付资金运转减少了中间环节，资金到位快，受益地区可以根据本地需要灵活安排使用，转移支付的效率也高。[③] 邓晓兰等（2013）认为横向转移支付方式更加体现市场经济关系，能够通过调动微观主体的积极性助力各主体利益诉求的实现，进而优化社会资源配置和提升行政管理效率。[④]

三、横向生态转移支付的实践进展

早在 20 世纪，发达国家就陆续开始了生态补偿的探索和实践，在转移支付等方面有着诸多经验，其中又以德国的州际横向转移支付最为成熟。[⑤] 当然，德国的州际横向转移支付本质上是洲际横向财力的再分配，目的是为了达到州际间的财政平衡，使不同地区的居民能够享受相同的生活水准，

---

① 杨晓萌：《中国生态补偿与横向转移支付制度的建立》，《财政研究》2013 年第 2 期。

② 邓晓兰、黄显林、杨秀：《积极探索建立生态补偿横向转移支付制度》，《经济纵横》2013 年第 10 期。

③ 李齐云、汤群：《基于生态补偿的横向转移支付制度探讨》，《地方财政研究》2008 年第 12 期。

④ 邓晓兰、黄显林、杨秀：《积极探索建立生态补偿横向转移支付制度》，《经济纵横》2013 年第 10 期。

⑤ 李长健、赵田：《水生态补偿横向转移支付的境内外实践与中国发展路径研究》，《生态经济》2019 年第 8 期。

以维护社会稳定。[①]这与横向生态转移支付存在较大不同。克尔纳等（Köllner, et al., 2002）也曾建议瑞士政府为了激励相关政治机构，可以在政府间财政转移支付中考虑生物多样性，同时可以根据各州植物物种的多样性基准测试结果来衡量这些转移金额。[②]我国横向生态转移支付方式的实践探索还处于起步阶段，而且横向生态转移支付主要是生态关系紧密的区域内经济发达地区向欠发达或贫困地区转移一定的财政资金，用以补偿后者因提供生态服务而产生的效益外溢损失及发展机会不均等所造成的机会成本。[③]我国横向生态转移支付的实践研究汇总如表3—1所示。

表3—1　国内横向生态转移支付的实践进展

类型	具体实践	文献
水环境领域（跨省）	陕西甘肃关于渭河流域生态环境保护的横向生态转移支付协议	王奕淇等（2019）[④]
	安徽浙江关于新安江流域生态保护的横向生态转移支付	邓晓兰等（2013）；刘桂环等（2010）；赵越等（2015）[⑤]
	广西广东关于九州江流域跨界水环境保护合作协议	卢志文（2018）；张捷和傅京燕（2016）[⑥]

① 郑雪梅：《生态转移支付——基于生态补偿的横向转移支付制度》，《环境经济》2006年第7期。

② Köllner, T., O. Schelske & I. Seidl, "Integrating Biodiversity into Intergovernmental Fiscal Transfers Based on Cantonal Benchmarking: A Swiss Case Study", *Basic and Applied Ecology*, Vol. 3, No. 4（2002）, pp. 381–391.

③ 张谋贵：《建立横向转移支付制度探讨》，《财政研究》2009年第7期。

④ 王奕淇、李国平、延步青：《流域生态服务价值横向补偿分摊研究》，《资源科学》2019年第6期。

⑤ 邓晓兰、黄显林、杨秀：《积极探索建立生态补偿横向转移支付制度》，《经济纵横》2013年第10期；刘桂环、文一惠、张惠远：《中国流域生态补偿地方实践解析》，《环境保护》2010年第23期；赵越、杨文杰、姚瑞华等：《我国水环境补偿的实践、问题与对策》，《宏观经济管理》2015年第8期。

⑥ 卢志文：《省际流域横向生态保护补偿机制研究》，《发展研究》2018年第7期；张捷、傅京燕：《我国流域省际横向生态补偿机制初探——以九洲江和汀江—韩江流域为例》，《中国环境管理》2016年第6期。

类型	具体实践	文献
水环境领域（跨省）	福建广东关于汀江—韩江流域的横向生态转移支付试点	张捷和傅京燕（2016）[①]
	江西广东关于东江流域的横向生态转移支付试点	刘晓凤等（2021）[②]
水环境领域（省内）	安徽巢湖流域横向生态转移支付	朱建华等（2018）[③]
	湖南湘江流域横向生态转移支付	
	黑龙江穆棱河和呼兰河流域横向生态转移支付	
森林领域	重庆市 2018 年颁布的《重庆市实施横向生态补偿提高森林覆盖率工作方案（试行）》	—
	京津冀地区森林的横向生态转移支付制度（建议）	聂承静等（2017）[④]
矿产领域	陕北地区矿产资源横向生态转移支付制度（建议）	武永义等（2014）[⑤]

具体地讲，我国横向生态转移支付实践主要集中于水环境领域，最早见于陕西甘肃两省 2011 年签署的关于渭河流域生态环境保护的横向生态转移支付协议，该协议规定由陕西省财政协调解决 600 万元，对甘肃省天水市、定西市各补偿 300 万元，专项用于支持渭河流域上游两市污染治理工程等项目。[⑥] 更具代表性且国内首个跨省界流域生态补偿实践则是

① 张捷、傅京燕：《我国流域省际横向生态补偿机制初探——以九洲江和汀江—韩江流域为例》，《中国环境管理》2016 年第 6 期。

② 刘晓凤、张文雅、程小兰等：《跨域水治理中的尺度重构：以东江为例》，《世界地理研究》2021 年第 2 期。

③ 朱建华、张惠远、郝海广等：《市场化流域生态补偿机制探索——以贵州省赤水河为例》，《环境保护》2018 年第 24 期。

④ 聂承静、刘彬、程梦桦等：《基于区域协调发展理论的京津冀地区横向森林生态补偿研究》，《安徽农业科学》2017 年第 33 期。

⑤ 武永义、熊圩清、方明媚：《陕北矿产资源地生态补偿横向转移支付探讨》，《西部财会》2014 年第 12 期。

⑥ 王奕淇、李国平、延步青：《流域生态服务价值横向补偿分摊研究》，《资源科学》2019 年第 6 期。

安徽省与浙江省关于新安江流域生态保护的水质对赌。[①] 新安江流域生态保护的横向生态转移支付是财政部、环境保护部共同推动建立的全国首个跨省流域水环境生态补偿试点，在上下游自愿协商的基础上，搭建"地方为主、中央监管"平台，体现了上下游共担保护成本、共享发展成果的理念，具有重要示范意义。[②] "新安江模式"也逐渐被广泛借鉴。例如广西广东两省2014年建立的九州江流域跨界水环境保护合作协议，2016年福建广东关于汀江—韩江流域、江西广东关于东江流域的横向生态转移支付试点等。[③] 此外，省内各地市之间的跨地区流域横向生态转移支付也有了一些实践，如安徽省在巢湖流域、湖南省在湘江流域、黑龙江省在穆棱河和呼兰河流域等都已经开始实施跨行政区的水环境横向生态转移支付。[④]

此外，在森林环境和矿产资源领域，也出现了横向生态转移支付的一些探索，这些探索多由地方政府发起和试点实施，现实实践的案例不多，如重庆市2018年颁布的《重庆市实施横向生态补偿提高森林覆盖率工作方案（试行）》，提出通过设置森林覆盖率作为每个区县政府的统一考核指标，实现地方政府间横向生态转移支付市场化交易。当然，也有一些学者对构建地区间森林环境或矿产资源的横向生态转移支付制度进行了理论层面的分析。聂承静等（2017）指出，为实现京津冀地区的协

---

① 邓晓兰、黄显林、杨秀：《积极探索建立生态补偿横向转移支付制度》，《经济纵横》2013年第10期；刘桂环、文一惠、张惠远：《中国流域生态补偿地方实践解析》，《环境保护》2010年第23期。

② 赵越、杨文杰、姚瑞华等：《我国水环境补偿的实践、问题与对策》，《宏观经济管理》2015年第8期。

③ 刘晓凤、张文雅、程小兰等：《跨域水治理中的尺度重构：以东江为例》，《世界地理研究》2021年第2期；卢志文：《省际流域横向生态保护补偿机制研究》，《发展研究》2018年第7期；张捷、傅京燕：《我国流域省际横向生态补偿机制初探——以九洲江和汀江—韩江流域为例》，《中国环境管理》2016年第6期。

④ 朱建华、张惠远、郝海广等：《市场化流域生态补偿机制探索——以贵州省赤水河为例》，《环境保护》2018年第24期。

同发展，保障生态安全，建立京津冀地区森林的横向生态转移支付制度势在必行。[①] 武永义等（2014）认为，通过构建以生态补偿为导向的横向生态转移支付制度是解决陕北地区矿产资源开发中产生的负外部性问题的重要途径。[②]

第三节　横向生态转移支付的关键问题

一、横向生态转移支付的标准确定

横向生态转移支付的标准往往取决于生态保护者的投入、生态受益者的获利、生态破坏的恢复成本以及生态系统服务的价值。补偿标准的下限应为生态保护者的投入及生态破坏的恢复成本；补偿标准的上限应为生态系统服务功能的价值。[③] 横向生态转移支付标准确定的方法一般基于生态补偿标准确立过程中经常使用的方法，包含基于生态系统服务功能价值理论的方法、基于市场理论的方法和基于半市场理论的方法。[④]

基于生态系统服务功能价值理论的方法是基于生态系统服务功能本身的价值或修正后的价值来确定生态补偿标准的一种方法。价值理论就是以所提供的生态系统服务价值来确定生态转移支付的标准。科斯坦萨等（Costanza, et al., 1997）基于这一理论衡量的全球生态系统服务功能价值为

[①] 聂承静、刘彬、程梦林等：《基于区域协调发展理论的京津冀地区横向森林生态补偿研究》，《安徽农业科学》2017年第33期。

[②] 武永义、熊圩清、方明媚：《陕北矿产资源地生态补偿横向转移支付探讨》，《西部财会》2014年第12期。

[③] 李齐云、汤群：《基于生态补偿的横向转移支付制度探讨》，《地方财政研究》2008年第12期。

[④] 李晓光、苗鸿、郑华等：《生态补偿标准确定的主要方法及其应用》，《生态学报》2009年第8期。

后来学者研究生态转移支付的标准奠定了基础。[①]但是生态系统服务功能
的价值不能等同于生态转移支付的标准，因此大多数学者进一步利用一些
调整系数来对生态转移支付的标准进行测算。[②]还有一些学者通过定量化
生态系统服务功能损失来计算弥补生态系统服务功能损害所需要的补偿比
例，以此来确定生态转移支付的标准。[③]袁广达等（2021）基于这一方法
构建了横向财政转移支付跨界流域生态补偿的理论模型及实施机制。[④]在
对流域进行分类的基础上，学者们设计了不同生态补偿横向转移支付模
式，并建立了跨界流域横向生态转移支付的定量标准。罗怀敬和孔鹏志
（2015）基于物质流分析法以行政区域间的生态服务功能转移为依据，建
立了一个可量化的生态补偿横向转移支付的客观标准，并以潍坊市作为实
证对象发现横向生态转移支付标准的决定因素是相对物质生产力与物质辐
射结构。[⑤]田民利（2013）同样采用物质流分析法核算了经济物质在潍坊
市12县市区之间的流转结构，并以此为基础提出了生态补偿横向转移支
付的标准制定依据。[⑥]

　　基于市场理论的方法是把生态系统服务功能看成一种商品，市场的买
卖双方分别是生态转移支付的补偿者和受偿者，生态转移支付标准根据市

① Costanza, R., R. Arge & R. Groot, et al., "The Value of the World's Ecosystem Services and Natural Capital", *Nature*, Vol. 387, No. 15（1997）, pp. 253–260.

② Qin, Y. & M. Kang, "A Review of Ecological Compensation and Its Improvement Measures", *Journal of Natural Resources*, Vol. 22, No. 4（2007）, pp. 557–567.

③ Dunford, R., T. Ginn & W. Desvousges, "The Use of Habitat Equivalency Analysis in Natural Resource Damage Assessments", *Ecological Economics*, Vol. 48, No. 1（2004）, pp. 49–70; Roach, B. & W. Wade, "Policy Evaluation of Natural Resource Injuries using Habitat Equivalency Analysis", *Ecological Economics*, Vol. 58, No. 2（2006）, pp. 421–433.

④ 袁广达、杜星博、孙笑：《流域生态补偿横向转移支付标准量化范式——基于生态损害成本核算的视角》，《财会通讯》2021年第11期。

⑤ 罗怀敬、孔鹏志：《区域生态补偿中横向转移支付标准的量化研究》，《东岳论丛》2015年第10期。

⑥ 田民利：《基于区域生态补偿的横向转移支付制度研究》，博士学位论文，中国海洋大学，2013年。

场均衡价格决定,该方法在水权交易和碳排放权交易中应用颇多。[1] 该方法的优势在于能够兼顾两方面的利益,在双方都能达到满意的条件下开展生态补偿。利用市场理论解决生态补偿的条件很严格,而半市场理论可以在市场不能发挥作用的情况下利用市场的供给和需求两方面确定生态转移支付的标准,比较常见的包括机会成本法、意愿调查法、微观经济学模型法。[2] 机会成本法立足的观点是生态系统服务功能的提供者为了保护生态环境所放弃的经济收入、发展机会,一般可以分成土地利用成本和人力资本两个部分。[3] 麦克米伦等(Macmillan, et al., 1998)指明生态转移支付的标准是与生态系统服务的提供者的机会成本直接相关的,后续许多应用案例也进一步证明了这一观点。[4] 孙开和孙琳(2015)在界定纵横向转移支付分工的前提下,秉持水资源平等使用权原则,将跨界断面水质标准考核与机会成本法相融合,双向判定了横向转移支付体系中的补偿主体及补偿金额。[5] 意愿调查法是通过询问被调查者对于改善或者保护环境的支付意

---

① García-Amado, L., M. Pérez & S. García, "Motivation for Conservation: Assessing Integrated Conservation and Development Projects and Payments for Environmental Services in La Sepultura Biosphere Reserve, Chiapas, Mexico", *Ecological Economics*, Vol. 89(2013), pp. 92–100; Rosa, H., S. Kandel & L. Dimas, "Compensation for Environmental Services and Rural Communities: Lessons from the Americas", *International Forestry Review*, Vol. 6, No. 2(2004), pp. 187–194; Kroeger, T. & F. Casey, "An Assessment of Market–Based Approaches to Providing Ecosystem Services on Agricultural Lands", *Ecological Economics*, Vol. 64, No. 2(2007), pp. 321–332.

② 李晓光、苗鸿、郑华等:《生态补偿标准确定的主要方法及其应用》,《生态学报》2009年第8期。

③ Wunder, S., R. Brouwer & S. Engel, et al., "From Principles to Practice in Paying for Nature's Services", *Nature Sustainability*, Vol. 1, No. 3(2018), pp. 145–150.

④ Macmillan, D., D. Harley & R. Morrison, "Cost–Effectiveness Analysis of Woodland Ecosystem Restoration", *Ecological Economics*, Vol. 27, No. 3(1998), pp. 313–324; Pagiola, S., E. Ramírez & J. Gobbi, et al., "Paying for the Environmental Services of Silvopastoral Practices in Nicaragua", *Ecological Economics*, Vol. 64, No. 2(2007), pp. 374–385; Immerzeel, W., J. Stoorvogel & J. Antle, "Can Payments for Ecosystem Services Secure the Water Tower of Tibet?", *Agricultural Systems*, Vol. 96, No. 1–3(2008), pp. 52–63.

⑤ 孙开、孙琳:《流域生态补偿机制的标准设计与转移支付安排——基于资金供给视角的分析》,《财贸经济》2015年第12期。

愿来确定生态转移支付的标准。约斯特等（Johst, et al., 2002）利用支付意愿法对白鹳保护的生态转移支付进行了定量研究。[1]杨欣等（2017）以武汉城市圈为例证，基于生态外溢的视角，运用选择实验法计算基于市民支付意愿的农田生态补偿标准，并修正得到武汉城市圈42个县（市、区）的农田生态补偿横向财政转移支付标准，进一步依据粮食安全法将武汉城市圈42个县（市、区）划分为17个支付区和25个受偿区。[2]微观经济学模型法是以微观经济学原理为基础，通过对相关个体的偏好研究，来解决确定生态转移支付标准的问题的一种方法。如科宁等（Koning, et al., 2007）针对厄瓜多尔的生物多样性保护问题，采用最大化农民期望效用模型，模拟出不同情况下的转移支付价格。[3]聂承静和程梦林（2019）等基于边际效应理论模型，以2016年为时间截面，测算利润北京和河北张承地区森林生态建设的边际效益，并得到横向生态转移支付的临界值，结合地区非均衡协调发展，根据专家赋权法得到北京和张承地区互补的森林横向生态转移支付值。[4]袁广达等（2021）在直接成本研究的基础上，加入生态承载力这要素，调整了现有生态补偿横向转移支付标准的核算，为生态补偿横向转移支付的研究提供新的视角。[5]

①　Johst, K., M. Drechsler & F. Wätzold, "An Ecological-Economic Modelling Procedure to Design Compensation Payments for the Efficient Spatio-Temporal Allocation of Species Protection Measures", *Ecological Economics*, Vol. 41, No. 1（2002）, pp. 37-49.

②　杨欣、蔡银莺、张安录：《农田生态补偿横向财政转移支付额度研究——基于选择实验法的生态外溢视角》，《长江流域资源与环境》2017年第3期。

③　Koning, G., P. Benítez & F. Munoz, et al., "Modelling the Impacts of Payments for Biodiversity Conservation on Regional Land-Use Patterns", *Landscape and Urban Planning*, Vol. 83, No. 4（2007）, pp. 255-267.

④　聂承静、程梦林：《基于边际效应理论的地区横向森林生态补偿研究——以北京和河北张承地区为例》，《林业经济》2019年第1期。

⑤　袁广达、杜星博、孙笑：《流域生态补偿横向转移支付标准量化范式——基于生态损害成本核算的视角》，《财会通讯》2021年第11期。

二、横向生态转移支付的实施效果

横向生态转移支付主要通过市场机制将生态环境治理成本内部化，使得实施横向生态转移支付的地区获得的联合收益大于"分治"模式下各方收益之和。[1] 关于横向生态转移支付的成效研究，大致可以归为三大类：有效论、无效论和部分有效论。

有效论认为横向生态转移支付能够改善地区的生态环境，促进地区可持续发展。如塔科尼（2012）认为流域横向生态转移支付可以促进水资源的合理利用，降低水资源利用强度，保障水生态服务的持续供给。[2] 库马尔和玛拿西（Kumar & Managi, 2009）也指出政府间横向生态转移支付是补偿地方政府的适当机制，有助于将提供环境公益的溢出效应内部化。[3] 景守武和张捷（2018）运用倾向得分匹配——双重差分（PSM-DID）实证得出新安江流域横向生态补偿试点显著地降低了上游黄山市和下游杭州市的水污染强度，并且政策效果具有可持续性。[4] 除了生态改善外，景守武和张捷（2021）还运用双重差分法研究发现，新安江流域横向生态转移支付的实施通过税收减免、政府补贴、劳动生产率提升和资本深化等机制显著

---

① Wunder, S., S. Engel & S. Pagiola, "Taking Stock: A Comparative Analysis of Payments for Environmental Services Programs in Developed and Developing Countries", *Ecological Economics*, Vol. 65, No. 4（2008）, pp. 834–852; Wunder, S. & M. Albán, "Decentralized Payments for Environmental Services: The Cases of Pimampiro and in Ecuador", *Ecological Economics*, Vol. 65, No. 4（2008）, pp. 685–698; Bellver-Domingo, A., F. Hernández-Sancho & M. Molinos-Senante, "A Review of Payment for Ecosystem Services for the Economic Internalization of Environmental Externalities: A Water Perspective", *Geoforum*, Vol. 70（2016）, pp. 115–118; List, J. & C. Mason, "Optimal Institutional Arrangements for Transboundary Pollutants in a Second-Best World: Evidence from a Differential Game with Asymmetric Players", *Journal of Environmental Economics and Management*, Vol. 42, No. 3（2001）, pp. 277–296.

② Tacconi, L., "Redefining Payments for Environmental Services", *Ecological Economics*, Vol. 73（2012）, pp. 29–36.

③ Kumar, S. & S. Managi, "Compensation for Environmental Services and Intergovernmental Fiscal Transfers: The Case of India", *Ecological Economics*, Vol. 68, No. 12（2009）, pp. 3052–3059.

④ 景守武、张捷：《新安江流域横向生态补偿降低水污染强度了吗？》，《中国人口·资源与环境》2018年第10期。

提高了企业全要素生产率，且改善效果具有可持续性。[①] 马庆华和杜鹏飞（2015）同样认为新安江流域生态补偿政策基本实现了外部效应的内部化。[②] 李彩红和葛颜祥（2019）以山东小清河流域为例，研究发现横向生态转移支付对水质改善、气候调节、水源涵养的效益明显，流域开展的上下游补偿机制在生态环境改善方面是非常有效的。[③]

无效论和部分有效论的观点则认为横向生态转移支付的正向影响主要体现在生态效益，但由于种种原因横向生态转移支付并未能在经济效益和社会效益上发挥作用。曲富国和孙宇飞（2014）通过构建基于成本收益的博弈模型发现，地方政府生态补偿的横向财政转移支付对流域上游水环境保护处于失效状态，必须通过地方政府间有约束力的协议及与中央纵向财政转移支付相结合的模式，实现生态补偿的最大效用。[④] 刘聪和张宁（2021）基于经济效应视角的研究发现，新安江流域横向生态转移支付对上游地区的经济发展造成了一定程度的抑制影响，表现为相关地区的人均GDP或地区GDP出现了下降趋势，而对流域下游地区经济发展并无显著作用。[⑤] 王慧杰等（2020）基于AHP—模糊综合评价法研究发现，新安江流域生态补偿政策实施效果大幅度提高了新安江流域的生态效益，但对区域经济和社会发展的促进作用不显著。[⑥]

---

① 景守武、张捷：《跨界流域横向生态补偿与企业全要素生产率》，《财经研究》2021年第5期。

② 马庆华、杜鹏飞：《新安江流域生态补偿政策效果评价研究》，《中国环境管理》2015年第3期。

③ 李彩红、葛颜祥：《流域双向生态补偿综合效益评估研究——以山东省小清河流域为例》，《山东社会科学》2019年第12期。

④ 曲富国、孙宇飞：《基于政府间博弈的流域生态补偿机制研究》，《中国人口·资源与环境》2014年第11期。

⑤ 刘聪、张宁：《新安江流域横向生态补偿的经济效应》，《中国环境科学》2021年第4期。

⑥ 王慧杰、毕粉粉、董战峰：《基于AHP—模糊综合评价法的新安江流域生态补偿政策绩效评估》，《生态学报》2020年第20期。

三、健全横向生态转移支付的路径

横向生态转移支付未来该如何发展，众多学者也给出了一系列想法。单云慧（2021）结合卡尔多—希克斯改进理论提出，实现横向生态转移支付需要完善激励机制、建立损益各方自愿协商的谈判平台、成立专门的监管部门以及完善相关法律制度，需要妥善协调各利益主体之间的关系、实现利益的和谐让渡、促使其共同发展。[1] 陈挺和何利辉（2016）借鉴德国横向转移支付实践经验，将我国各地划分为生态保护区和生态受益区，基于"使用者付费"原则，设计了横向生态转移支付制度，并提出相关政策和机制以保障横向生态转移支付制度的合理有效。[2] 郑雪梅和韩旭（2006）、李宁和丁四保（2009）均指出要坚持正确的构建原则建立区际生态基金模式的横向生态转移支付制度，同时加大生态补偿的预算投入比例，拓宽生态补偿资金的筹资果道，完善有关环境保护的税收政策。[3] 杨晓萌（2013）认为横向生态转移支付机制形成的关键在于明确横向转移支付的补充性原则，建立以中央政府牵头的横向转移支付机构，同时以生态环境指标来测算转移支付标准。[4] 邓晓兰等（2013）也指出需要完善现行财政体制，建立纵横交错的生态补偿转移支付体系，尽快设立严格的生态标准技术体系，积极推行绿色 GDP 考核体系，同时明确生态补偿相关地方政府的谈判主体地位，强化中央政府的监督职能；可以考虑设立生态补偿转移支付基金，加强相关法律法规建设。[5]

---

[1] 单云慧：《新时代生态补偿横向转移支付制度化发展研究——以卡尔多—希克斯改进理论为分析进路》，《经济问题》2021 年第 2 期。

[2] 陈挺、何利辉：《中国生态横向转移支付制度设计的初步思考》，《经济研究参考》2016 年第 58 期。

[3] 郑雪梅、韩旭：《建立横向生态补偿机制的财政思考》，《地方财政研究》2006 年第 10 期；李宁、丁四保：《我国建立和完善区际生态补偿机制的制度建设初探》，《中国人口·资源与环境》2009 年第 1 期。

[4] 杨晓萌：《中国生态补偿与横向转移支付制度的建立》，《财政研究》2013 年第 2 期。

[5] 邓晓兰、黄显林、杨秀：《积极探索建立生态补偿横向转移支付制度》，《经济纵横》2013 年第 10 期。

第四节　述评与展望

通过梳理国内外已有研究成果可以发现：

第一，已有研究成果厘清了转移支付、生态转移支付和横向生态转移支付之间的从属关系。转移支付以各级政府间的财政能力差异为基础，以实现基本公共服务均等化为主旨，实行的是一种财政资金转移或财政平衡制度。生态转移支付是将转移支付这种财政政策手段运用到生态领域，用以克服生态系统保护的环境效益和经济成本之间的规模不匹配，从而起到促进地区生态环境改善和经济发展的作用。横向生态转移支付是生态转移支付中的一类手段，与纵向生态转移支付相对应，主要发生在各级地方政府之间，是自然资源消费地区或生态系统服务的受益地区向自然资源产地或生态系统服务功能区提供生态补偿转移支付资金。

第二，已有研究成果阐明了实施横向生态转移支付的必要性。横向生态转移支付自身所具备的优势能够对纵向生态转移支付起到很好的补充作用。纵向生态转移支付虽然可以通过中央政府的集中性调节，一定程度上缩小了地区间的财力差异，有助于中央实现特定的政策目标，但存在着调节力度有限、透明度低、覆盖范围窄、效率低下、无法解决区域性生态保护问题等弊端。横向转移支付方式更能体现市场经济关系，能够调动微观主体的积极性，在处理纵向转移支付存在的弊端上优势明显。

第三，已有研究成果探讨了横向生态转移支付实施过程中所需解决的关键问题并提出了健全路径。已有研究对横向生态转移支付的标准确定、具体实践、成效评估等实施过程均做了翔实的探讨。在标准确定上，大多围绕基于生态系统服务功能价值理论的方法和基于市场理论的方法进行定量研究。在具体实践上，大多集中在水环境领域。在成效评估上，基本认为横向生态转移支付的正向影响主要体现在生态效益，而在经济效益和社会效益上的促进作用未能发挥。横向生态转移支付制度建设需要围绕平台建设、法律法规体系完善、监管体制构建、横向生态转移支付基金设立等进一步深化。

当然，现有研究仍然存在一些不足之处。一方面，已有研究在生态补偿和生态转移支付的概念上存在混用，横向生态转移支付基本问题的回答不够具体。"生态补偿横向转移支付"和"横向生态转移支付"的内涵基本一致，但横向生态转移支付过程中的支付主体、支付客体、支付标准、支付原则、支付方式等均有待进一步明确。另一方面，已有研究缺乏对纵向生态转移支付和横向生态转移支付实施成效的对比研究。虽然已有研究对纵向生态转移支付和横向生态转移支付的优劣势进行了分析，但是在实施成效上，仍然缺乏对两种制度在构建成本、收益以及带来的激励效应程度等方面的对比。此外，已有研究鲜有对横向生态转移支付实践的系统性研究。现有的横向生态转移支付实践主要集中在水环境领域，在经验总结上也大多针对某一种环境类型，缺乏系统性的考量。同时，横向生态转移支付实践中也仍然存在规范性差、随意性大、可持续性弱等问题。

第四章　跨界流域生态补偿的城市主体及其"身份确认"研究

跨界流域生态补偿是我国生态补偿制度创新的重要领域。相较于传统的补偿主体、补偿客体、补偿标准、补偿方式和补偿期限讨论，跨界流域生态补偿依然面临城市主体缺失、水生态系统服务价值标准缺位、行政和流域边界交叉重叠问题等困境，需要在统一框架下策解。以全国九大流域片为研究对象，在"谁开发谁保护，谁破坏谁恢复"的生态补偿原则指导下，本章基于时空调节后的生态系统服务当量，从行政和流域双边界视角切入探讨跨界流域生态补偿的城市主体问题，基于生态保护者和生态破坏者两分视角进一步探讨四分城市主体身份的可能，为补偿关系的确立提供了基础，为流域生态补偿制度的创新提供新范式。

第一节　跨界流域生态补偿探索及其困境

生态补偿以保护和可持续利用生态系统服务功能、促进人与自然和谐相处为根本目的，通过将生态保护外部成本内部化，调节生态保护者、受益者、破坏者等相关者之间的利益关系，推动"绿水青山"与"金山银山"

之间的利益平衡，致力于消除地区间发展权利的不平等。[①]流域生态补偿是生态补偿在流域这一特殊自然单元内的应用拓展，是以水为媒介，探索流域内各地区之间由水引发的利益冲突所产生的补偿问题；换言之，流域生态补偿就是对流域内由于人类活动加强了上、中、下游生物和物质成分循环、能量流通和信息交流而引起的流域内地区间利益关系失衡的调节。[②]流域有大有小，一些重要流域总被不同的行政区分割，跨行政区的流域生态补偿往往是因为各行政区之间存在利益纠葛。围绕谁来补、补给谁、怎么补、补多少等传统补偿问题，已有研究和实践作出了积极探索并形成一些基本经验：

一方面，就补偿主体而言，政府主导的跨界流域生态补偿机制实践包括跨省界、跨市界和跨县界等。跨省流域生态补偿机制一般是在中央推动下省级政府间商定补偿条款，签订生态补偿协议，根据联合监测结果拨付补偿资金。党的十八大以来，基于新安江流域跨界生态补偿经验，多个跨省流域上下游横向生态补偿试点深入推进。截至2021年，我国已有安徽、浙江、陕西、甘肃、广东、福建、广西、江西、河北、天津、云南、贵州、四川、北京、湖南、重庆、江苏、湖南、山东、河南20个省（自治区、直辖市）参与开展了13个跨省流域生态补偿试点。[③]跨市界和县界的流域生态补偿机制一般是由省级政府出台相关政策，对各市县之间的权责关系进行界定，同时由省级财政部门根据流域水资源情况对补偿资金进行核算和清算，少数由市县同级政府间自行签订并履行流域生态补偿协议。

另一方面，就补偿原则而言，跨界流域生态补偿的补偿基准可分为基

---

① 胡振通、靳乐山：《生态保护补偿的分析框架研究综述》，《生态学报》2018年第2期；王金南、万军、张惠远：《关于我国生态补偿机制与政策的几点认识》，《环境保护》2006年第19期。

② 赵银军、魏开湄、丁爱中等：《流域生态补偿理论探讨》，《生态环境学报》2012年第5期。

③ 孙宏亮、巨文慧、杨文杰等：《中国跨省界流域生态补偿实践进展与思考》，《中国环境管理》2020年第4期。

于水质核算、基于水质水量核算以及基于综合因素核算三类。第一类基于水质的核算方法应用十分广泛，主要根据断面水质达标情况或污染物浓度超标倍数确定补偿金额的大小及流向。第二类是基于水质水量的核算方法，一般是根据考核断面的污染物通量以及污染物治理单位成本或综合考虑水质、水量因素分配补偿资金。第三类是基于综合因素的核算方法，是福建省和江西省在流域生态补偿政策实践方面的新探索，基于水环境质量、森林生态、用水总量三类因素确定补偿资金分配。不同层级的补偿主体决定了补偿关系确定的难易程度，不同补偿原则决定了补偿标准的高低，但更重要的是，跨界流域生态补偿机制面临共同难题：（1）跨界流域生态补偿机制尚未覆盖全流域。跨省流域生态补偿机制的参与主体一般为上下游的相邻省份，跨市县的流域生态补偿主体主要是省内市县。然而，不论是跨省界还是跨市县，流域生态补偿实践主要集中在长江、黄河、海河等重点流域干流的某一段，或者某一支流，大江大河的全流域补偿还是停留在理论层面。[①] 最主要原因是城市主体的缺位。（2）跨界流域生态补偿标准的测算基准不科学。一方面，还未充分体现"三水"统筹的流域管理新理念，尚未有效回应"问题在水中，根源在岸上"这一流域综合管理问题。另一方面，部分水质基础较好的地区即将面临水质改善"天花板"，若跨界流域生态补偿机制继续以水质改善为测算基准，既不科学也不公平。[②]（3）跨界流域生态补偿的权责关系较难分辨。一方面，流域上下游的地理位置是相对的，现实中难以将水质恶化的责任准确归咎于某一地区，或者难以将水质改善的贡献归功于某一地区。另一方面，流域的边界未必与行政区的边界完全重合，可能存在行政区并不完全位于一个流域内的情况。

---

① 董战峰、郝春旭、璩爱玉等：《黄河流域生态补偿机制建设的思路与重点》，《生态经济》2020 年第 2 期。

② 谢婧、文一惠、朱媛媛等：《我国流域生态补偿政策演进及发展建议》，《环境保护》2021 年第 7 期。

在该情况下，行政区内仅有部分被流域覆盖的区域会对流域的生态环境产生影响，而非整个行政区。

2021年9月，中共中央办公厅、国务院办公厅印发《关于深化生态保护补偿制度改革的意见》，明确指出要建立健全分类补偿制度，针对江河源头等重点区域开展水流生态保护补偿；要健全横向补偿机制，推动建立长江、黄河全流域横向生态保护补偿机制，对生态功能特别重要的跨省和跨地市重点流域横向生态保护补偿。由此可见，跨界流域生态补偿机制亟待完善，补偿主体界定、补偿标准确定和补偿方制度创新等亟待深化。因此，本书将在全流域范围内明确生态补偿的城市主体以突破上下游的相对地理区位限制，基于水生态系统服务当量的变化构明确城市主体的保护者破坏者身份，从行政与流域双重边界视角出发为流域生态补偿创新提供新框架。

第二节　城市流域片区及其身份类型

一、城市行政区划及其流域片区

在行政边界下，由城市承担范围内的一系列政治、经济、社会等综合职能能够更好地统筹调节资源的空间配置，全面保障社会的高质量发展。中国城市按照行政区划层级角度看，可分为省级行政区、地级行政区、县级行政区、乡级行政区。本书所分析的城市主要为地级行政区以及与之平级的县级行政区，全国共有449个地级行政区。地级行政区可分为四类，即地级市、盟、地区、自治州，中国大陆（未包括港澳台）共有333个地级行政区，包括293个地级市、7个地区、30个自治州、3个盟。地级市是我国地级行政建制的主要形式，盟、地区、自治州主要位于我国经济社会欠发达的边疆地区和少数民族聚居区。与地级行政区平级的县级行政区主要有两类，即直辖市下辖县级行政区、省直辖县级行政区。直辖市与省、自治区、特别行政区一样均为最高一级行政单位，其行政地位与省相同，其下辖的区县与地级行政区平级，北京市、天津市、上海市、重庆市下辖86个县级行政区，包括76个区、12个县。省直辖县级行政区独立于地级行政区之外单独建制，与地级行政区享有相同的政治、经济和社会管理权限，河南省、湖北省、海南省、新疆维吾尔自治区共有30个省直辖县级行政区，见表4—1。

表4—1　与地级行政区平级的县级行政区

行政区类型	所属省级行政区	县级行政区
省直辖县级行政区	河南省	济源市
	湖北省	天门市、仙桃市、潜江市、神农架林区
	海南省	五指山市、文昌市、琼海市、万宁市、东方市、定安县、屯昌县、澄迈县、临高县、白沙黎族自治县、昌江黎族自治县、乐东黎族自治县、陵水黎族自治县、保亭黎族自治县、琼中黎族自治县
	新疆维吾尔自治区	阿拉尔市、铁门关市、图木舒克市、可克达拉市、双河市、五家渠市、胡杨河市、石河子市、北屯市、昆玉市
直辖市下辖县级行政区	北京市	东城区、西城区、朝阳区、丰台区、石景山区、海淀区、顺义区、通州区、大兴区、房山区、门头沟区、昌平区、平谷区、密云区、怀柔区、延庆区
	天津市	滨海新区、和平区、河北区、河东区、河西区、南开区、红桥区、东丽区、西青区、津南区、北辰区、武清区、宝坻区、静海区、宁河区、蓟州区
	上海市	黄浦区、徐汇区、长宁区、静安区、普陀区、虹口区、杨浦区、浦东新区、闵行区、宝山区、嘉定区、金山区、松江区、青浦区、奉贤区、崇明区

续表

行政区类型	所属省级行政区	县级行政区
直辖市下辖县级行政区	重庆市	渝中区、大渡口区、江北区、沙坪坝区、九龙坡区、南岸区、北碚区、渝北区、巴南区、涪陵区、綦江区、大足区、长寿区、江津区、合川区、永川区、南川区、璧山区、铜梁区、潼南区、荣昌区、万州区、黔江区、武隆区梁平县、城口县、丰都县、垫江县、忠县、开县、云阳县、奉节县、巫山县、巫溪县石柱土家族自治县、秀山土家族苗族自治县、酉阳土家族苗族自治县、彭水苗族土家族自治县

在流域生态补偿中，以城市行政区内的生态系统服务来界定补偿责任并不精准，流域生态补偿需要考察流域边界。由于行政边界和流域边界并不重合，故存在被两个或两个以上流域片分割的行政区，具体情形如图4—1所示。以城市为例，四种情况如下：（1）一个完整的城市 C 被一个流域片 $R1$ 完全覆盖，该城市 C 在流域片 $R1$ 中称为片区 C^{R1}；（2）一个完整的城市 C 被流域片 $R1$ 和 $R2$ 同时覆盖，该城市 C 被流域边界分割为两个部分，且分属于 $R1$ 和 $R2$ 两个流域片，称为片区 C^{R1} 和 C^{R2}；（3）一个完整的城市 C 被流域片 $R1$、$R2$ 和 $R3$ 同时覆盖，则该城市 C 被

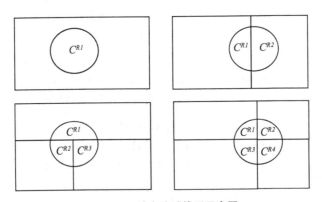

图4—1　城市流域片区示意图

流域边界分割为三个部分，且分属于 $R1$、$R2$ 和 $R3$ 三个流域片，称之为片区 C^{R1}、C^{R2} 和 C^{R3}；（4）一个完整的城市 C 被流域片 $R1$、$R2$、$R3$ 和 $R4$ 同时覆盖，则该城市 C 被流域边界分割为四个部分，且分属于 $R1$、$R2$、$R3$ 和 $R4$ 四个流域片，称之为片区 C^{R1}、C^{R2}、C^{R3} 和 C^{R4}。

我国共可划分为九大流域片，分别为东南诸河片、海河流域片、珠江流域片、长江流域片、西南诸河片、松辽流域片、内陆河片、黄河流域片、淮河流域片。被两个或两个以上流域片覆盖的城市数量见表4—2。被四个流域片覆盖的城市仅有 1 个，即玉树州，如表4—2 六边形所示。被三个流域片覆盖的城市有 12 个，具体的流域片覆盖情况如表4—2 正方形所示。其中，昆明市、玉溪市分别被西南诸河片、长江流域片、珠江流域片覆盖；果洛州与海西州分别被黄河流域片、内陆河片、长江流域片覆盖；洛阳市分别被淮河流域片、黄河流域片、长江流域片覆盖；赤峰市、锡林郭勒盟分别被海河流域片、内陆河片、松辽流域片覆盖；乌兰察布市分别被海河流域片、黄河流域片、内陆河片覆盖；东营市、济南市、滨州市分别被海河流域片、淮河流域片、黄河流域片覆盖；龙岩市分别被东南诸河片、珠江流域片、长江流域片覆盖。被两个流域片覆盖的城市为 84 个，如表4—2 圆形所示。其中，海河流域片与黄河流域片，珠江流域片与长江流域片，淮河流域片与长江流域片共同覆盖的城市数量均超过 10 个，数量较多。因此，流域边界上的城市有 97 个，对应有 84 对应有的城市有黄河流域片，珠江个片区。

由于三沙市主要由岛屿组成，土地利用类型的遥感影像读取不精确，故不予考虑，因此地级行政区样本量共计 448 个。剔除 97 个流域边界上的城市，那么某一特定流域片内的地级行政区公有 351 个。跨界流域生态补偿的城市主体既可以是某一特定流域片内的地级行政区，也可以是流域片区（该流域片区从主体角度来看即为该行政主体），因此跨界流域生态补偿的城市主体共 559 个。

表 4—2　多个流域片覆盖的城市数量

流域片	东南诸河片	海河流域片	珠江流域片	长江流域片	西南诸河片	松辽河流域片	内陆河片	黄河流域片	淮河流域片
东南诸河片				6					
海河流域片						2	1	13	
珠江流域片	1			12	3				
长江流域片			2		5			8	12
西南诸河片		2						4	
松辽河流域片		1			2　1			2	
内陆河片		3			1			9	
黄河流域片									7
淮河流域片									

注：圆形、正方形和六边形分别代表两个、三个和四个流域片覆盖，数值系覆盖的城市数量。单元格内的图形是指单元格对应的两个流域片共同覆盖，压线的图形是指该线上下流域片的共同覆盖。

二、城市主体的身份类型

在生态文明、绿色发展和碳达峰碳中和等系列战略的推动下，我国城市探索了不同类型的形象标签，包括低碳城市和绿色城市等。绿色城市是一种兼具经济绿色增长与人居环境健康，不以破坏生态环境与降低生活质量为代价的城市类型；低碳城市是指发展低碳排放或者致力于减少碳排放为特征的产业，通过生态方式和消费模式的转变，减少城市碳排放量的一种新型城市。[1]不论是绿色城市还是低碳城市，其评价指标大体上包括经

---

① 庄贵阳：《中国经济低碳发展的途径与潜力分析》，《国际技术经济研究》2005 年第 3 期。

济、社会、环境等领域，也有包括资源节约、环境友好、经济持续、社会和谐和创新引领等多个指标层，然而甚少有研究从生态保护者或生态破坏者的视角给出城市生态标识。[①] 生态保护者和生态破坏者的两分处理对于生态补偿中的城市主体而言是相对粗糙的但它又是构建城市补偿关系的基础，因此需要科学甄别。

从生态系统服务视角切入探讨城市标识是一类科学方法。生态系统服务是指通过生态系统的结构、过程和功能所形成并维持的人类赖以生存的自然环境条件与效用。[②] 城市的行为表现会深刻影响生态系统服务水平变动方向与变动强度。城市的经济发展状况、经济结构变化、人口规模、居民收入、技术等是驱动土地利用变化的主要机制。[③] 不同时期内城市的土地利用格局是不断变化的，而土地是生态系统为人类提供服务的基础。[④] 土地利用方式和管理模式不同，会改变生态系统原有的布局结构和补给模

① Bian, J., H. Ren & P. Liu, "Evaluation of Urban Ecological Well-Being Performance in China: A Case Study of 30 Provincial Capital Cities", *Journal of Cleaner Production*, Vol. 254（2020）, p. 120109; Haghshenas, H. & M. Vaziri, "Urban Sustainable Transportation Indicators for Global Comparison", *Ecological Indicators*, Vol. 15, No. 1（2012）, pp. 115–121; Cheng, X., R. Long & H. Chen, et al., "Coupling Coordination Degree and Spatial Dynamic Evolution of a Regional Green Competitiveness System – A Case Study from China", *Ecological Indicators*, Vol. 104（2019）, pp. 489–500; Feng, Y., X. Dong & X. Zhao, et al., "Evaluation of Urban Green Development Transformation Process for Chinese Cities during 2005–2016", *Journal of Cleaner Production*, Vol. 266（2020）, p. 121707; Yuan, Q., D. Yang & F. Yang, et al., "Green Industry Development in China: An Index Based Assessment from Perspectives of both Current Performance and Historical Effort", *Journal of Cleaner Production*, Vol. 250（2020）, p. 119457; 谢鹏飞、周兰兰、刘琰等：《生态城市指标体系构建与生态城市示范评价》，《城市发展研究》2010 年第 7 期。
② 欧阳志云、王如松：《生态系统服务功能、生态价值与可持续发展》，《世界科技研究与发展》2000 年第 5 期。
③ Riebsame, W., W. Meyer & B. Turner, "Modeling Land Use and Cover as Part of Global Environmental Change", *Climatic Change*, Vol. 28, No. 1（1994）, pp. 45–64; 于皓、张柏、王宗明等：《1990~2015 年韩国土地覆被变化及其驱动因素》，《地理科学》2017 年第 11 期。
④ Rockström, J., W. Steffen & K. Noone, et al., "A Safe Operating Space for Humanity", *Nature*, Vol. 461, No. 7263（2009）, pp. 472–475; Turner, B., E. Lambin & A. Reenberg, "The Emergence of Land Change Science for Global Environmental Change and Sustainability", *Proceedings of the National Academy of Sciences*, Vol. 104, No. 52（2007）, pp. 20666–20671.

式，进而对生态系统服务水平产生影响。① 因此，可以基于土地利用类型测算生态系统服务，用其变化程度反映城市行为活动，进而从结果层面界定城市主体到底是生态保护者还是生态破坏者。

基于流域生态补偿包含的生态系统服务类型，以"生态系统服务当量增加者为生态保护者，生态系统服务当量减少者为生态破坏者"为基本原则，可以对城市的生态标识进行确认。鉴于数据的可得性，有如下两种核算城市生态系统服务增减变动的方法：

（1）基期变动法。以研究期起始年份为基期，依次计算 2000—2005年、2000—2010 年、2000—2015 年、2000—2020 年的年均当量变动量。当城市现期所能提供的生态系统服务高于基期时，该城市为生态保护者，反之为生态破坏者。基期变动法下，城市主体只要维持基期生态系统服务水平即可，经济发展并不一定很积极。

（2）上期变动法。依次计算 2000—2005 年、2005—2010 年、2010—2015 年、2015—2020 年的年均当量变动量。当城市现期所能提供的生态系统服务高于上期时，该城市为生态保护者，反之为生态破坏者。此时，城市主体前期可能会出现较为严重的生态破坏，致使生态系统服务水平在某一时点骤降，过程中虽有提升但也未必能够弥补前期的严重下降。

综合两种核算方法，基于城市生态系统服务当量的变动方向与变动强度，生态保护者和生态破坏者可以进一步区分：

（1）最优保护者。当某一城市现期的生态系统服务当量同时高于基期和上期时，生态系统服务供给水平持续提升，并会对流域生态系统产生持续的正向作用。

（2）次优保护者。当某一城市现期的生态系统服务当量高于基期，但低于上期时，其现期的生态系统服务供给水平有所下降，但对流域生态系

---

① Carpenter, S., H. Mooney & J. Agard, et al., "Science for Managing Ecosystem Services: Beyond the Millennium Ecosystem Assessment", *Proceedings of the National Academy of Sciences*, Vol. 106, No. 5（2007）, pp. 1305–1312.

统形成的正面作用仍大于负面影响。

（3）次劣破坏者。当某一城市现期的生态系统服务水平低于基期，但高于上期时，其对流域生态系统造成的负面影响仍大于正面影响。

（4）最劣破坏者。当某一城市现期的生态系统服务水平同时低于基期和上期时，生态系统服务供给水平处于持续恶化状态，并会对流域生态系统造成严重的负面影响。

第三节　城市生态系统和水生态系统服务当量

一、数据来源与预处理

本书收集的数据类型主要包括行政边界数据、流域边界数据、土地利用数据、生态环境与气象数据四种，见表4—3。

表4—3　数据来源及基本信息

类型	名称	格式	分辨率	来源	用途
行政边界数据	中国行政区划	矢量	/	中科院资源环境科学数据中心	划分行政边界
流域边界数据	中国自然地理分区	矢量	/	中科院资源环境科学数据中心	划分流域边界
土地利用数据	2000年、2005年、2010年、2015年、2020年地表覆盖	栅格	1000米/年	中科院资源环境科学数据中心	转换为生态系统数据
生态环境与气象数据	2000年、2005年、2010年、2015年、2020年NPP	栅格	500米/16天	美国国家航天航空局（MODIS）	获取植被生物量
	2000年、2005年、2010年、2015年、2020年NDVI	栅格	500米/16天	美国国家航天航空局（MODIS）	获取植被覆盖度
	2000年、2005年、2010年、2015年、2020年降水	栅格	1000米/月	国家地球系统科学数据中心	获取降雨量

续表

类型	名称	格式	分辨率	来源	用途
生态环境与气象数据	土壤质地	栅格	250米	世界土壤数据库（HWSD）	制作地理空间数据，计算土壤可蚀性因子
	地理高程	栅格	250米	中科院资源环境科学数据中心	制作地理空间数据，计算坡长坡度因子

考虑到所涉及的数据类型多样且来源不一，本书在数据处理过程中将所有空间数据坐标系统一为 Asia_Lambert_Conformal_Conic。为了提高遥感影像的解译分类精度，分别在 Modis Tool（MRT）、ArcGIS10.2、ENVI5.3.1等软件中对遥感影像数据进行预处理。同时，利用 Modis Tool（MRT）对栅格影像进行波段提取、参数设置、影像合成等，利用 ArcGIS10.2 和 ENVI5.3.1 对不同类型的栅格影像进行投影转换、影像裁剪、栅格计算等。

二、测算方法

科斯坦萨等将生态系统划分为不同的服务类型并利用当量因子法在全球范围内量化生态系统服务产生的价值。[①]谢高地等对生态学专家进行了大量问卷调查，结合中国的生态系统类型特征，制定并了完善中国陆地生态系统服务类型，改进并完善了"中国陆地生态系统单位面积生态服务价值当量表"。[②]我国的生态系统服务包括四个一级类型（供给服务、调节服务、支持服务和文化服务）、11个二级类型（食物生产、原材料生产、水资源供给、气体调节、气候调节、水文调节、废物处理、土壤保持、维

[①] Costanza, R., R. Arge & R. Groot, et al., "The Value of the World's Ecosystem Services and Natural Capital", *Nature*, Vol. 387, No. 15（1997）, pp. 253–260.

[②] 谢高地、甄霖、鲁春霞等：《一个基于专家知识的生态系统服务价值化方法》，《自然资源学报》2008年第5期。

持养分循环、维持生物多样性、提供美学景观）。生态系统服务价值当量的公式为：

$$ES_{tl} = \sum_{i=1}^{n} A_{tli} \times EC_{tlij} \qquad （4—1）$$

ES_{tl} 为第 t 年第 l 城市生态系统服务当量值；A_{tli} 为第 t 年第 l 城市第 i 类土地利用类型的面积；EC_{tlij} 为第 t 年第 l 城市第 i 类土地利用类型第 j 类生态系统服务功能的单位面积价值当量因子。

不同区域生态系统在同一年内不同时间段的内部结构与外部形态是不断变化的。单位面积生态系统服务价值动态当量表构建的目的是能够体现生态系统服务价值在空间和时间维度上的差异。参考前期研究，生态系统食物生产、原材料生产、气体调节、气候调节、净化环境、维持养分循环、生物多样性和美学景观功能与生物量在总体上呈正相关，水资源供给和水文调节功能与降水变化相关，土壤保持功能与降水、地形坡度、土壤性质和植被盖度密切相关。[①] 基于此，与生态系统服务价值基础当量表相结合，按照下式构建生态系统服务时空动态变化价值当量表：[②]

$$EC_{tlij} = \begin{cases} P_{tl} \times EC_{ij1}\text{或} \\ R_{tl} \times EC_{ij2}\text{或} \\ S_{tl} \times EC_{ij3} \end{cases} \qquad （4—2）$$

式（4—2）中，EC_{tlij} 指某种生态系统在第 t 年第 l 城市第 i 类土地利用类型第 j 类服务功能的单位面积价值当量因子；P_{tl} 指该类生态系统第 t 年第 l 城市的净第一性生产力（NPP）时空调节因子；R_{tl} 指该类生态系统第 t 年第 l 城市的降水时空调节因子；S_{tl} 指该类生态系统第 t 年第 l 城市的

---

① 李士美：《基于定位观测网络的典型生态系统服务流量过程研究》，博士学位论文，中国科学院地理科学与资源研究所，2010 年；裴厦：《基于野外台站的典型生态系统服务及价值流量过程研究》，博士学位论文，中国科学院地理科学与资源研究所，2013 年；谢高地、张彩霞、张昌顺等：《中国生态系统服务的价值》，《资源科学》2015 年第 9 期。

② 谢高地、张彩霞、张雷明等：《基于单位面积价值当量因子的生态系统服务价值化方法改进》，《自然资源学报》2015 年第 8 期。

土壤保持时空调节因子；EC_{ij} 为第 i 类土地利用类型的第 j 种生态服务价值当量因子；$ij1$ 表示与净第一性生产力相关的服务功能；$ij2$ 表示与降水相关的服务功能；$ij3$ 指土壤保持服务功能。

净第一性生产力时空调节因子（P_{tl}）主要是用于修正食物生产、原材料生产、气体调节、气候调节、净化环境、维持养分循环、维持生物多样性和提供美学景观这 8 类服务功能的生态服务价值当量因子，计算公式为：

$$P_{tl} = B_{tl} / \overline{B} \qquad (4—3)$$

式（4—3）中，B_{tl} 指该类生态系统第 t 年第 l 城市的净第一性生产力（吨 / 公顷），$\overline{B}$ 表示研究区范围该类生态系统的平均净初级生产力（吨 / 公顷）。

降水时空调节因子（R_{tl}）主要是用于修正水资源供给和水文调节这两类服务功能的生态服务价值当量因子，计算公式为：

$$R_{tl} = W_{tl} / \overline{W} \qquad (4—4)$$

式（4—4）中，W_{tl} 指该类生态系统第 t 年第 l 城市的平均单位面积降水量（毫米 / 公顷），$\overline{W}$ 表示研究区年均单位面积降雨量（毫米 / 公顷）。

土壤保持时空调节因子（S_{tl}）主要是用于修正土壤保持服务功能的生态服务价值当量因子，计算公式为：

$$S_{tl} = E_{tl} / \overline{E} \qquad (4—5)$$

式（4—5）中，E_{tl} 指该类生态系统第 t 年第 l 城市的土壤保持模拟量，$\overline{E}$ 表示研究区单位面积平均土壤保持模拟量。本书采用修正通用土壤流失方程（RUSLE）[1] 估算土壤侵蚀量，计算公式为：

$$E = R \times K \times L \times S \times (1-C) \qquad (4—6)$$

式（4—6）中，E 为土壤侵蚀模数［吨 /（公顷·年）］；R 为降雨侵蚀力因子（兆焦耳·毫米）/（公顷·小时·年）；K 为土壤可蚀性因子（吨·公

---

[1] 刘军会、马苏、高吉喜等：《区域尺度生态保护红线划定——以京津冀地区为例》，《中国环境科学》2018 年第 7 期。

顷·小时）/（公顷·兆焦耳·毫米）；L 为坡长因子；S 为坡度因子；C 为植被覆盖与作物管理因子，其中 L、S、C 均为无量纲因子。

降雨侵蚀力反映降雨引起土壤流失的潜在能力，采用维斯奇迈尔（Wischmeier）[1] 经验公式，基于月雨量和年雨量测算各城市降雨侵蚀力因子，计算公式为：

$$R = \sum_{i=1}^{12} 1.735 \times 10^{\left(1.5 \cdot \log \frac{P_i^2}{P}\right) - 0.8188} \qquad （4—7）$$

式（4—7）中，R 为降雨侵蚀力因子 [（兆焦耳·毫米）/（公顷·小时·年）]；P_i 为月雨量 [（兆焦耳·毫米）/（公顷·小时·年）]；P 为年雨量 [（兆焦耳·毫米）/（公顷·小时·年）]。

土壤可蚀性因子是衡量土壤抗蚀性的指标，用于反映土壤对侵蚀的敏感性，采用夏普利等[2]（Sharpley, et al.）基于土壤有机碳和粒径分布的 EPIC 模型提出的公式计算 K 值，其计算公式为：

$$K = \left\{ 0.2 + 0.3 e^{\left[-0.0256 S_a \left(1 - \frac{S_i}{100}\right)\right]} \right\}$$
$$\left(\frac{S_i}{C_l + S_i}\right)^{0.3} \left[1 - \frac{0.25C}{C + e^{(3.72 - 2.95C)}}\right] \left[1 - \frac{0.7 S_n}{S_n + e^{(-5.51 + 22.9 S_n)}}\right] \qquad （4—8）$$

式（4—8）中，K 为土壤可蚀性因子（吨·公顷·小时）/（公顷·兆焦耳·毫米）；$S_n = 1 - S_a/100$；S_a 为砂砾（0.05—2 毫米）含量（%）；S_i 为粉砂（0.002—0.05 毫米）含量（%）；C_l 为黏粒（<0.002 毫米）含量（%）；C 为有机碳含量（%）。

---

① Meyer, L., W. Wischmeier & W. Daniel, "Erosion, Runoff and Revegetation of Denuded Construction Sites", *Transactions of the ASAE*, Vol. 14, No. 1（1971），pp. 138–141.

② Sharpley, A. & J. Williams, "EPIC–Erosion/Productivity Impact Calculator. I: Model Documentation. II: User Manual", *Technical Bulletin-United States Department of Agriculture*, No. 1768（1990）.

坡长和坡度因子是修正通用土壤流失方程模型估算土壤侵蚀量的重要地形参数，反映了地形因子对土壤侵蚀的影响。本书采用刘宝元等[1]在应用中国土壤侵蚀方程（CSLE）模型中改进的坡长因子计算公式计算 L 因子值；$10°$ 以下区域的坡度因子计算采用摩酷等[2]（MoCool, et al.）的公式，$10°$ 以上区域的坡度因子计算采用刘等（Liu, B., et al.）[3]根据黄土高原陡坡情况改进的公式。其计算公式为：

$$S = \begin{cases} 10.8\sin\theta + 0.03 & \theta < 5° \\ 16.8\sin\theta - 0.5 & 5° \leqslant \theta < 10° \\ 21.9\sin\theta - 0.96 & \theta \geqslant 10° \end{cases}$$

$$M = \begin{cases} 0.2 & \theta < 0.5° \\ 0.3 & 0.5° \leqslant \theta < 1.5 \\ 0.4 & 1.5° \leqslant \theta < 3° \\ 0.5 & \theta \geqslant 3° \end{cases} \tag{4—9}$$

$$L = (\lambda/22.13)^M$$

式（4—9）中，L 为坡长因子；λ 为从该流域 DEM 中提取的坡长；M 为坡长指数；S 为坡度因子；θ 为坡度（°）。

植被覆盖因子用来表示植被覆盖对土壤侵蚀的影响，植被能够拦截降雨并再分配雨水，减少降雨对土壤的击溅侵蚀。植被覆盖因子与植被覆盖密切相关，土壤侵蚀与植被覆盖呈显著的负指数关系[4]，因此利用土地覆盖度来估算 C 因子，其计算公式为：

$$C = (NDVI - NDVI_{soil})/(NDVI_{veg} - NDVI) \tag{4—10}$$

式（4—10）中，$NDVI$ 为归一化植被指数；$NDVI_{soil}$ 为裸土或无植被

---

[1]　刘宝元、谢云、张科利：《土壤侵蚀预报模型》，中国科学技术出版社 2001 年版。

[2]　McCool, D., L. Brown & G. Foster, et al., "Revised Slope Steepness Factor for the Universal Soil Loss Equation", *Transactions of the ASAE*, Vol. 30, No. 5（1987），pp. 1387–1396.

[3]　Liu, B., M. Nearing & L. Risse, "Slope Gradient Effects on Soil Loss for Steep Slopes", *Transactions of the ASAE*, Vol. 37, No. 6（1994），pp. 1835–1840.

[4]　王晗生、刘国彬：《植被结构及其防止土壤侵蚀作用分析》，《干旱区资源与环境》1999 年第 2 期。

覆盖区域的 *NDVI* 值；$NDVI_{veg}$ 为完全被植被所覆盖的像元的 *NDVI* 值。

三、测算结果

通过公式（4—1）至公式（4—10）的修正、调整和计算，2000 年、2005 年、2010 年、2015 年、2020 年 448 个城市的生态系统服务当量值与城市面积的关系如图 4—2 所示。首先，从图形的分布看，绝大多数城市的生态系统服务当量值在 100 万以内，少数城市的生态系统服务当量值在 100 万—200 万，极个别城市的生态系统服务当量值高于 200 万。其中，锡林郭勒盟、呼伦贝尔市、那曲市在研究期各年的生态系统服务当量均超过 200 万。其次，从城市生态系统服务当量值的年际变动看，各城市生态系统服务当量值的变动幅度普遍较小，只有少数城市呈现较为显著的当量变动，如那曲市和锡林郭勒等。最后，城市生态系统服务当量值与城市面积正相关，即城市面积越大则其所能提供的生态系统服务越大。值得指出的是，城市面积不是决定生态系统服务当量值大小的唯一因素。巴州的面积要远远大于那曲市，但那曲市的生态系统服务当量值却大于巴州的生态系统服务当量值；阿拉善盟和和田地区的城市面积均超过 20 万平方千米，但生态系统服务当量值与面积约为其 1/10 的临沧市相近。这主要是因为除建设用地以外的山水林田湖草等土地利用类型的面积及其质量才是决定城市生态系统服务当量大小的根本因素。

城市生态系统服务当量值由农田、森林、草地、水域、湿地、荒漠六大类土地利用类型所能提供的生态系统服务构成。图 4—3 为各土地利用类型能够提供的生态系统服务当量值的核密度分布和箱型图（2000 年 /2005 年 /2010 年 /2015 年 /2020 年五年当量值均值，0 值取为等价无穷小）。从图中可以看出，森林和水域相对于其他土地利用类型能够提供更多的生态系统服务当量，是决定城市生态系统服务当量值大小的主要土地利用类型；草地、农田、湿地也能提供较多的生态系统服务当量，是推动城市生态系统服务当量提升的重要土地利用类型；荒漠的覆盖面积较小，所能提供的生态系统服务当量也较低。与此同时，森林生态系统服务当量表现出哑铃型分布结构，即生态系统服务当量值在 25% 和 75% 分位处的城市分布较多；其他土地类型生态系统服务当量是橄榄型，城市在均值附近密集分布。这意味着如果一个城市森林和水域的面积较大，那么该城市的生态系统服务当量就较高。

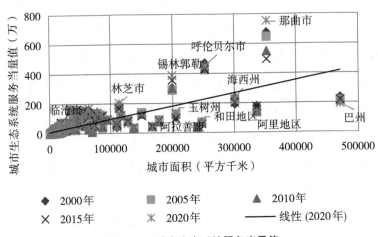

图 4—2　城市生态系统服务当量值

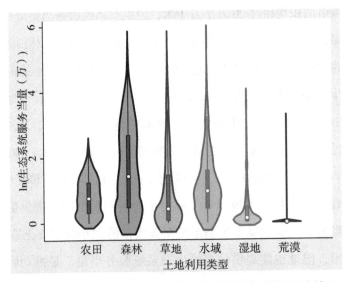

图 4—3　基于土地利用类型的城市生态系统服务当量值分布情况

　　就流域补偿而言，并非所有的生态系统服务都要纳入。流域因水而分，因此与水密切相关的生态系统服务应纳入流域生态补偿之中，统称为水生态系统服务。那些不局限于流域内部，能够对流域边界以外的城市产生影响的生态系统服务暂不考虑。[①] 与此同时，供给服务的利益相关方能够通过市场交易获取市场价值，达到利益均衡，故此类服务也不列入补偿框架。因此，在流域补偿框架下，水生态系统服务包括气候调节、水文调节、净化环境、土壤保持、维持养分循环五类。水生态系统服务当量的变化虽然有其内在的因素，但鉴于它的流动性和流域性，城市及其流域片区的身份可以根据水生态系统服务当量值的历年变化进行明确，至少可以明确谁在保护、谁在破坏。至于哪些破坏者需要给哪些保护者进行补偿则需要基于外部性进行关系确定。559 个城市或流域片区的水生态系统服务当量值如图 4—4 所示。

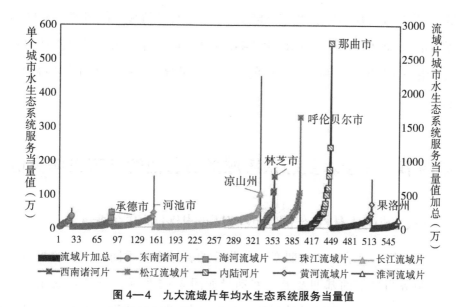

图 4—4　九大流域片年均水生态系统服务当量值

（2000 年 /2005 年 /2010 年 /2015 年 /2020 年五年平均）

---

　　① 　江波、Christina, P.、欧阳志云：《湖泊生态服务受益者分析及生态生产函数构建》，《生态学报》2016 年第 8 期。

同理可得流域城市水生态系统服务当量值，如图4—4所示。九大流域片的水生态系统服务当量总值从大到小依次为内陆河片（2415.09万当量）、长江流域片（2250.8万当量）、松辽流域片（1548.68万当量）、西南诸河片（883.76万当量）、珠江流域片（757.4万当量）、黄河流域片（723.74万当量）、淮河流域片（280.87万当量）、东南诸河片（268.3万当量）、海河流域片（268.2万当量）。从九大流域片内部各城市的水生态系统服务当量分布情况看，有些流域城市水生态系统服务当量值从低到高是一个过程，如东南诸河片、珠江流域片和淮河流域片；有些流域内城市城市水生态系统服务当量值从低到高会出现跳跃，如松辽流域片、长江流域片、西南诸河片和内陆河片。跳跃的极值出现在内陆河片的那曲市（547.88万当量）、松辽流域片的呼伦贝尔市（327.40万当量）、西南诸河片的林芝市（151.26万当量）、长江流域片的凉山州（102.55万当量）、黄河流域片的果洛州（70.85万当量）、珠江流域片的河池市（43.71万当量）、海河流域片的承德市（44.16万当量）等。跳跃点与流域内各城市生态保护的努力和生态破坏的治理密不可分，保护得好和破坏得少是主因。

第四节　基于水生态系统服务当量值的城市主体身份

一、城市主体生态保护或破坏的相对程度在变

根据基期变动法和上期变动法测算的各城市在不同时点上的水生态系统服务当量值的基期及上期变动量如图4—5所示。从各年的城市水生态系统服务当量值变动情况看，城市在保护或破坏程度上存在阶段性变化。

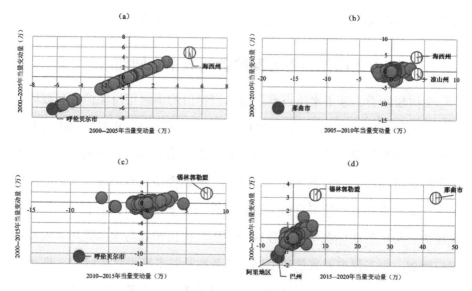

图 4—5　城市水生态系统服务当量变动量

图 4—5（a）测算的是 2000 年的当量值变动，由于只有第一期和第二期，基期与上期变动法测算的水生态系统服务当量相同，城市呈现对称分布，海西州和呼伦贝尔市分别为两种变动法下当量增加和减少最多的城市。图 4—5（b）比较的是 2000 年和 2005 年的当量值变动，水生态系统服务当量在基期变动法下的变动范围主要集中在 –5 至 3 之间，上期变动法的变动范围主要集中在 –3 至 5 之间，那曲市为当量减少最多的城市，而海西州和凉山州分别为上期和基期变动法下当量增加最多的城市。图 4—5（c）比较的是 2000 年和 2010 年的当量值变动，水生态系统服务当量在基期变动法下的变动范围主要集中在 –3 至 2 之间，上期变动法的变动范围主要集中在 –5 至 5 之间，锡林郭勒盟和呼伦贝尔市分别为两种变动法下当量增加和减少最多的城市。图 4—5（d）比较的是 2000 年和 2015 年的当量值变动，水生态系统服务当量在基期变动法下的变动范围主要集中在 –1 至 2 之间，上期变动法的变动范围主要集中在 –5 至 5 之间，巴州和阿里地区分别为上期和基期变动法下当量减少最多的城市，而锡林郭勒盟

和那曲市分别为上期和基期变动法下当量增加最多的城市。

二、城市主体作为生态保护者的数量在增加

全国层面看，基于水生态系统服务当量值的不同年份保护者和破坏者数量汇总情况如图4—6所示。2005年，受数据限制，基期变动法与上期变动法的测算结果一致，仅有最优保护者和最劣破坏者两类城市，最优保护者的数量略多于最劣破坏者。2010年，基期变动法与上期变动法的测算结果开始呈现差异，城市身份类型得以进一步细化，相较于上一时段，最优保护者与最劣破坏者均有明显减少，而次优保护者与次劣破坏者则得到相应增加，生态保护者数量和生态破坏者数量基本持平。2015年，四类城市身份的数量均发生了明显变动，最优保护者、次劣破坏者的数量明显增加，而次优保护者、最劣破坏者的数量则明显减少。生态保护者数量总体上还是略多于生态破坏者。2020年，四类城市身份的数量变动较小，最优保护者、次优保护者的数量皆略有增加，而最劣破坏者、次劣破坏者的数量皆有所减少，生态保护者数量进一步增加。综上，从城市身份类型的整体变

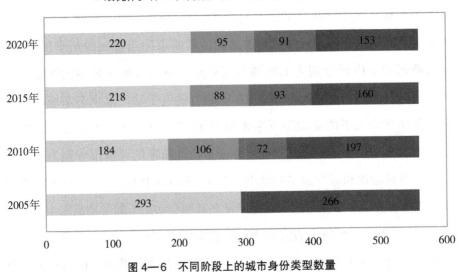

图4—6 不同阶段上的城市身份类型数量

动趋势看，生态保护者的数量基本保持稳定增长趋势，而生态破坏者的数量则相应地呈现减少趋势，生态保护者和破坏者之间的数量差距在不断拉大。

从流域层面看，基于水生态系统服务当量值的九大流域片内部的生态保护者比重及其变动趋势如表4—4所示。从生态保护者比重变动趋势看，除松辽流域片外，其他流域片的生态保护者比重皆呈现变动上升趋势，上升幅度从高到低依次为西南诸河片（34.78%）、珠江流域片（12.86%）、内陆河片（8.00%）、东南诸河片（4.76%）、海河流域片（3.08%）、淮河流域片（2.22%）、黄河流域片（1.47%）、长江流域片（0.57%）、松辽流域片（-11.90%）。从生态保护者所占比重看，海河流域片、淮河流域片、松辽流域片、长江流域片的生态保护者比重在研究期内均超过50%，始终高于生态破坏者比重；珠江流域片的生态保护者比重在研究期内均低于50%，尚未能超过生态破坏者比重。

表4—4 九大流域片的生态保护者比重

流域片	2005 年	2010 年	2015 年	2020 年
东南诸河片	47.62%	52.38%	47.62%	52.38%
海河流域片	56.92%	56.92%	52.31%	60.00%
淮河流域片	64.44%	53.33%	55.56%	66.67%
黄河流域片	50.00%	42.65%	45.59%	51.47%
内陆河片	44.00%	60.00%	70.00%	52.00%
松辽流域片	69.05%	59.52%	57.14%	57.14%
西南诸河片	34.78%	39.13%	65.22%	69.57%
长江流域片	57.71%	54.86%	62.86%	58.29%
珠江流域片	32.86%	41.43%	31.43%	45.71%

流域边界城市由于跨流域，边界城市内的流域片区进行生态保护或破坏的动机更为复杂。聚焦97个流域边界城市，流域片区作为生态保护者和破坏者的占比情况如图4—7所示。从图中可以发现，流域边界城市内的流域片区更多地正在成为生态保护者，这一转折点出现在2012年前后。

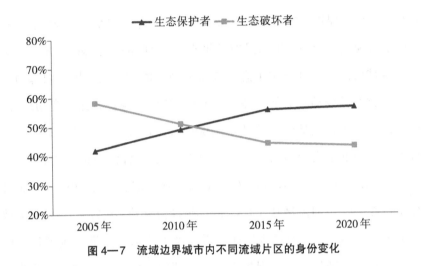

图4—7 流域边界城市内不同流域片区的身份变化

三、保护者抑或破坏者会集中连片

基于水生态系统服务当量值的变动量，559个城市或流域片区在2005年、2010年、2015年和2020年的"最优保护者""次优保护者""次劣破坏者""最劣破坏者"身份情况发生动态演变。城市生态补偿主体身份在流域片中往往具有集中连片的空间分布特征，地理位置相近的城市更容易呈现为相同的身份类型。

东南诸河片的生态保护者集中区域逐渐自南向北部转移，主要分布于流域片北部。海河流域片的生态保护者集中区域位于东北部，以及渤海湾一带，诸如承德、唐山、天津、沧州等城市。淮河流域片的生态保护者集中区域主要位于山东半岛，以及东侧沿海一带城市。黄河流域片的生态保护者集中区域由上游地区逐渐向中游地区转移，宁夏、陕西、内蒙古、山西省内处于黄河流域片的城市在中游形成了大面积的生态保护者集中区域。内陆河片的生态保护者分布相对较为零散，和田、阿克苏、喀什、克州等城市是较为稳定的生态保护者集中区域。松辽河片的生态保护者集中区域主要分布于吉林、辽宁两省。西南诸河片的生态保护者集中区域更多地位于流域片上游，日喀则、拉萨、昌都等城市是始终保持稳定的生态保护者身份。长江流域片的生态保护者集中区域可分为两部分：一是由青海、四川、贵州等省份下辖的多数城市聚集形成的上游生态保护者集中区域；二是由湖北、湖南、安徽、江苏等省份下辖多数城市聚集形成的中下游生态保护者集中区域。珠江流域片的生态保护者集中区域主要为自上游逐渐下中游扩散，但下游仍为主要的生态破坏者集中区域。

城市主体身份的集中连片范围不局限于一个流域片，可以横跨多个相邻的流域片。以2020年为例，由内陆河片、黄河流域片、西南诸河片、长江流域片接界处的甘孜州、海西州、玉树州、那曲市及其周围城市形成的生态保护者集中区域覆盖多个流域片的上游地区；松辽流域片的辽宁、吉林两省下辖城市，海河流域片及淮河流域片沿海一带城市，长江流域片中下游城市共同形成纵贯南北的生态保护者集中区域。

四、省直辖县级行政区生态保护形势堪忧

城市既包含地级行政区，也包含与之平级的县级行政区，不同行政区类型的城市发展水平不同，其在流域内的生态状况也不尽相同。由图4—8可

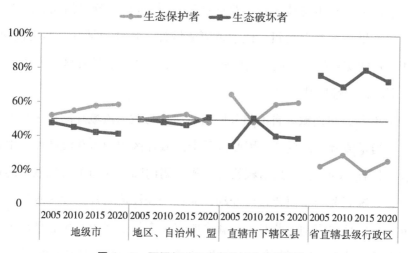

图4—8 不同行政区类型的城市身份比重

知，地级市，地区、自治州、盟，直辖市下辖区县，省直辖县级行政区这四类行政区的城市身份变动趋势各不相同。

首先，地级市的生态保护者比重呈现持续上升趋势，而生态破坏者比重呈现显著下降趋势，且两者的比重差距逐渐增大，截至2020年已拉开20%。其次，地区、自治州、盟的生态保护者比重呈现先下降后上升的变动趋势，两者在2015—2020时段内出现第二次相交，此后生态保护者比重开始多于生态破坏者，但比重差距不明显。再次，直辖市下辖区县的生态保护者比重表现为先下降后上升的变动趋势，除2010年生态保护者比重以极小的差距小于生态破坏者，其余时点上均高于生态破坏者，且比重差距较大。最后，省直辖县级行政区的生态保护者和生态破坏者变动趋势较为稳定，但两者比重呈现相当显著的差距，生态破坏者比重在研究期内始终高于生态保护者。

五、城市主体会有"双重身份"

流域边界城市被不同流域片分割后，其内部的流域片区在某个流域可能是生态保护者而在另一流域可能是生态破坏者，即流域边界城市可能会有生态保护者和生态破坏者"双重身份"。如玉树藏族自治州、海南藏族自治州、果洛藏族自治州，位于黄河流域片、长江流域片、西南诸河片、内陆河片的交界处，且被分割为四个、三个和两个流域片区，属于"双边界"下的代表性区域。

2020年，海南藏族自治州分属内陆河片与黄河流域片的片区水生态系统服务当量值皆正向变动，因此这两个流域片区均为所在流域片的生态保护者，只有一种身份。果洛藏族自治州分属内陆河片与黄河流域片的片区水生态系统服务当量值皆正向变动，而位于长江流域片的片区水生态系统服务当量值负向变动，此时该州就会既有生态保护者也有生态破坏者，具有"双重身份"。玉树藏族自治州分属于长江流域片、西南诸河片、内陆河片的片区水生态系统服务当量值正向变动，而位于黄河流域片的片区水生态系统服务当量值负向变动，此时该州既有生态保护者也有生态破坏者，同样具有"双重身份"。

第五章 基于产业联系的流域生态补偿主客体关系优化研究

完善的补偿机制是保障跨界流域生态补偿制度高质量实施的关键。本章借助引力模型这一强有力的分析工具，从产业联系视角切入测度城市主体的产业联系能力，并与城市主体的生态补偿或受偿标准相结合，确定九大流域片内部各城市主体的补偿或受偿次序。① 通过构建与产业联系能力相匹配的跨界流域生态补偿机制，以期推动"输血式"补偿方式向"造血式"补偿方式转变，加快城市间形成产业帮扶与生态保护的良性互动关系，共同推动社会经济系统和自然生态系统的和谐统一。

第一节 产业联系视角的选择

由于各地方政府之间财力差异较大，且利益相关者之间的补偿关系十分复杂，生态补偿机制的实施往往难以达到预期的效果。确认优化补偿的

---

① "产业关联"一般是指产业与产业之间前向和后向的关联度，有专门的"产业关联"测度公式。城市之间的"产业联系"是空间意义上的一种关联，也有称为"空间关联"（但这种说法很少）。与前后向的"产业关联"不同，基于投入产出测度的城市之间的联系还是采用了"产业联系"这一术语。

主客体关系以完善生态补偿机制既能够充分发挥补偿方的发展优势，又能够真正满足受偿方的发展需求，还能够促使补偿方和受偿方之间构建长期的良性互动关系，推动双方实现生态与经济的有机协调发展。

第一，从产业联系视角切入研究生态补偿机制是实现流域内各利益相关者生态与经济平衡发展的有益尝试。这种尝试不仅可以促使产业资源在某一流域内由产业发达地区向相对不发达地区转移，实现生态补偿方和受偿方在成本分担和收益共享上更趋于合理化，更能够加快推动"输血式"补偿方式向"造血式"补偿方式转变，克服直接给予补偿资金这一传统方式的短板，更有利于同一流域内的各利益相关者之间形成产业发展和生态保护的良性互动，从而实现经济系统和生态系统的耦合发展。

第二，从产业联系视角切入研究生态补偿机制是提升流域内各利益相关者产业发展水平的积极尝试。传统经济学认为，产业专业化的驱动力是产业贸易，产业贸易能够促使地区分工达到专业化。[①]推动各利益相关者基于产业联系能力开展补偿关系研究能够进一步提高地区自身的全要素生产率，扩大规模经济效应，并能更专注于具有比较优势和生产率较高的产业生产，进而提升生态补偿方对外开展产业培育、产业转移等能力，使其能够更好地为生态受偿方提供产业资源，持续稳定地帮助受偿方提高产业发展水平。

第三，从产业联系视角切入研究生态补偿分配机制是就近解决流域内各利益相关者利益冲突的有效尝试。贸易引力模型指出两地之间的贸易流量与两者之间的距离成反比，而某一地区的生态状况变动往往会率先影响到周边地区。[②]地理距离不仅是影响地区之间产业联系的重要因素，也是

---

① 黄新飞、舒元：《贸易开放度、产业专业化与中国经济增长研究》，《国际贸易问题》2007年第12期。

② 鞠昌华、裴文明、张慧：《生态安全：基于多尺度的考察》，《生态与农村环境学报》2020年第5期；李萍、王伟：《生态安全与治理：基于复杂系统理论嵌入经济学视角的分析》，《经济理论与经济管理》2012年第1期。

影响地区之间生态系统服务外溢范围的重要因素。因此，地理位置更近的利益相关者不仅具有密切的产业联系潜力，也存在密切的生态联系潜力，较好地具备基于产业联系开展生态补偿分配机制的前提条件。

第二节 产业边界效应的估计

一、产业边界效应模型构建

关于边界效应模型的研究大多来源于贸易引力模型，引力模型在贸易领域上的应用可以追溯至 20 世纪 60 年代，廷伯根和珀于赫宁（Tinbergen & Pöyhönen）分别基于引力模型对国际贸易问题展开研究。[①] 贸易引力模型是指两国之间的贸易流量与两国的经济规模呈正比，与两国之间的距离成反比。出口国的经济规模反映了该国实现出口供给的潜力，进口国的经济规模则可以反映该国进口需求的潜力。两国之间的距离则作为限制两国相互贸易的阻力因素，距离越远，则阻力越强。与其他贸易理论相比，贸易引力模型不仅能够量化双边贸易，还为区域间的贸易研究开辟了计量分析的空间。

然而，贸易引力模型面临很多难以量化的"非关税壁垒"因素，这类因素亦可归纳为"边界"因素。通俗意义上的边界是指划分不同区域的政治实体和管辖范围的行政地理界线，包括国界、省界和县界等。边界两侧存在区位条件、地理位置、文化传统、管理方式、发展战略等因素的差异，特别是地方保护主义、政府决策、制度等一些因区域间行政管理引起的因素差异。行政边界的存在对行政区的政治、经济、社会、文化因素流

---

① Tinbergen, J., *Shaping the World Economy: Suggestions for an International Economic Policy*, The Twentieth Century Fund, New York, 1962; Pöyhönen, P., "A Tentative Model for the Volume of Trade between Countries", *Weltwirtschaftliches Archiv*, 1963, pp. 93–100.

动所产生的阻碍作用统一被称为边界效应（Border Effect）。它一般是指不同行政区域在跨边界联系和空间相互作用下所受到的一种阻碍作用，在贸易领域则是一种阻碍区域间贸易联系的负面效应。边界的本质属性会使其在各区域跨边界贸易联系时产生阻碍。从经济学角度看，这一效应在提高跨边界贸易联系成本的同时，减少了跨边界贸易联系的频率。因此，边界效应的量化是分析区域间贸易联系状况的关键问题。

考虑到不同产业在跨边界贸易联系时各类主体可能存在不同的贸易偏好，同时也具有不同的运输成本，基于加总贸易量数据估计区域间的边界效应会低估某些产业的边界效应，或高估另一些产业的边界效应。为了更加准确地得到不同产业在跨边界贸易联系时的信息，产业贸易量需要进一步被划分，即在产业水平上量化各产业的贸易边界效应。产业边界效应的大小可以在一定程度上反映该产业在全国市场内的开放程度以及可贸易性。

（一）基础模型

实证中，在把所有能够影响跨边界贸易联系的因素都控制之后，广义"边界"因素对省际间贸易联系的影响程度就被称为省际边界效应。[①] 省际边界效应的大小反映了因省际间存在边界形成的贸易壁垒所导致的市场分割的程度。同时，它也反映了在相同的贸易条件下企业更倾向于与省内的企业展开贸易联系，即"本地偏好"（Home Bias）的程度。模型设定时，在贸易引力方程中引入一个反映"省际边界"所形成的贸易壁垒时，往往通过定义虚拟变量的方式实现。即当一笔贸易在省内展开交易时为1，跨省展开交易时为0，系数的大小反映了省际边界对省际间贸易联系的平均影响程度。当然，具体操作过程中，可以分别采用几种不同的模型设定来

---

① 边界效应可以是在国家层面，也可以是在省级层面，还可以在市级层面。鉴于我国产业联系数据的可得性，跨界流域生态补偿框架下的边界效应聚焦在省际层面。

检验省际产业边界效应。

首先是采用最基本的模型设定，即只在引力方程中引入贸易双方的各产业产值以及贸易距离，而不考虑其他影响双方贸易联系的因素。此时，引力方程一般采用乘积形式：

$$X_{nij} = \alpha_0 Y_{ni}^{\beta_1} Y_{nj}^{\beta_2} D_{ij}^{\beta_3} \eta_{ij} \qquad (5\text{—}1)$$

式（5—1）中，X_{nij} 是 i 省向 j 省出口的第 n 产业的贸易额；Y_{ni} 和 Y_{nj} 分别是 i 省和 j 省的第 n 产业的产业规模（产值）；D_{ij} 为 i 省与 j 省之间的距离，不随时间改变的变量；α_0 通常为引力系数。该方程表示，省际间的产业贸易量与贸易双方的产业产值正相关，且与贸易双方的距离负相关。但是，经济学中的引力模型与物理学有所区别，经济学中的引力模型应用并没有完美的适用数据，所以一般添加一个残差项 η_{ij}，此时，式（5—1）的对数变形为：

$$\ln X_{nij} = \alpha_0 + \beta_1 \ln Y_{ni} + \beta_2 \ln Y_{nj} + \beta_3 \ln D_{ij} + \varepsilon_{ij} \qquad (5\text{—}2)$$

式（5—2）中，一些非关税壁垒影响因素都在残差项 ε_{ij}（$\varepsilon_{ij}=\ln\eta_{ij}$）中。方程中距离项系数 β_3 为省份间产业贸易联系的距离弹性，意味着两省之间的距离每增加 1%，则两省间的产业贸易额就会下降 β_3%。当 $i=j$ 时，即产业贸易联系发生在省内，此时距离的影响程度为 0，i 省的产业产值亦是 j 省的产业产值。

为了研究"省际产业边界"这一因素对省际间产业贸易联系的影响，需要增加"省际产业边界"（$Home$）这一不随时间改变的虚拟变量，以此来测度省际边界效应对省际间产业贸易联系所形成的壁垒或阻碍。设定如下：

$$\ln X_{nij} = \alpha + \beta_1 \ln Y_{ni} + \beta_2 \ln Y_{nj} + \beta_3 \ln D_{ij} + \beta_4 Home_{ij} + \varepsilon_{ij} \qquad (5\text{—}3)$$

式（5—3）中，当 $i=j$，$Home_{ij}=1$ 时，省内产业贸易联系不经过省界；当 $i\neq j$，$Home_{ij}=0$ 时，跨省产业贸易联系经过省界。$Home_{ij}$ 系数的反对数 e^{β_4} 即为第 n 产业的省际边界效应。省际产业边界效应反映了产业在省际间贸易联系的本地偏好程度，即在控制两省的产业规模和贸易距离后，省内产业贸易联系相对于省际产业贸易联系的倍数。同时，"省际产业边界"变量只反映了该产业的贸易联系是否跨省，但是无法反映出贸易双方在地理位置上的亲疏关系。因此，此时可在方程中加入不随时间改变的虚拟"邻近"变量（Adjacent），用以表示贸易双方在地理位置上是否相邻。如果相邻，$Adjacent_{ij}=1$；反之，$Adjacent_{ij}=0$。此时的模型设定如下：

$$\ln X_{nij} = \alpha + \beta_1 \ln Y_{ni} + \beta_2 \ln Y_{nj} + \beta_3 \ln D_{ij} + \beta_4 Home_{ij} + \beta_5 Adjacent_{ij} + \varepsilon_{ij}$$

（5—4）

上述模型均仅考虑了影响贸易双方的特有因素，在解释省际产业贸易联系时仍然存在局限性。但经验事实表面，所有区域间的贸易壁垒都有可能对某两个区域间的贸易联系产生影响。比如，某两个省份间的产业贸易壁垒不变，而其他省间的产业贸易壁垒均有增加，此时这两个省份间的产业贸易联系会有所增加，而这两个省份与其他省份的产业贸易联系会相应减少；反之，如果其他省份间的产业贸易壁垒减少，那么这两个省份都会因为存在更合适的合作伙伴而减少彼此间的产业贸易联系。因此，模型设定可以加入反映多边产业贸易壁垒的变量（Remote），该变量可以设定为：

$$Rm_{nij} = \sum_{k \neq j} D_{nik} / Y_{nk}$$

（5—5）

式（5—5）中，Rm_{nij} 是一种产业产值加权距离，也可称为"产业偏远度"，反映了第 i 省和第 j 省相对于其他省份的第 n 产业地理位置。这个定义意味着，两个省份相对于其他省份的距离越远，在给定双方距离的条件下的产业贸易联系越多。此时，模型设定可以进一步修正为：

$$\ln X_{nij} = \alpha + \beta_1 \ln Y_{ni} + \beta_2 \ln Y_{nj} + \beta_3 \ln D_{ij} + \beta_4 Home_{ij} + \beta_5 Rm_{ni} + \beta_6 Rm_{nj} + \varepsilon_{ij}$$

（5—6）

（二）泊松模型

传统引力模型是根据经验得到的实证模型，缺乏一定的理论基础，因此学者们试图建立具有严格理论基础的贸易引力模型，此类研究可参见安德森（Anderson, 1979）、贝斯特兰德（Berstrand, 1989）、黑德和迈耶（Head & Mayer, 2000）、安德森和温库普（Wincoop, 2003）对引力模型的研究。[①] 他们概括出了具有严格理论基础的贸易引力模型，通过假设消费者和生产者行为建立了一般均衡模型，并加入了多边阻力变量。均衡模式下的等式为：

$$\ln X_{nij} = \alpha + \ln Y_{ni} + \ln Y_{nj} + (1-\sigma)\ln D_{ij} + (1-\sigma)B_{ij} - (1-\sigma)P_{ni} - (1-\sigma)P_{nj} + \varepsilon_{ij}$$

$$(5\text{—}7)$$

式（5—7）是一个具有约束的非线性回归。直接的估计方法是用非线性最小平方法使该式的平方误达到最小。但是由于约束条件太多，直接估计上述非线性方程具有一定的难度。因此，参照行伟波和李善同（2010）的研究，可以采用一个替代的方法：在线性回归中使用各省固定效应模型以获得无偏线性估计。[②] 但是，斯利瓦和滕雷罗（Sliva & Tenreyro, 2006）对上述回归模型提出了批判。[③] 另外，根据引力模型来分析区域间贸易的大多数研究，其回归参数都有严重的异方差问题，所以这时基于对数线性的最小二乘法（OLS）回归往往是有偏和非一致的。即使加入"多边阻力"

[①] Anderson, J., "A Theoretical Foundation for the Gravity Equation", *American Economic Review*, Vol. 69, No. 1（1979）, pp. 106–116; Bergstrand, J., "The Gravity Equation in International Trade: Some Microeconomic Foundations and Empirical Evidence", *Review of Economics and Statistic*, Vol. 67, No. 3（1985）, pp. 474–481; Head, K. & M. Thierry, "Non-Europe: The Magnitude and Causes of Market Fragmentation in the EU", *Review of World Economics*, Vol. 136, No. 2（2000）, pp. 284–314; Anderson, J. & E. Wincoop, "Gravity with Gravitas: A Solution to the Border Puzzle", *American Economic Review*, Vol. 93, No. 1（2003）, pp. 170–192.

[②] 行伟波、李善同：《引力模型、边界效应与中国区域间贸易：基于投入产出数据的实证分析》，《国际贸易题》2010 年第 10 期。

[③] Tenreyro, S. & J. Silva, "The Log of Gravity", *Review of Economics and Statistics*, Vol. 88, No. 4（2006）, pp. 641–658.

或采用固定效应模型，非线性最小二乘法（NLS）或者非参数估计方法也是无效的，从而导致得到的结果存在很大疑问。因此，斯利瓦和滕雷罗（2011）提出可以使用泊松回归（Poisson Regression）获得一致性估计。[①]具体操作时，可以采用拟泊松最大似然回归模型（Poisson Pseudo-Maximum Likelihood Regressions，PPML）。最后，这个方法也可解决有些区域间贸易为零的情况，特别是在分析细化到产业水平时的产业贸易边界时具有巨大优势。

二、省际产业边界效应实证结果

引入省际产业边界、地理邻近性、产业偏远度等因素构建起来的更为完善的引力模型能够有力揭示分析边界效应对省际间产业贸易联系影响的内在机制。基于数据的可得性，一般研究采用由中国碳核算数据库（CEADs）编制的 2012 年和 2015 年涵盖 31 个省（自治区、直辖市）的42 个部门的中国多区域投入产出表。与之前编制年份不同，2012 年 31个省（自治区、直辖市）的多区域投入产出表是根据各个省（自治区、直辖市）的单区域表，结合海关统计数据进行编制，并首次包含了西藏地区投入产出表。2015 年 31 个省（自治区、直辖市）的多区域投入产出表是在各地区 2015 年公布的单区域投入产出延长表与 2012 年公布的单区域投入产出表的基础上，结合 2015 年各省年鉴经济统计数据和海关统计数据进行编制。过程中，中国碳核算数据库团队只获取到安徽、广东、湖南、甘肃、重庆与河北这六个省份的 2015 年单区域投入产出表，因此这些省份使用当年的单区域表。其他省份则使用 2012 年公布的单区域投入产出结构进行调整。与此同时，贸易距离的设定非常重要，但很多研

---

① Silva, J. & S. Tenreyro, "Further Simulation Evidence on the Performance of the Poisson Pseudo-Maximum Likelihood Estimator", *Economics Letters*, Vol. 112, No. 2（2011）, pp.220-222.

究选择的方法各不相同。为避免交通工具更新所引起的速度变化对结果产生时变影响，一般采用最基础的区域间球面距离。

（一）基础模型的回归结果

省际产业边界效应基于最小二乘法回归的结果见表 5—1。[①] 基础模型旨在于揭示三次产业贸易量对各个基本变量的弹性。首先，基础回归中的距离系数均与省际产业贸易额呈显著负相关关系。基础模型 1、基础模型 5 和基础模型 9 中，三次产业的距离系数分别为 -0.906、-0.635、-0.710，绝对值趋近 1，与国际上贸易距离系数绝对值接近 1 的标准相符。其中，第一产业的距离系数要普遍高于第二三产业，这在一定程度上反映出一产所包含的农林牧渔等产品受地理位置的影响较大，空间流通性较弱。距离因素对第二产业的阻碍作用相对于第一和第三产业更小，第二产业的产品在省际市场中的流动性较大。

其次，从贸易双方的产业产值来看，所有回归中的系数均为非负数且均显著。但是，三次产业的产值系数大小存在部分差异。第一产业中，"流出"省份（i）的产值系数要明显高于"流入"省份（j）。因此，就贸易双方的一产贸易额提升程度而言，"流出"省份的产业规模效应大于"流入"省份的产业规模效应。这说明在省际间的一产贸易中，"供给驱动"要大于"需求驱动"。第二产业中，"流入"与"流出"身份的产值系数较为相

[①] 从实证结果的所有回归系数来看，泊松回归模型的拟合优度极低，其结果与对数线性模型的结果偏差十分明显，从而得到了非常小的边界效应。马丁内斯·扎尔佐索（Martines-Zarzoso, 2013）和孙林（2011）等考虑了异方差问题并比较了各类估计的效果，发现泊松回归并非是一个好选择。行伟波和李善同（2010）的实证结果也指出，相较于解释力极差的泊松回归，最小二乘法（OLS）和广义最小二乘法（FGLS）可以得到更好的估计效果。本实证过程既采用了 OLS，也采用了泊松回归，结果进一步证实 OLS 更优。Martínez-Zarzoso, I., "The Log of Gravity Revisited", *Applied Economics*, Vol. 45, No. 3（2013），pp.311-327；孙林：《贸易流量零值情况下引力模型估计方法的优化选择——来自蒙特卡罗模拟的证据》，《数量经济技术经济研究》2011 年第 3 期；行伟波、李善同：《引力模型、边界效应与中国区域间贸易：基于投入产出数据的实证分析》，《国际贸易题》2010 年第 10 期。

近，相对而言，"流入"省份的产值系数要略高于"流出"省份的产值系数。因此，"流入"省份的产业规模效应增加对贸易双方的第二产业贸易额提升程度要略高于"流出"省份的产业规模效应增加，第二产业的跨省贸易更偏好于受"需求驱动"影响。第三产业中，"流出"省份的产值系数要明显大于"流入"省份。因此，在第三产业的跨省贸易影响因素中，"流出"省份的产业规模增大带来的贸易增量大于"流入"省份的产业规模效应。这表明在省际间的第三产业贸易中，受"供给驱动"的印象远高于受"需求驱动"的影响。

再次，边界变量和邻近变量的加入对省际产业贸易存在明显影响。在基础模型中，三次产业的 $Home_{ij}$ 和 $Adjacent_{ij}$ 系数不尽相同。$Home_{ij}$ 系数显著为正，但三次产业的 $Home_{ij}$ 系数大小略有差别，第三产业最高，第二产业最低。由于房地产业、建筑业、电力供应业、综合技术服务业和教育事业等第三产业普遍具有地域性，主要为本地居民服务，因此第三产业更偏向于本地贸易。第二产业中的交通运输设备制造业、核电生产业、其他能源发电业等往往具有全国性，所产出的产品一般是销往全国，在分割市场中的空间流动性最强，能展开更多的跨省贸易。第一和第二产业的 $Adjacent_{ij}$ 系数显著为负，第三产业的系数不显著。两个省份在地理位置上是否相邻对省际间产业贸易量的影响存在不确定性。

最后，在三次产业的基本回归中，第一产业偏远度系数的显著性和大小与第二三产业存在一些差异。第一产业中，"流出"和"流入"省份的 Rm 系数均不显著。第二产业中，"流出"省份和"流入"省份的 Rm 系数与双方的贸易额显著为正，即其他省份间的二产贸易壁垒增加会使得这两个省份间的二产贸易量显著增加。第三产业中，"流入"省份的 Rm 系数与双方的贸易额呈现显著正相关，即"流入"省份与其他省份的三产贸易壁垒增加会使得贸易双方的三产贸易量增加。事实上，当其他省

表 5—1　基础模型回归结果

模型	1	2	3	4	5	6	7	8	9	10	11	12
常数项	-6.005*** (-4.258)	-10.542*** (-6.153)	-9.349*** (-5.091)	-11.422*** (-4.866)	-10.765*** (-14.213)	-14.121*** (-18.004)	-12.417*** (-16.602)	-15.299*** (-20.943)	-18.353*** (-13.180)	-25.946*** (-18.086)	-25.845*** (-16.208)	-26.097*** (-18.385)
lnY_i	0.809*** (13.489)	0.834*** (13.747)	0.839*** (13.990)	0.810*** (13.417)	0.795*** (26.075)	0.832*** (27.280)	0.820*** (28.019)	0.785*** (29.676)	1.155*** (22.181)	1.234*** (24.583)	1.233*** (24.444)	1.233*** (24.435)
lnY_j	0.525*** (8.934)	0.549*** (9.408)	0.554*** (9.517)	0.553*** (8.871)	0.806*** (30.845)	0.844*** (32.556)	0.832*** (32.951)	0.798*** (35.287)	0.833*** (20.217)	0.912*** (23.377)	0.911*** (22.700)	0.895*** (23.366)
lnD_{ij}	-0.906*** (-27.858)	-0.380*** (-3.045)	-0.559*** (-3.596)	-0.412*** (-3.129)	-0.635*** (-42.679)	-0.353*** (-9.356)	-0.525*** (-11.125)	-0.379*** (-10.460)	-0.710*** (-21.444)	-0.039 (-0.622)	-0.048 (-0.575)	-0.050 (-0.797)
$Home_{ij}$		4.567*** (5.141)	3.744*** (3.759)	4.326*** (4.590)		2.412*** (8.731)	1.595*** (5.268)	2.185*** (8.094)		5.752*** (11.980)	5.708*** (10.344)	5.669*** (11.818)
$Adjacent_{ij}$			-0.515** (-2.125)				-0.467*** (-5.924)				-0.025 (-0.179)	
$lnRm_{ni}$				-0.168 (-0.469)				0.516*** (6.837)				-0.415*** (-3.475)
$lnRm_{nj}$				0.498 (1.367)				0.615*** (8.118)				0.622*** (4.427)
边界效应		96.25	42.27	75.64		11.16	4.93	8.89		314.82	301.27	289.74
观测值	1922	1922	1922	1922	1922	1922	1922	1922	1922	1922	1922	1922
F	1147.30	4060.36	4051.61	4101.52	4005.53	5345.61	5779.96	5610.25	2173.22	2414.56	2428.59	2472.85
R^2	0.3703	0.3858	0.3884	0.3849	0.8279	0.8397	0.8446	0.8586	0.6838	0.7226	0.7226	0.7311

注：*** 表示 1% 显著，** 表示 5% 显著。模型 1—4 为第一产业的基础模型回归结果；模型 5—8 为第二产业的基础模型回归结果；模型 9—12 为第三产业的基础模型回归结果。

份的贸易壁垒增加时，会出现两种情况：一是可以加强两个省份之间的产业贸易；二是可延长省内产业的垂直分工，通过内部贸易来解决对外贸易壁垒影响。根据 *Home* 系数在模型 2 与 4，6 与 8，10 与 12 的变化可知，在考虑其他省份贸易壁垒的情况下，省际产业边界效应减少，省际贸易扩大，省内贸易减小，所以省际间三次产业的发展方向更趋于前一种。

（二）泊松回归结果

泊松模型的回归结果见表 5—2。首先，三次产业的距离变量与省际间产业贸易额均为负相关。其中，第一二产业的距离系数为显著的负相关，而第三产业的距离系数并不显著。其次，从贸易双方的产业产值来看，三次产业的产值与省际间产业贸易额均呈现显著的正相关。第一产业受"流出"省份的产业规模效应影响大于"流入"省份的产业规模效应影响；第二产业受"流入"省份的产业规模效应影响与"流出"省份的产业规模效应影响相近；第三产业受"流出"省份的产业规模效应影响远远大于"流入"省份的产业规模效应影响。泊松回归结果所得的三次产业产值对省际贸易的影响结果与基础回归结果是一致的。再次，柏松回归结果中边界变量的加入对省际产业贸易存在明显影响，边界系数在三次产业中均与产业贸易额呈现显著的正相关，三次产业的边界系数大小略有差别，从高到低依次为三产、二产、一产，这与基本回归模型的结果也一致。最后，三次产业泊松回归的产业偏远度系数也与基础回归结果一致，第一产业的偏远度系数并不显著；第二产业的 *Rm* 系数与双方的贸易额呈现显著正相关；第三产业中，"流入"省份的偏远度系数与双方的贸易额呈现显著正相关，而"流出"省份的偏远度系数与双方的贸易额呈现显著的负相关，负面影响的程度相对较小。

表 5—2 泊松模型回归结果

模型	1	2	3	4	5	6	7	8	9
常数项	0.083	0.218	-0.045	0.505***	0.641***	0.434***	-0.613***	-0.590***	-0.637***
	(0.405)	(0.995)	(-0.166)	(7.959)	(10.420)	(7.090)	(-4.527)	(-4.004)	(-4.699)
$\ln Y_i$	0.092***	0.092***	0.089***	0.063***	0.062***	0.058***	0.102***	0.101***	0.101***
	(12.044)	(12.190)	(11.735)	(27.692)	(27.927)	(27.165)	(20.859)	(20.644)	(20.865)
$\ln Y_j$	0.057***	0.058***	0.057***	0.064***	0.063***	0.059***	0.073***	0.073***	0.071***
	(8.021)	(8.127)	(7.718)	(25.765)	(25.834)	(27.274)	(21.781)	(21.335)	(21.137)
$\ln D_{ij}$	-0.041***	-0.061***	-0.045***	-0.025***	-0.039***	-0.028***	-0.004	-0.006	-0.006
	(-3.044)	(-3.582)	(-3.177)	(-9.735)	(-11.555)	(-11.020)	(-0.775)	(-0.878)	(-1.227)
$Home_{ij}$	0.283***	0.188*	0.249*	0.126***	0.061***	0.103***	0.367***	0.357***	0.350***
	(3.011)	(1.741)	(2.459)	(6.664)	(2.830)	(5.554)	(9.920)	(8.215)	(9.541)
$Adjacent_{ij}$		-0.057**			-0.036***			-0.005	
		(-2.180)			(-6.826)			(-0.513)	
$\ln Rm_m$			-0.010			0.043***			-0.026**
			(-0.254)			(6.967)			(-2.571)
$\ln Rm_{nj}$			0.056			0.051***			0.065***
			(1.407)			(9.086)			(5.776)
边界效应	1.33	1.21	1.28	1.13	1.06	1.11	1.44	1.43	1.42
观测值	1922	1922	1922	1922	1922	1922	1922	1922	1922
F	2066.85	2064.61	2115.02	3520.77	3699.45	3928.99	1952.41	1966.55	2051.36
R^2	0.0505	0.0509	0.0507	0.0384	0.0387	0.0399	0.0547	0.0547	0.0554

注：*** 表示 1% 显著，** 表示 5% 显著，* 表示 10% 显著。模型 1—3 为第一产业的拟泊松最大似然回归模型；模型 4—6 为第二产业的拟泊松最大似然回归模型；模型 7—9 为第三产业的拟泊松最大似然回归模型。

综上，不论是基础模型还是泊松模型，其基本变量的弹性系数与省际产业贸易额的相关关系基本一致，只是泊松回归结果的系数均小于基础回归结果，但基础模型的拟合优度却远远高于泊松模型。通过泊松回归对边界效应的解释力不如基础模型，最小二乘法和可行广义最小二乘法（FGLS）可以得到更好的估计效果。

第三节　城市产业联系能力测度

一、省际产业联系强度测算

根据贸易引力模型的假设，省际产业联系与产业产值、距离、边界紧密相关。一方面，两个目标省份的产业规模（产值）越大，则两者之间的产业贸易额越多，省际产业联系越多；两个目标省份之间的距离越大，则两者之间的产业贸易额越小，省际产业联系越少。实证结果很好地证明了贸易引力模型的基本理论假设。另一方面，边界效应对省份之间产业贸易联系构筑的负面影响也被显著地证实，两个目标省份的产业贸易还会明显受到省际边界的影响，产业边界效应越大，则各省份更偏好于开展省内产业贸易联系，从而导致省份之间的产业贸易联系减少。同时，实证结果也表明，不同产业由于省际边界存在所形成的产业贸易壁垒强度是不同的，对省际产业联系所形成的阻碍作用也存在差异。鉴于此，三次产业省际联系强度的测度可以通过式（5—8）进行：

$$G_{nij} = \frac{(M_{ni}M_{nj})/B_n}{D_{ij}} \qquad (5—8)$$

式（5—8）中，i、j 分别代表两个不同的目标省份；G_{nij} 为省份 i 和省份 j 之间的第 n 产业联系强度；M_{ni} 和 M_{nj} 分别为省份 i 和省份 j 的第 n 产业产值，实际测算时取的是最近一期 2020 年的产业产值；D_{ij} 为为省份 i

和省份 j 之间的球面距离；B_n 为第 n 个产业的省际边界效应，分别根据基础模型 4、8、12 的回归结果获得。

考虑到省份数量较多，故将各产业前 50 的省际产业联系强度情况进行阐述。前 50 的省际三次产业联系强度的空间分布规律表现为东部密集，西部稀疏，由东向西递减。第一产业中，东中西部省份均有较强联络点分布，东部以江苏、山东、广东为主，中部以安徽、河南、湖北、湖南为主，而西部地区仅有四川较为活跃，这些省份往往为人口大省，粮食的供给量和需求量相对更大。其中，江苏—安徽、山东—河南、河北—山东为第一产业联系强度前三的省份，可见东中地区的省份之间在第一产业中的贸易联系更频繁，贸易量更大。第二产业的省际空间联系相较于第一产业更为集中，东部沿海省份的对外联系强度十分显著，尤其是长三角的浙江、江苏、上海，以及珠三角地区的广东，这些省份是沿海乃至全国范围内发展水平前列的省份，强大的第二产业是其经济水平快速增长的主要支撑，也是其开展对外联系的主要产业类型，湖南、湖北、河南、河北是中部地区第二产业对外联系较为活跃的省份，东部省份以及东中部省份之间均存在较为频繁的产业联系，譬如江苏—安徽、江苏—浙江分别为第二产业联系强度最大的两对省份。第三产业中，东中部地区省份的相互联系强度仍然较大，且在空间上呈现更为明显的围绕大城市群向外扩散的特征，如北京、山东、江苏、上海、浙江、广东等省市形成了明显的产业联系网。其中，江苏—安徽、江苏—浙江、上海—浙江为第三产业联系强度前三的省份。

综合三次产业的省际产业联系强度可知，东部省份中的山东、江苏、上海、浙江、广东均具有较大的产业联系强度，尤其表现在第二和第三产业中；中部省份中的湖南、湖北、河南、河北、安徽在产业联系上的表现也比较突出，且与东部省份形成了良好稳定的产业联系网络；而西部地区中仅有四川一省的产业联系较为活跃，且更多的是与东、中部省份联系。

二、城市主体产业联系能力测算

由于没有全面的城市层面投入产出表，我国只能基于贸易引力模型测度省际层面的产业贸易联系强度。为了进一步分析城市层面的横向生态补偿主客体关系，有必要将测度得到的省际产业贸易联系强度进一步落脚到城市层面。由于城市产业专业化分工水平越高，则其能够与其他城市产生产业联系的能力也就越高。[①] 位于同一省份内的城市也会因为产业专业化程度的不同，其产业联系能力存在差异。因此，利用产业专业化分工推动城市间产业贸易联系能力的测算是一类具体思路。

首先，明确处于同一流域片内的省份，结果如表 5—3 所示。同一流域片内的省份之间存在不同的产业联系强度，可对其内部省份间的产业联系强度进行一对多的筛选，即依次选择某一省份作为目标省份，分三次产业将该目标省份与流域片内其他省份之间产生的产业联系强度进行加总，从而分三次产业得到该省份的产业联系总强度。其次，城市产业专业化的测度。主要参考迪朗东和普加（Duranton & Puga, 2001, 2005）采用的基尼专业化系数（Gini Specialization Index）来表示。[②] 定义 S_{nl} 为产业 n 的产值在城市 l 全部产值中所占的比重；同理，S_n 为产业 n 的产值在流域内全部城市产值总和中所占的比重，该指数越大，表示城市间产业分工程度越高，产业专业化越深入。最后，基于省际产业联系强度和城市产业专业化指数，构建城市产业联系能力指数。对于该指数而言，数值越大则代表该城市在流域范围内的产业联系能力越强，越具备对外进行产业贸易的竞争力；反之，在流域范围内的产业联系能力越弱，越不具备对外进行产业贸易的竞争力。具体测算表达式如下：

---

① 张小蒂、孙景蔚：《基于垂直专业化分工的中国产业国际竞争力分析》，《世界经济》2006 年第 5 期。

② Duranton, G. & D. Puga, "From Sectoral to Functional Urban Specialization", *Journal of Urban Economics*, Vol. 57, No. 2（2005），pp.343–370.

$$G_{in} = \sum G_{nij}$$

$$G_l = \frac{1}{2} \times \sum_{n=1}^{3} (G_{in} |S_{ln} - S_n|) = \frac{1}{2} \times \sum_{n=1}^{3} \left(G_{in} \left| \frac{P_{ln}}{P_l} - \frac{P_n}{P} \right| \right) \qquad (5—9)$$

式（5—9）中，G_{in} 为省份 i 的第 n 产业联系总强度；G_{nij} 为省份 i 与同一流域片内所有省份（$i \neq j$）的第 n 产业联系强度；G_l 为城市 l 的产业联系能力指数；$S_{ln} = P_{ln}/P_l$，其中 P_{ln} 表示城市 l 第 n 产业的产值，P_l 表示城市 l 的产业总产值；$S_n = P_{in}/P_i$，其中 P_n 表示流域内各城市相加的第 n 产业产值总和，P 表示流域内各城市相加的产业总产值。

表5—3 九大流域片覆盖省份

流域片	省份
东南诸河片	浙江、福建、安徽
海河流域片	北京、山西、山东、天津、河北、河南、内蒙古、辽宁
淮河流域片	山东、安徽、河南、湖北、江苏
黄河流域片	山西、青海、陕西、山东、河南、内蒙古、宁夏、甘肃、四川
内陆河片	新疆、青海、甘肃、内蒙古、西藏、河北
松辽流域片	黑龙江、内蒙古、辽宁、吉林、河北
西南诸河片	云南、西藏、广西、青海
长江流域片	贵州、湖北、云南、湖南、重庆、青海、上海、陕西、河南、安徽、江苏、江西、四川、甘肃、浙江、福建、广西、西藏
珠江流域片	海南、贵州、云南、广东、广西、湖南、福建、江西

为了便于流域片各自进行内部比较，分别对九大流域片内部城市主体的产业联系能力指数进行归一化处理。从九大流域片内部各城市主体产业联系能力指数的空间分布情况看，东南诸河片的杭州市，海河流域片的东城区、滨海新区、邯郸市，淮河流域片的南通市、泰州市、滁州市的产业联系能力普遍强于所在流域内的其他城市主体；位于内陆河片东北部的城市主体产业联系能力略强于西南部，其中，阿拉善盟的产业联系能力表现

尤为突出，明显强于所在流域片内的其他城市主体；松辽流域片内部各城市主体的产业联系能力较为平均，其中，抚顺市、本溪市、白城市的产业联系能力略强于所在流域内的其他城市主体；黄河流域片中，产业联系能力较强的城市主体主要分布在中游地区，如榆林市、延安市等；西南诸河片中，产业联系能力较强的城市主体主要分布在下游地区，且主要集中于下游的云南省；长江流域片内部各城市主体的产业联系能力呈现显著的空间分布差异，位于下游的江苏省内各市均具有极强的产业联系能力；珠江流域片中深圳市、广州市、中山市的产业联系强度显著强于所在流域内的其他城市主体。综上，从九大流域片内部各城市主体的产业联系能力空间分布情况看，产业联系能力强的城市主体往往位于流域片的中下游地区，且这些城市主体在流域片中的经济发展水平普遍较为突出。

第四节　基于产业联系能力的生态补偿主客体关系优化

涉及多方补偿主体和高额补偿标准时，受限于多种现实因素，生态保护者的受偿需求和生态破坏者的补偿要求往往难以在同一时间得到满足。因此，需进一步明确跨界流域生态补偿标准的先后次序。王女杰等（2010）基于区域经济发展水平差异，以区域单位面积生态系统服务的非市场价值和单位面积 GDP 的比值表示不同区域获得生态补偿的次序，生态补偿优先级越大，受偿需求越迫切。[1]然而，这一做法并没有从本质上揭示出补偿主客体之间的外部性或关联性，因为经济发达地区没有给没有关联的生态保护地区进行横向转移支付的义务。产业联系是经济联系的核心，也是

---

[1]　王女杰、刘建、吴大千等：《基于生态系统服务价值的区域生态补偿——以山东省为例》，《生态学报》2010 年第 23 期。

资源、环境和生态要素在地区间进行转移和产生联系的重要路径，能够较科学地反映出两个地区之间的生态经济外部性。因此，生态补偿优先次序可以同时考量城市主体的产业联系能力和生态补偿标准需求，即分别从生态破坏者补偿和生态保护者受偿角度提出基于产业联系的跨界流域生态补偿次序。由于九大流域片内各城市主体的产业联系能力不一致，因此按照产业联系能力指数的高低排列城市主体开展生态补偿分配先后顺序成为最直观的构想。产业联系能力越高的城市主体越具备向产业联系能力低的城市主体输送产业资源、提供产业技术、扶植产业发展、提高产业水平的能力。具体表达式如下：

$$EP_l = P_l / G_l \tag{5—10}$$

EP_l 为城市主体 l 的跨界流域生态补偿优先指数；P_l 为城市主体 l 的跨界流域生态补偿标准（亿元）；G_l 为城市主体 l 的产业联系能力指数。

从生态保护者角度出发，该指数越大，说明该城市主体为开展生态保护工作所投入或损失的经济成本相对更大，实现了研究期内生态效益的较大幅度提升，与之相比其产业贸易联系能力相对不足，缺少能够持续稳定带动当地经济发展的优势产业，则可优先接受流域片内其他城市主体以产业资源输送、优势产业培育、先进技术帮扶、助力产品销售为主要方式的生态补偿，奖励其对生态效益提升的突出贡献，满足其对产业发展水平的提升需求。从生态破坏者角度出发，该指数越大，说明该城市主体由于生态保护力度不足所损失的生态效益相对更小，与之相比其产业贸易联系的相对较能力强，且具备能够支撑当地经济水平发展的优势产业，可优先为流域片内部亟须补偿的城市主体提供相对成熟的产业资源、产业技术等以助力其产业的发展。

总之，从产业联系视角切入优化跨界流域生态补偿主客体关系可以将城市主体的产业联系能力和生态补偿标准相结合，并以此为依据确定九大流域片内部各城市主体的补偿或受偿次序，构建起与城市产业联系能力相匹配的生态补偿机制。本书的贡献在于首次尝试了将产业联系与生态补偿相结合，根据城市产业联系能力以及跨界流域生态补偿标准明确了生态保护者和生态破坏者之间可以以产业联系为依据构建生态补偿的分配次序，为从"输血式"补偿向"造血式"补偿转变打下了初步基础。当然，尽管研究尽可能地对城市产业联系能力展开了细致估算，但仍存在一些难以避免的缺陷，这主要是由于缺少城市层面的投入产出表所致。

第六章 中国生态资本存量估计及城市间横向转移支付方案

生态系统及其所提供的产品与服务是维持人类社会生存发展的重要基础，而生态系统及其产品与服务所蕴含的价值可以通过生态资本得到体现。虽然生态资本难以做到精确估算，但却不失为一种重新审视人与自然关系，重新定位人类在自然界中角色的好方法。生态资本存量评估可以定量地掌握生态系统对人类社会的经济贡献，也可以探究生态资本与经济增长的关系，同时可为生态资源的有偿使用和生态补偿机制的实施提供技术支持。

第一节 生态资本和生态资本存量

合理评估生态资本可以明确生态系统对人类社会发展的贡献，使人类更加清晰地认识到生态系统的重要作用，为促进人类社会与生态系统和谐相处和可持续发展奠定基础。生态资本的研究源于对自然资本的考察。沃格特（Vogt, 1948）将自然资源视为影响国家发展的一种资本，即自然资本；他指出当自然资源遭到破坏时，一个国家的偿债能力会有所降低。[1] 随着

---

　① Vogt, W., *Road to Survival*, New York: William Sloan, 1948.

研究的深入，自然资本逐渐超出自然资源的范畴，并将生态系统服务价值考虑在内。科斯坦萨和戴利等（Costanza, R. & C. Daly, et al., 1992）认为自然资本是一个存量概念，其可分为两大类，即可再生的自然资本与不可再生的自然资本，其中可再生的自然资本包括生态系统和可再生的资源（空气、水等），可形成生态系统服务流；而化石燃料和金属矿石等则属于不可再生的自然资本。[①] 戴利（Daly, 1997）进一步明确，自然资本可分为流量资本与存量资本两部分，即生态系统内部的自然资源和生态系统产生的产品与服务。[②] 刘高慧等（2018）认为自然资本即为所有自然资源的有价值的产品及服务的存量。[③]

　　基于自然资本，生态资本的研究更多关系生态产品和服务。皮尔斯和蒂默等（Pearce & Turner, et al., 1990）认为生态资本主要包括四个方面：一是能够直接进入人类社会生产与再生产过程的自然资源，即可再生与不可再生的资源总量与环境的自净能力；二是生态潜力，自然资源与生态环境的质量、再生量变化；三是生态环境的质量，包括水和大气等环境因素的质量；四是生态系统整体的使用价值和为人类社会提供的有用性。[④] 严立冬等（2013）指出生态资本是进入人类生产生活系统，并作为生产要素投入经济社会生产与再生产的过程之中，最终通过生态产品与服务的形式实现其价值并创造财富的生态因素的总和。并将生态资本分为三种类型：生态资源型资本，如能源、矿产等资源；生态环境型资本，如干净的水资源、清新的空气

---

①　Costanza, R. & C. Daly, "Natural Capital and Sustainable Development", *Conservation Biology*, No. 6（1992）, p. 38.

②　Daily, G., "Nature's Services: Societal Dependence on Natural Ecosystems", *Pacific Conservation Biology*, Vol. 6, No. 2（1997）, pp. 220–221.

③　刘高慧、胡理乐、高晓奇等：《自然资本的内涵及其核算研究》，《生态经济》2018 年第 4 期。

④　Pearce, D. & K. Turner, *Economics of Natural Resources and the Environment*, Baltimore MD: Johns Hopkins University Press, 1990.

等；生态服务型资本，包括观光旅游、生态文化服务等。[①] 马兆良等（2017）从生态服务提供这一角度出发，将生态资本定义为可再生的自然生态存量，包括陆地和海洋生态系统等，能够持续带来生态产品与服务。[②]

生态资本可以包括两部分：一是可再生与不可再生的自然资源，如化石燃料等不可再生的自然资源以及空气、水等可再生的自然资源，这些资源的存在为人类社会创造了巨大的经济效益，并为人类生存提供物质条件与基础。二是生态系统自身的价值和使用价值。生态系统自身的价值包括直接价值与间接价值。直接价值是指对人类的医药、工业原料、旅游等有重要意义的价值；间接价值是指生态系统的调节作用，如森林草地对水土的保持作用，湿地生态系统的防旱蓄洪作用等。生态系统的使用价值就是指整个系统所表现出的对人类社会的有用性。

我国生态资本存量测算的研究主要集中在海洋生态系统与森林生态系统。在海洋生态资本价值评估方面，陈尚等（2010）认为海洋生态资本的价值包括海洋生态资源的存量价值和整体海洋生态系统的服务价值；构建起来的海洋生态系统服务价值评估指标体系包括海洋供给服务、调节服务、文化服务和支持服务四类；并针对各类服务选取了相应的指标对海洋生态系统服务的物质量和价值量进行了评估。[③] 王敏等（2011）从海洋供给服务价值的角度出发，选取养殖生产、捕捞生产以及氧气生产三个指标作为山东近海生态系统的供给服务，采取市场价格法与成本替代法对海洋生态资本价值进行评估。[④] 另有部分学者选取森林生态系统的相关数据进

---

① 严立冬、屈志光、黄鹂：《经济绿色转型视域下的生态资本效率研究》，《中国人口·资源与环境》2013 年第 4 期。

② 马兆良、田淑英、王展祥：《生态资本与长期经济增长——基于中国省际面板数据的实证研究》，《经济问题探索》2017 年第 5 期。

③ 陈尚、任大川、夏涛：《海洋生态资本价值结构要素与评估指标体系》，《生态学报》2010 年第 23 期；陈尚、任大川、夏涛等：《海洋生态资本理论框架下的生态系统服务评估》，《生态学报》2013 年第 19 期。

④ 王敏、陈尚、夏涛等：《山东近海生态资本价值评估——供给服务价值》，《生态学报》2011 年第 19 期。

行测度，并将其估计结果直接作为生态资本存量。如马兆良等（2017）在研究生态资本与长期经济增长的关系时，选取森林覆盖率、湿地率和单位面积林地的森林蓄积等指标对生态资本存量进行估算。[①]

虽然对海洋生态资本存量测算的研究较为深入，但对陆地生态系统资本存量测算的研究相对较少，大多数与生态资本存量相关的研究受原始数据不充分的影响，其测算结果普遍存在年份不连续的局限性，或者不能完全反映出陆地生态系统各类资源的质量状况，从而使得估算结果不够精确。因此，有必要对生态资本存量进行进一步的研究，使得生态资本存量的估计结果更具有说服力。

第二节　省际生态资本存量的估算方法

一、生态资本存量的统计范围

从生态服务（Ecosystem Services）提供这一视角出发，生态资本是指森林、湿地、草地、水域等属于可再生自然资源的陆地生态系统及其产生的生态产品和服务流量。不可再生资源通常保留给岩石圈，在地理分布上不包括在生态系统区域内。[②] 因此，生态资本存量原则上应当包括以下两部分：一是陆地生态系统的可再生资源存量，即生境和生物资源存量；二是陆地生态系统整体所产生的生态系统服务存量。

陆地生态系统的可再生资源存量包括陆地上的森林、草地、农田、湿地、水域、荒漠等生境资源存量及其内部生物资源存量。生境资源和生物资

---

① 马兆良、田淑英、王展祥：《生态资本与长期经济增长——基于中国省际面板数据的实证研究》，《经济问题探索》2017 年第 5 期。

② Yu, H., Y. Wang & X. Li, et al., "Measuring Ecological Capital: State of the Art, Trends, and Challenges", *Journal of Cleaner Production*, Vol. 219（2019），pp. 833–845；陈尚、王敏、赵志远等：《海洋生态资本概念与属性界定》，《生态学报》2010 年第 23 期。

源紧密相关，共同构成陆地生态系统整体。生境是指生物出现的环境空间范围，一般指生物生活的生态地理环境，生境资源中具有许多环境要素，一般将对生物有影响的，直接作用于生物生产过程的那些环境要素称为生态因子，又称生态因素，主要包括气候因子、水分因子和土壤因子等。由此可知，生境作为一个复杂的空间单位，包含众多生境资源，在统计上存在难度，更难以进行货币化评估。[①] 但是，生境资源作为生态系统不可分割的部分，其重要性不可忽视。虽然无法直接通过对生境资源的估算得到其经济价值，却未必不可以在生态资本存量的估算中凸显生境资源的作用。由于生境中的一些生态因子会直接对生态系统服务的供给能力产生影响，因此可以考虑加入通过遥感影像数据获取的生态因子，以期能够使得最终的生态资本存量核算结果更全面合理。生物资源也是陆地可再生资源的重要组成部分。生物资源主要考虑对人类具有经济价值且可供人类利用的动物、植物和微生物三大类资源。动物资源包括陆栖动物资源和内陆渔业资源等，植物资源包括森林资源和草地资源等，微生物资源包括细菌资源和真菌资源等。其中，动物和植物资源作为具有重要经济价值的资源，已经通过大规模的开发活动进入人类社会的生产中，其价值也已经基本体现在生态系统所提供的产品与服务价值中，故不再考虑纳入生态资本存量的统计范围内，以避免重复估计。而微生物资源目前还未进行大规模商业使用，并且短期内也不具备大规模经济开发的条件和前景，故也暂不考虑纳入生态资本存量的统计范围内。

综上，生态资本估算需要在充分考虑生境生态因子作用的前提下，对陆地生态系统整体所能为人类社会提供的生态系统服务存量进行估算。由于部分遥感影像数据来源于 MODIS 遥感仪器，而该遥感仪器自 2000 年开始服役，故生态资本存量估算期限为 2000—2020 年。

---

① 陈尚、任大川、夏涛等：《海洋生态资本价值结构要素与评估指标体系》，《生态学报》2010 年第 23 期。

二、生态资本存量的估算方法

科斯坦萨等（1997）基于生态系统对人类社会产生的福利，将其划分为不同的服务类型，并率先利用当量因子法在全球范围内量化生态系统服务产生的价值。[①] 在此基础上，谢高地等（2008）对大量生态学专家进行了问卷调查，结合中国的生态系统类型特征，制定并不断完善了中国陆地生态系统服务类型，最终将生态系统服务类型修正为包括四个一级类型（供给服务、调节服务、支持服务和文化服务）、11 个二级类型（食物生产、原材料生产、水资源供给、气体调节、气候调节、水文调节、废物处理、土壤保持、维持养分循环、维持生物多样性、提供美学景观），并改进和完善了"中国陆地生态系统单位面积生态服务价值当量表"，其中不同生态系统的单位面积生态服务价值当量主要是结合历史文献资料及专家经验进行调整计算得到，而二级生态系统的价值当量是根据各生态系统对应的生物量和面积加权计算得到。[②] 由于区域生态系统的生境资源条件是不断变化的，因此需要进一步考虑生态因子对生态系统服务当量的影响。参考相关研究，生态系统食物生产、原材料生产、气体调节、气候调节、净化环境、维持养分循环、生物多样性和美学景观功能与生物量在总体上呈正相关，水资源供给和水文调节功能与降水变化相关，土壤保持功能与降水、地形坡度、土壤性质和植被盖度密切相关。[③] 基于此，将生态因子与生态系统服务价值基础当量表相结合，可按照下式构建生态系统服务时

---

　　① Costanza, R., R. Arge & R. Groot, et al., "The Value of the World's Ecosystem Services and Natural Capital", *Nature*, Vol. 387, No. 15（1997），pp. 253–260.

　　② 谢高地、甄霖、鲁春霞等：《一个基于专家知识的生态系统服务价值化方法》，《自然资源学报》2008 年第 5 期。

　　③ 李士美：《基于定位观测网络的典型生态系统服务流量过程研究》，博士学位论文，中国科学院地理科学与资源研究所，2010 年；裴厦：《基于野外台站的典型生态系统服务及价值流量过程研究》，博士学位论文，中国科学院地理科学与资源研究所，2013 年；谢高地、张彩霞、张昌顺等：《中国生态系统服务的价值》，《资源科学》2015 年第 9 期。

空动态变化当量表，具体表达式如下：[①]

$$EC_{tlij} = \begin{cases} P_{tl} \times EC_{ij1} \text{或} \\ R_{tl} \times EC_{ij2} \text{或} \\ S_{tl} \times EC_{ij3} \end{cases} \tag{6—1}$$

$$ES_{tl} = \sum_{i=1}^{n} A_{tli} \times EC_{tlij} \tag{6—2}$$

$$ESV_{tl} = ES_{tl} \times E_t \tag{6—3}$$

式（6—1）—式（6—3）中，EC_{tlij} 指生态系统在第 t 年城市 l 第 i 类土地利用类型第 j 类服务功能的单位面积当量因子；A_{tli} 为第 t 年城市 l 的第 i 类土地利用类型的面积；ES_{tl} 指第 t 年城市 l 的生态系统服务当量；ESV_{tl} 为第 t 年城市 l 的生态系统服务价值量；E_t 为标准单位面积生态系统服务当量因子的经济价值（元／公顷）；P_{tl} 指该类生态系统第 t 年第 l 城市的 NPP 调节因子；R_{tl} 指该类生态系统第 t 年第 l 城市的降水调节因子；S_{tl} 指该类生态系统第 t 年第 l 城市的土壤保持调节因子；EC_{ij} 为第 i 类土地利用类型的第 j 种生态服务价值当量因子；ECi_{j1} 表示与 NPP 相关的服务功能；EC_{ij2} 表示与降水相关的服务功能；EC_{ij3} 指土壤保持服务功能。

生态系统服务价值当量因子法是一种以农田食物生产服务功能为标准功能单元，以确定其他土地利用类型的生态系统服务价值大小的方法。每一个具体的当量因子代表不同的土地利用类型对人类社会能够产生的服务功能的潜力，而如何确定农田食物生产服务功能的价值是核算全国生态系统服务单位价值量的关键。参考谢高地的研究，将单位面积农田生态系统粮食生产的经济价值作为标准单位面积当量因子的价值量。[②]同时，考虑到全国范围幅员辽阔，不同省或直辖市的农田粮食生产力存在区域性差

---

① 谢高地、张彩霞、张雷明等：《基于单位面积价值当量因子的生态系统服务价值化方法改进》，《自然资源学报》2015 年第 8 期。

② 谢高地、张彩霞、张雷明等：《基于单位面积价值当量因子的生态系统服务价值化方法改进》，《自然资源学报》2015 年第 8 期。

异，借鉴谢高地等对我国粮食生产能力省域修正结果，对各省或直辖市粮食主产物产量进行调整，其表达式如下：[①]

$$E=\frac{1}{7}\times B\times \sum_{i}^{n}\frac{m_i\times p_i\times q_i}{M}\qquad（6—4）$$

式（6—4）中，E 为研究区单位面积农田生态系统提供的食物生产服务功能的经济价值（元/公顷），即一个当量因子的价值；n 为我国主要粮食种类（小麦、稻谷、玉米）；m_i 为第 i 种粮食作物的种植面积（公顷）；p_i 为第 i 种粮食作物的全国平均价格（元/千克）；q_i 为第 i 种粮食作物的单产（千克/公顷）；M 为粮食作物的总种植面积（公顷）；B 为全国各省份农田生产力因子；1/7 指在没有人力投入时的自然生态系统提供的经济价值为现有单位面积农田提供的食物生产服务经济价值的1/7。同时，由于研究区不同年份的物价水平存在差异，故以 2000 年的物价水平为基准，运用农产品生产者价格指数对不同年份的标准当量因子的单位价值量进行修正，以消除价格波动的影响。[②]

由于公开获得土地利用遥感监测数据并非历年数据，而是每隔五年为一期数据，故基于当量因子法测算的生态系统服务价值也并非历年值。实际测算的生态资本存量受土地利用数据的限制，无法得到历年存量值。为解决这一问题，需要借鉴国内外研究者测算物质资本存量最常用的永续盘存法。利用永续盘存法对物质资本存量展开估算需具备三要素：基础资本存量、资本折旧率和新增投资额。基础资本存量一般为基年资本存量值，以此为基础可逐年累增计算物质资本品的存量值。由于物质资本品存在使用效率递减的情况，根据经验还需假定一个资本折旧率，用于折减物质资本品在使用过程中的固定损耗值；同时，当有新物质资本品投入使用时，其物质资本存量还应按照新增投资额等量增加，综合考虑三要素可估算出一套较为合理的物质资本存量数据。

虽然永续盘存法提供了一个被广泛认可的物质资本存量估算方法，但生态资本品和物质资本品在生产和使用过程中存在三点显著差异：（1）物质资本存量估算的是具有一定的使用年限的固定资本品，在使用过程中存在固定损耗，可以根据固定资本品的平均使用年限设定一个固定的损害比率。[①]而生态资本存量的估算对象为生态资源，虽然生态资源不存在明确的使用年限，可也会受人类社会的开发利用、自然灾害的损毁破坏等一系列外界活动的影响而导致损耗，但损耗的比率是不确定的。（2）生态资本存量所估算的生态资源作为可再生资源，还具备固定资本品不具备的自我修复能力，生态系统作为一个有机整体，其内部的生物群落在不断进行着物质交换和能量流动，在无外界干扰的前提下会始终处于互相作用和影响的动态平衡中；一旦生态系统由于人类经济活动的介入而受损，则会在一定时间和空间范围内，通过物质能量的循环进行自我调节、恢复，而修复能力与生态系统的自身状态有关。（3）新增固定资本品的经济价值可以直接等额增加物质资本存量，而生态资本存量则与之不同；人类社会在生态环境改善、环境污染治理等方面的保护性资金投入的确能够改善生态系统提供的服务数量和质量，从而实现生态资本存量的增加。但是，由于保护性资金投入对生态系统服务水平提升的正向影响程度仍需考究，因此生态资本存量的增幅是不确定的，故无法直接将人类保护性投资额与生态资本存量相加。

综上，生态资本存量的估算需要考虑四方面因素：一是基础生态资本存量，即通过当量因子法测算得出的每五年生态系统服务价值量；二是生态折旧率，即由于生态系统受外界干扰活动影响所产生的生态资本损耗比率；三是生态恢复力，即生态系统在面对外界冲击时的自我调节、恢复能

---

① 金戈：《中国基础设施资本存量估算》，《经济研究》2012年第4期。

力；四是生态投资量，即由于人为生态保护性投资所引起的生态资本增加量。由此有：

$$ESV_t = E_t \times ES_t = E_t \times \left[ES_{t-1}(1 + ER_t - ED_t) + EI_t \right] \qquad （6—5）$$

式（6—5）中，ESV_t 为第 t 年的生态资本存量（价值量）；ES_t 为第 t 年的生态资本存量（当量）；E_t 为第 t 年的单位面积当量因子的经济价值；ER_t 为第 t 年的生态恢复力；ED_t 为第 t 年的生态折旧率；EI_t 为第 t 年的生态投资量。

三、生态恢复力估算

生态系统恢复力是对"弹性"概念所涉及范围的扩展，恢复力限度相当于弹簧可伸缩的程度，一般是指生态系统在受到外界干扰，偏离平衡状态后表现出的自我维持自我调节及抵抗外界各种压力和扰动的能力，它既可以缓解各种压力与干扰的破坏而保持系统的不崩溃，又可以最大限度地保障资源与环境承载力的正常作用与功能的发挥。[1]生态恢复力的计算方法主要有三种：（1）通过地物覆盖面积与各类地物的弹性分值来计算；（2）从景观角度利用景观多样性指数、植被指数以及区域年平均气温与降水的变化率计算；（3）利用区域气候、水文、土地覆被等生态系统的特征要素值及其权重计算。

由于生态系统土地利用类型众多，各土地利用类型的面积不断变化，不同地类的净第一性生产力具有差异性，为了突出不同土地利用方式下的生态系统恢复力，可以将净第一性生产力作为弹性分值计算生态弹性度来表示一个地区生态系统恢复力的大小。[2]这种方法适合应用于大尺度的范

① 杨庚、曹银贵、罗古拜等：《生态系统恢复力评价研究进展》，《浙江农业科学》2019 年第 3 期。

② 廖柳文、秦建新、刘永强等：《基于土地利用转型的湖南省生态弹性研究》，《经济地理》2015 年第 9 期。

围，结合土地利用规划与环境保护规划，以各类用地的净第一性生产力均值作为弹性分值，评价结果能够体现出不同地区生态系统恢复力的特点，具体公式如下：

$$ER_t = \left(-\sum_{i=1}^{n} S_i \ln S_i\right) \times \sum_{i=1}^{n} S_i P_i \qquad (6-6)$$

式（6—6）中，ER_t 为第 t 期的区域生态恢复力；S_i 为土地利用类型 i 的覆盖比重；P_i 为土地利用类型 i 的弹性分值，即净第一性生产力均值。

四、生态折旧率与生态投资量估算

生态折旧率由生态系统遭受的外界干扰导致。外界影响可分为人为影响和自然影响。自然影响一般为偶发性自然灾害，其对生态系统造成的负面影响是随机且难以预测的，因此生态折旧率的产生主要与人为因素紧密相关。随着人类社会的发展，尤其对于人口密集和经济活动高度集聚的都市区来讲，直接或间接的人为破坏是引发生态系统受损的主要因素，是导致生态资本存量长期减少的根本原因。生态投资量则主要与人为的生态保护性投入紧密相关。随着社会经济发展水平的提升，对生态环境的重视程度不断提高，生态环境领域的保护性投入将在一定程度上改善生态系统的状态，从而在一定程度上促进生态资本存量的增加。但是，人为的生态破坏性或保护性活动对生态资本存量所产生的负向减少或正向增加的影响并不明确。因此，历年的生态折旧率和生态投资量也很难直接确定，并且也没有与这两个要素相关的研究可供参考借鉴。

鉴于此，估算面临两类选择：第一，直接选取与人为破坏性活动相关的指标代替生态折旧率，利用与人为保护性活动相关的指标代替生态投资量，运用替代性数据直接估算生态资本存量。但是，由于人为破坏性和保护性活动对生态资本存量的影响程度难以确定，利用该方法将会在一定程度上低估或高估生态资本存量，影响最终结果的可信度。第二，基于已有数据，运用计量方法对生态折旧率与生态投资量进行估计，在此基础上估算历年生态资本存量。

鉴于本书已有五年期的生态资本存量数据，且根据永续盘存法的设定，当期生态资本存量主要受自身过去值影响，故选择构建加入五年期滞后项的动态面板模型，考察生态资本存量自身的长期动态关系。实证方程如下：

$$ES_{it} = \beta_0 + \beta_1 ES_{it-5} + \beta_2 x_{it} + \varepsilon_{it} \qquad (6—7)$$

式（6—7）中，i 表示省份，t 表示时期，β_0 和 ε_{it} 分别是常数项和误差项，ES_{it} 表示省份 i 在 t 时期的生态资本存量。同时，在考虑数据可获取性、科学性、合理性的前提下，选取相关社会经济指标作为控制变量 x_{ij}，控制变量选择如下：（1）环境污染治理投资完成额（EPI，亿元），根据《中国环境年鉴》，环境投资可以分为城市环境基础设施建设投资、工业污染源治理投资和"三同时"投资三大类。由于城市环境基础设施建设投资主要用于建造企业和居民的公共服务设施，而不是治理工业污染，因此不能纳入工业污染治理投资的研究范畴。本书仅将后两类投资作为工业污染治理投资，并用各省份的固定资产投资价格指数折算为以 2000 年为基期的数据。（2）地区生产总值（GDP，亿元），运用各省的国内生产总值指数折算为以 2000 年为基期的省份数据。（3）人口密度（$Destiny$，人／平方千米），即每平方千米的人口数量。（4）城镇化水平（$Urban$，%），即城镇人口占总人口的比重。（5）产业结构（$Structure$，%），用地区第二三产业增加值之比来衡量（三产增加值／二产增加值），以避免多重共线性问题。（6）建成区面积（$Area$，平方千米），用于衡量各省城市土地建设水平。

由于样本时间维度比较短，差分广义矩估计（DIFF-GMM）会导致一部分样本信息损失，从而影响估计结果的有效性，但系统广义矩估计（SYS-GMM）能够很好地解决上述问题。蒙特卡洛试验表明，在有限样本下，系统广义矩估计比差分广义矩估计的偏差更小，有效性更高。广义矩估计GMM——估计的一致性取决于工具变量的有效性，因此两个识别检验是必要的：其一是萨根（Sargan）检验，检验原假设为工具变量的选取是有效的，主要用于判断模型中是否存在过度识别的约束。萨根检验结果显示 p 值为 0.1028，故原方程中的原假设为工具变量联合有效；其二是差分误差项的序列相关检验，Arellano–Bond 检验显示 AR（1）的 p 值为 0.0268，AR（2）的 p 值为 0.0533，故原方程的残差项允许存在一阶序列相关，但不允许存在二阶序列相关。实证方程估计结果表明，当期的生态资本存量与前期的生态资本存量存在显著的自相关关系，滞后项的系数（β_2）为 0.9000167（z 值 =16.57）。因此有：

$$1+ER_t-ED_t=0.9000167 \qquad\qquad (6—8)$$

利用这一关系以及每五年的生态恢复力数据，可以估计出每五年的生态折旧率。同时，结合每五年的生态资本存量，可以推算得到每五年的生态投资量。综合上述数据，可以估算出历年的生态资本存量。

第三节　省际生态资本存量的估算结果

一、当量形式与价值量形式的生态资本存量比较

基于上述测算方法和依据，先对 2000—2020 年全国省际生态资本存量（当量）进行估算，再计算 2000—2020 年的省际单位面积当量因子价值量，最后在二者基础上得出以 2000 年不变价格估算的 2000—2020 年全国省际生态资本存量（价值量）。限于篇幅，仅展示价值量形式的生态资本存量，见表 6—1。

价值量形式的生态资本存量是在当量形式的基础上进行估算，相较于加入了经济效益的价值量形式，当量形式能够更纯粹地反映各省所提供的生态系统服务实物量。因此，首先对价值量和当量形式的生态资本存量关系进行考察。图 6—1 给出了价值量和当量形式的省际年均生态资本存量散点图。

表6—1　全国省际生态资本存量：2000—2020年（亿元）

地区	2000	2001	2002	2003	2004	2005	2006	2007	2008	2009	2010	2011	2012	2013	2014	2015	2016	2017	2018	2019	2020
北京	80	87	95	102	130	140	142	166	194	183	203	250	268	286	290	305	322	322	328	391	461
天津	79	85	90	96	120	127	129	150	176	166	185	224	236	247	246	255	269	269	273	326	385
河北	666	709	753	799	995	1046	1079	1277	1516	1452	1642	1999	2119	2232	2240	2333	2486	2509	2575	3100	3692
山西	322	334	345	357	432	443	462	554	667	647	741	903	958	1011	1015	1058	1115	1113	1130	1345	1584
内蒙古	1495	1582	1666	1755	2169	2265	2338	2772	3299	3164	3584	4360	4617	4859	4871	5068	5307	5264	5310	6282	7353
辽宁	765	851	942	1044	1356	1489	1528	1800	2129	2029	2284	2659	2694	2713	2602	2591	2786	2837	2938	3568	4288
吉林	1347	1453	1561	1678	2115	2252	2291	2677	3140	2968	3314	3929	4055	4159	4064	4122	4280	4210	4211	4940	5734
黑龙江	2466	2582	2693	2808	3436	3551	3660	4331	5145	4925	5569	6671	6957	7210	7118	7294	7797	7894	8127	9814	11726
上海	76	74	72	70	79	76	78	93	111	106	121	149	160	171	174	184	190	187	186	218	253
江苏	2540	2647	2745	2848	3466	3563	3634	4256	5002	4739	5302	6540	7023	7495	7620	8040	8585	8682	8929	10770	12854
浙江	3400	3497	3581	3667	4406	4472	4742	5774	7056	6950	8085	9674	10077	10432	10287	10529	10770	10434	10280	11879	13581
安徽	1840	1926	2006	2091	2556	2640	2751	3292	3954	3827	4376	5384	5766	6138	6223	6549	6724	6537	6464	7497	8602
福建	3942	4047	4137	4230	5073	5140	5351	6395	7671	7417	8470	10125	10538	10898	10737	10980	11241	10900	10749	12431	14225
江西	5317	5505	5675	5851	7078	7232	7576	9113	11002	10706	12305	14761	15418	16002	15822	16236	16509	15899	15572	17887	20329
山东	932	998	1064	1134	1419	1500	1515	1757	2044	1918	2125	2572	2711	2839	2833	2933	3258	3428	3667	4602	5713

续表

地区	2000	2001	2002	2003	2004	2005	2006	2007	2008	2009	2010	2011	2012	2013	2014	2015	2016	2017	2018	2019	2020
河南	1233	1293	1349	1409	1726	1786	1809	2105	2458	2314	2572	3159	3379	3590	3634	3819	4058	4084	4180	5018	5960
湖北	4304	4434	4546	4663	5610	5702	5936	7095	8511	8230	9399	11473	12194	12878	12957	13530	14162	14039	14154	16737	19581
湖南	8123	8276	8395	8518	10140	10195	10667	12814	15449	15013	17232	20903	22077	23169	23164	24038	24662	23964	23682	27449	31477
广东	6632	6765	6870	6978	8316	8371	8686	10349	12375	11927	13577	16176	16778	17294	16981	17306	17896	17528	17460	20398	23577
广西	4747	4818	4868	4920	5834	5843	6086	7278	8736	8451	9657	12085	13167	14256	14703	15740	15527	14506	13783	15360	16935
海南	619	618	614	610	710	699	717	845	998	951	1070	1305	1386	1463	1471	1535	1579	1537	1522	1768	2031
重庆	1312	1346	1376	1406	1686	1708	1773	2114	2529	2439	2778	3392	3605	3808	3832	4002	4107	3992	3947	4576	5250
四川	7131	7296	7432	7572	9052	9139	9440	11194	13324	12783	14484	17969	19408	20830	21298	22602	23141	22439	22129	25595	29290
贵州	1564	1590	1610	1630	1937	1944	2011	2389	2848	2736	3106	3902	4268	4640	4805	5164	5215	4988	4852	5536	6249
云南	5390	5398	5382	5367	6279	6206	6392	7561	8975	8587	9704	12006	12932	13841	14114	14937	15084	14428	14035	16012	18073
西藏	5073	5183	5273	5365	6404	6457	6644	7850	9310	8899	10046	11749	11962	12103	11666	11671	12415	12509	12817	15403	18315
陕西	617	650	681	715	880	915	955	1144	1376	1334	1527	1842	1934	2018	2006	2069	2146	2108	2105	2466	2859
甘肃	483	515	546	579	720	757	783	929	1106	1062	1204	1451	1522	1586	1575	1623	1694	1674	1682	1982	2312
青海	844	904	964	1028	1286	1359	1396	1646	1948	1858	2093	2433	2462	2476	2372	2358	2529	2570	2655	3217	3857
宁夏	58	61	65	68	84	87	94	117	146	146	173	208	218	227	225	232	243	241	244	289	339
新疆	984	1039	1091	1147	1414	1473	1513	1784	2112	2015	2271	2699	2793	2872	2813	2860	2960	2902	2893	3384	3915

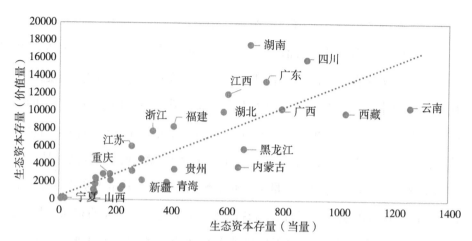

图6—1　各省市区当量与价值量形式的年均生态资本存量散点图

从分布来看，当量越高的省份其价值量也相对越高。同时，趋势线两侧的省份分布具有一定规律性。位于线性趋势线左上方的省份往往位于东部地区，如江苏、浙江、广东、福建等；相应地，位于线性趋势线右下方的省份则更多地位于西部地区，如新疆、青海、西藏、云南等。这种分布差异主要是由于各省单位面积当量因子的经济价值不同所导致，而单位面积当量因子的经济价值是由各省的粮食生产力及其能提供的经济效益所决定。一方面，受生物多样性的纬度和海拔分布影响，低纬度和低海拔的省份比高纬度和高海拔的省份具有更强的粮食生产能力；另一方面，受区域经济发展水平的影响，东部省份粮食比西部省份的粮食具备更高的经济效益。因此，在拥有相同当量的前提下，东部省份能够比西部省份提供更高的经济价值，也就有更多的价值量。由此可见，东西横向补偿也是可能的。

为了进一步观察不同区域的生态资本存量差异，可将31个省（自治区、直辖市）分别归入东部、中部、西部三大地区，分别按照东、中、西部计算其内部各省市区的当量形式和价值量形式的生态资本存量年均增长率。各省（自治区、直辖市）区生态资本存量的变动趋势和增速情况如图6—2所示。东、中、西部均有省份出现生态资本存量（当量）负增长情形，如东部的海南、上海、广东等，中部的江西、湖南，西部的广西、西藏、新疆等，而各省（自治区、直辖市）的生态资本存量（价值量）均为正增长。从各省（自治区、直辖市）当量形式和价值量形式的生态资本存量年均增速看，随着经济发展水平的不断提升，单位面积当量因子的经济价值在不断提高，价值量形式的生态资本存量年均增速明显高于当量形式。同时，两种形式下的省际间生态资本存量年均增速从低到高保持了一致的次序，生态资本存量（当量）增加得越多的省份，其生态资本存量（价值量）的增速也就越快。而且，与省份间年均增速差异较大的东西部相比，中部省份的生态资本存量的年均增速差异较小，各省增速主要在15%—20%之间；与西部省份相比，东部省份间的年均增速差异更大，且有更多的省份表现为高速增长，如东部省份年均增速高于20%的有5个而西部省份仅有1个。

最后，东中西部生态资本存量绝对值和对比系数（以西部地区为1）比较详见表6—2。显而易见，西部地区的生态资本存量水平始终处于全国领先位置，而东部地区的生态资本存量水平也始终处于最末。值得注意的是，2000—2020年西部地区生态资本存量增长速度低于东中部地区。从年

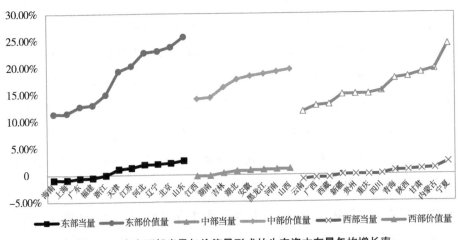

图6—2　东中西部当量与价值量形式的生态资本存量年均增长率

均增长率来看，中部地区的生态资本存量增长速度最快，当量形式的生态资本存量分别比东部和西部高 0.25% 和 1.72%，价值量形式的生态资本存量分别比东部和西部高 0.5% 和 0.53%。同时，东中部地区与西部地区的生态资本存量差距在缩小。中西部地区的生态资本存量差距缩小幅度大于东西部地区之间的差距缩小幅度。由此可知，虽然不同地区间的生态资本存量在绝对值上的差距是巨大的，但是这种差距正在缩小，且中部地区的表现突出。

表6—2　东中西部当量与价值量形式的生态资本存量比较

	2000 年		2020 年		年均增长率(%)
	生态资本存量	对比（西部 =1）	生态资本存量	对比（西部 =1）	
东部当量	2342.44	0.36	2417.31	0.38	0.16
中部当量	3261.17	0.50	3526.12	0.56	0.41
西部当量	6486.88	1.00	6336.07	1.00	−0.12
东部价值量	19731.16	0.66	81059.88	0.71	15.54
中部价值量	24952.06	0.84	104992.61	0.92	16.04
西部价值量	29698.51	1.00	114745.38	1.00	14.32

此外，西部地区虽然拥有良好的生态基础，但是在不考虑经济价值的前提下，其所能提供的生态系统服务实物量，即当量形式的生态资本存量实际上有所减少。虽然程度不深，但却不容忽视，应及时作出相应保护性措施以避免更大的生态受损情况出现。同时，在对地区生态资本存量展开全面评估时，应综合考量当量和价值量形式的生态资本存量，避免受经济增长影响，出现生态系统服务价值量增加而实物量减少的情况。

二、生态资本存量（价值量）与地区生态总值的比较

由于价值量形式的生态资本存量充分体现了生态系统服务所蕴含的经

济价值，因此需要考察生态资本存量（价值量）与经济增长之间的关系。如图 6—3 所示，与持续增长的国内生产总值指数不同，生态资本存量指数在 2000—2020 年呈现不断波动上升的增长趋势但增速略慢。两个指数之间的差距在不断拉开，2018 年的差距尤为明显。

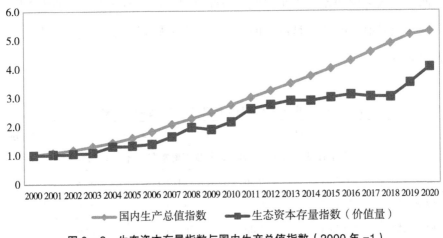

图6—3　生态资本存量指数与国内生产总值指数（2000 年 =1）

考虑到生态资本存量的大小明显受土地面积大小的影响，为了进一步考察生态资本存量（价值量）与经济发展的关系，将各省 2020 年生态资本存量与地区生产总值数据分别折算成单位面积水平，所有数据均按 2000 年价格计算。为了直观地揭示不同区域单位面积生态资本存量与单位面积 GDP 之间的关系，图 6—4 分别给出了 2020 年的东中西部省份单位面积生态资本存量与单位面积 GDP 的散点图和线性拟合趋势线。从中可以看出，单位面积生态资本存量与单位面积 GDP 之间大致呈线性关系，但是不同地区的线性关系存在差异。两者在东部地区呈负向关系，在中西部地区呈正向关系。这主要是由于东部省份的行政面积普遍小于中西部省份，而经济发展水平却明显远快于中西部省份（从纵坐标看，东部省份的单位面积 GDP 水平明显数十倍于中西部省份），故东部单位面积 GDP 越高的省份反而单位面积生态资本存量相对较低。

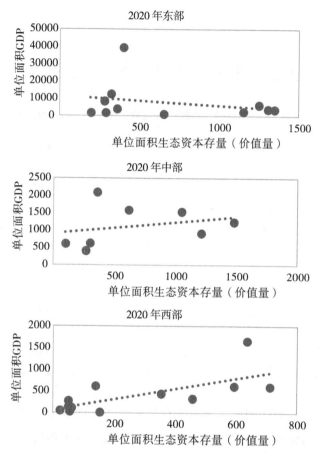

图6—4 2020年东中西部单位面积生态资本存量与地区生产总值的散点图

　　为进一步分析不同地区间的生态资本存量与地区生产总值之间的关系，需要分别计算东中西部单位面积生态资本存量和单位面积GDP以及对比系数（以西部地区为1），具体指标的比较见表6—3。东部地区的单位面积生态资本存量和单位面积GDP水平均处于全国领先位置。2000—2020年，西部与东中部地区的单位面积GDP差距有所缩小，但与东中部地区的单位面积生态资本存量差距反而扩大。从年均增长率看，西部地区的单位面积GDP增速高于东中部3.79%和3.73%，而其单位面积生态资本存量的增速却低于东中部1.22%和1.72%。东中西部的生态资本累积路径和经济增长路径存在差异。

表6—3 东中西部生态资本存量和地区生产总值比较

	2000 年		2020 年		年均增长率（%）
	金额（亿元）	对比（西部=1）	金额（亿元）	对比（西部=1）	
东部单位面积生态资本存量	185.78	4.28	763.22	4.55	15.54
中部单位面积生态资本存量	150.52	3.46	633.37	3.77	16.04
西部单位面积生态资本存量	43.45	1.00	167.87	1.00	14.32
东部单位面积GDP	524.35	21.52	3480.71	19.31	28.19
中部单位面积GDP	150.00	6.16	997.59	5.54	28.25
西部单位面积GDP	24.37	1.00	180.23	1.00	31.98

　　总之，不同地区间的生态资本存量和经济发展水平均存在差异，经济发展水平的差距明显更大。适当减缓生态资本存量（价值量）的累积速度可以有效缩小地区间的经济发展差距，但是也会影响地区的生态系统服务供给能力，减缓生态资本存量的增速。当然，这并不否认生态资本存量可以与经济发展实现共同增长，东中部地区均表现出当量和价值量形式的生态资本存量与经济发展水平的正增长趋势。当然，尽管在生态资本存量的估算中尽可能地考虑了生境因素对生态系统服务的影响，并加入了相应的生态因子，但是对生境资源的测算还是不足的。与现有研究相比，本书的贡献在于提供了一套具有相对完整时序的省际层面生态资本存量统计数据，不仅为省际间开展生态资源有偿使用和生态补偿等制度提供了数据参考，也为东中西部和省市横向生态补偿标准的优化提供了新方案。

第四节　城市主体流域生态补偿的横向方案

在"保护者受偿，破坏者补偿"原则指导下，城市主体的生态系统服务水平提升越多，则表明其生态保护力度越强，其为维持较高水平的生态供给能力所付出的保护成本相较于其他方面成本投入而言较多，则该城市主体应为生态保护者，即跨界流域生态补偿中的受偿方，应当得到相应的补偿以弥补其牺牲经济发展机会，选择保护生态环境所损失的经济利益，激励其继续加强生态保护工作，为所在流域提供更多且更好的生态产品与服务；反之，则表明其生态保护力度越弱，生态系统服务水平遭受破坏甚至出现不可逆的损伤，则该城市主体应为生态破坏者，即跨界流域生态补偿中的补偿方，应该付出相应的补偿，以弥补其为了提高经济效益而导致生态系统破坏所损失的生态利益。①

根据"保护者受偿，破坏者补偿"原则，对全国九大流域片，即包括东南诸河片、海河流域片、淮河流域片、黄河流域片、内陆河片、松辽流域片、西南诸河片、长江流域片、珠江流域片的跨界流域生态补偿的标准资金需要具体核算步骤。首先，基于流域片内部各城市主体的单位面积水生态系统服务当量值，测算流域片内各城市主体 2000 年、2005 年、2010年、2015 年、2020 年的单位面积水生态系统服务当量值。其次，测算流域片内部各城市主体在 2000—2005 年、2005—2010 年、2010—2015 年、2015—2020 年四个时间段内的单位面积水生态系统服务当量值年均变动量。最后，基于流域片内部各城市主体的单位面积生态系统服务价值量，测算九大流域内各城市主体在 2000—2020 年的水生态系统服务价值量年

---

① 在城市层面构建横向补偿方案时，补偿标准的制定依据退回到生态系统服务水平，而不是生态资本存量，主要是因为城市层面不可估。从估计过程看，生态系统服务水平是生态资本的基础，也具有广泛的应用场景。生态资本存量由于具有连续时间特征，反映资本累积过程，可被用于研究生态补偿制度的可持续性。

均变动量。属于生态保护者的城市主体应以其水生态系统服务价值年均增长量为基本依据估算其应获得的跨界流域生态补偿标准；同理，属于生态破坏者的城市主体应依据其水生态系统服务价值年均减少量估算其应付出的跨界流域生态补偿标准。在研究期内，水生态系统服务价值量年均变动量的核算从 2000 年开始，由此产生的生态补偿资金也应从 2000 年开始逐年累计支付，因此考虑生态补偿的时间价值，此处年利率取 3.5%。[①]

$$P_{tl} = PWESV_l \times \sum_{2000}^{t} (1+3.5\%)^{t-2000} \tag{6—9}$$

式（6—9）中，P_{tl} 为逐年累计至第 t 年城市主体 l 应获得（支出）的基于水生态系统服务当量增加（减少）的跨界流域生态补偿标准；$PWESV_l$ 为 2000—2020 年九大流域片内部城市主体 l 的水生态系统服务价值量年均变动量。

基于 2000—2020 年各城市主体的水生态系统服务当量年均变动量及单位面积生态系统服务当量因子价值量，可得出九大流域片内部各城市主体每年应获得（支付）的生态补偿标准。跨界流域生态补偿年均标准资金如图 6—5 所示。从九大流域片内部各城市主体每年应获得（支付）的补偿标准分布情况看，有些流域片内部城市主体的补偿标准从低到高是一个过程，如东南诸河片、淮河流域片、西南诸河片和长江流域片，流域片内部各城市主体之间的标准差距不存在明显跳跃；有些流域片内部城市主体的标准从低到高会出现跳跃，如海河流域片、黄河流域片、内陆河片、松辽流域片和珠江流域片。跳跃的极值点既有极大值，也有极小值。海河流域片的极大值为唐山市（11.4 亿元），黄河流域片的极大值为鄂尔多斯市（11.49 亿元），内陆河片的极大值为锡林郭勒盟（42.04 亿元），而极小

---

① 李京梅、李宜纯：《生境和资源等价分析法国外研究进展与应用》，《资源科学》2019 年第 11 期。

值为巴音郭楞盟（-30.52亿元），同时，海西州（30.18亿元）和伊犁州（-23.07亿元）分别为内陆河片内部较为明显的跳跃点，松辽流域片的极小值为佳木斯市（-10亿元）、珠江流域片的极小值为佛山市（-8.77亿元）。跳跃点的出现由流域内各城市主体的水生态系统服务当量年均变动情况决定，也可以说与其生态保护的努力和生态破坏的治理密不可分。

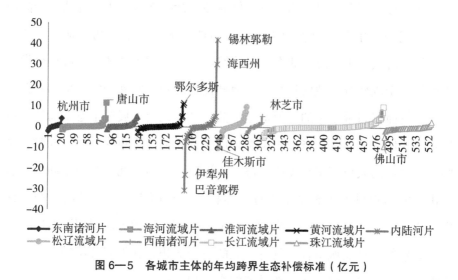

图6—5　各城市主体的年均跨界生态补偿标准（亿元）

根据式（6—9），考虑到生态补偿标准的时间价值，估算逐年累计至2020年（2000—2020年）九大流域片内部各城市主体应该获得（支付）的全部跨界流域生态补偿标准。

就生态保护者在研究期内应获得的补偿标准而言，生态补偿标准高值区的空间分布主要可分为两类：一类为东南诸河片的杭州，海河流域片的沿海一带，如唐山、滨海新区等，淮河流域片的山东半岛，长江流域片中下游的武汉、合肥、无锡等城市。这类城市的面积虽然普遍较小，但经济发展水平相对较好，标准单位面积当量因子的价值量较高，因此投入生态保护所损失的机会成本也相对较高，应该得到符合其经济发展水平的补偿标准。另一类为内陆河片的海西州、锡林郭勒盟，松辽流域片的大兴安岭，黄河流域片的鄂尔多斯。这类城市成为生态补偿标准高值区的原因往往与第一类城市相反,它们往往位于西北和东北部地区,由于经济社会发展速度慢且程度不高,单位面积当量因子的价值量相对不高,但是城市的覆盖面积较大,对生态空间的占用较少,往往能提供更多的生态系统服务,从而也应该得到较高的补偿标准。

就生态破坏者在研究期内应支付的补偿标准而言,生态补偿标准高值区的空间分布主要可分为两类:一类为珠江流域片的三角洲地区,如佛山,长江流域片中下游的浦东新区等城市。这些城市主体的经济社会发展程度相较于流域其他地区较高,当地牺牲生态利益发展经济产生的效益更高,单位面积当量因子的价值量也不低,经济社会发展对生态空间的侵占导致这些城市主体在经济增长与生态保护方面的矛盾更为突出。同时,这些城市主体的人口密集程度高,进一步导致其生活空间与生态空间的矛盾突出,能够提供的生态系统服务自然稀少,从而应该支付较高的补偿标准。另一类为内陆河片的巴州、伊犁州、昌吉州等,松辽流域片的佳木斯、呼伦贝尔等。这类城市普遍具有极大的覆盖面积,在发展经济的同时不注重生态保护和修复将导致生态系统的大面积受损和生态系统服务水平的严重下降,生态补偿的支付标准较高。

与此同时,九大流域片内属于生态保护者的城市主体应获得的生态补偿标准与属于生态破坏者的城市主体应支出的生态补偿标准存在不平衡的情况,见表6—4。假设流域片内全部生态保护者应获得的生态补偿标准汇总为"流域生态支出账户",全部生态破坏者应支出的生态补偿标准汇总为"流域生态收入账户",那么既可能存在入不敷出情况,如东南诸河片、海河流域片、黄河流域片、内陆河片、松辽流域片、西南诸河片、长江流域片;也可能存在收支盈余的情况,如珠江流域片。基于上述两种情况,可以有以下两种解决方案:(1)在入不敷出情况下,属于生态破坏者的城市已全额支付了相应的生态补偿标准,仍存在的缺口不再属于生态破坏者应该补足的部分。可计算各生态保护者应获得的标准占"流域生态支出账户"的比例，并根据该比例对"流域生态收入账户"进行再分配。或者该缺口可由中央政府或省级政府进行统筹补贴；（2）在收支盈余的情况下，属于生态保护者的城市可全额获得其应获得的生态补偿标准，而"流域生态收入账户"中仍有盈余，盈余部分既可用于进一步嘉奖对流域生态系统作出重大保护贡献的城市，也可用于流域内的公共环保设施等建设。

表6—4　九大流域片的生态补偿标准（亿元）

流域片	生态保护者补偿标准 （流域生态支出账户）	生态破坏者补偿标准 （流域生态收入账户）	收支差额
东南诸河片	266.00	−199.72	66.27
海河流域片	932.83	−180.08	752.75
淮河流域片	987.05	−76.87	910.17
黄河流域片	1306.11	−433.97	872.14
内陆河片	3189.75	−2645.42	544.33
松辽流域片	1687.90	−1338.76	349.14
西南诸河片	536.06	−256.66	279.40
长江流域片	3424.22	−1599.31	1824.91
珠江流域盘	502.19	−772.25	−270.06

九大流域片内部生态保护者和生态破坏者的生态补偿优先级分布格局呈现出，在东南诸河片中，生态保护者和生态破坏者形成显著的南北分布格局，生态保护者优先级的高值区主要为台州市和绍兴市，生态破坏者优先级的高值区有厦门市、嘉兴市、福州市、莆田市等，这些城市之间可以优先进行横向生态补偿。毕竟相对于其他流域片，东南诸河片的经济水平普遍较强，内部差异较小，产业体系也更为完善。生态破坏者可以深化与生态保护者的产业合作力度，构建更完善的产业合作平台，以谋求产业协同发展的双赢机会。同时，由于东南诸河片主要为浙江与福建两省，两省间可以深入产业生态化交流协同，共同建设美丽东南诸河片。

海河流域片和淮河流域片中，生态保护者和生态破坏者基本呈现东西分布格局，生态保护者优先级的高值区有承德市、烟台市，生态破坏者优先级的高值区有河西区、南开区、济南市、太原市、宿州市、洛阳市、安庆市等。与位于流域片西侧的城市相比，东部沿海城市的经济发展水平较高，不仅拥有相对优势的支撑性产业，而且生态保护工作也相对完善，积极致力于为海洋和陆地构筑一道安全绿色的屏障，生态保护投入高且保护成效也好。因此，此类片区的生态破坏者可以通过深化产业贸易往来的方式，给予生态保护者一定程度的贸易优惠，补偿其为提升流域片生态效益所作出的贡献。

黄河流域片中，生态保护者和生态破坏者呈现显著的南北分布格局，生态保护者主要集中于北部地区，其优先级的高值区有包头市和海南州，生态破坏者优先级的高值区有阳泉市、晋中市、渭南市等。这些城市之间可以优先通过优势产业结对帮扶的方式进行生态补偿。内陆河片中，生态保护者和生态破坏者的分布格局较为集中，生态保护者优先级的高值区主要是那曲市和海西州，生态破坏者优先指数的高值区有双河市、张家口市、五家渠市等。这些城市之间可以优先进行横向生态补偿探索。

松辽流域片中，生态保护者主要分布于辽宁省，其优先级高值区有沈阳市和鹤岗市，生态破坏者主要集中于黑龙江和吉林两省，其优先级高值区有白城市。黑吉辽三省的地理位置相近，资源禀赋相似，生态破坏者可以通过资源输送、技术支持等方式对生态保护者进行生态补偿，助力产业发展。

长江流域片中，生态保护者和生态破坏者均呈现集中分布的趋势，生态保护者优先级的高值区有常德市和武汉市等，生态破坏者优先指数的高值区有长宁区、普陀区、衢州市、南通市等，这些城市可以优先开始生态补偿。鉴于长江流域片上、中、下游均有生态保护者和生态破坏者，因此长江流域片可以开展上中游，中下游之间的结对补偿，处于相对下游位置的生态破坏者可以向相对上游的生态保护者转移产业技术、帮助产业发展较弱的城市提高产业发展水平，处于相对上游的生态破坏者可以利用资源禀赋尽可能地为相对下游地区提供产业发展所需的资源要素。

西南诸河片和珠江流域片中，生态破坏者优先级的高值区主要分布于流域中下游地区，如西南诸河片中的昆明市，珠江流域片的东莞市和广州市等。位于中下游地区的城市主体往往经济发展较为活跃，普遍具有比较完善的产业体系，且生态系统服务水平下降程度较小，对外开展产业资源转移和产业扶植的压力较小，可以考虑最先向流域片内的生态保护者开展补偿。

第七章 新安江流域财政环保支出绩效时空分异及其驱动因素

地方财政环保支出在治理环境污染和强化生态保护中起着关键性作用。自2007年财政部将"节能环保"正式列入政府预算收支科目以来，各级财政持续加大对生态环保的支持力度，节能环保支出已经成为政府的一项常规化的管理工作。2007—2018年，全国财政生态环境相关支出规模从998.52亿元快速上升至6297.61亿元，占财政支出的比例也由2.0%提高到了2.85%。新安江流域是由财政部、环保部牵头的全国首个跨省流域生态补偿制度试点地区。自2012年以来开展的前两轮生态补偿试点期间，中央及安徽、浙江两省地方政府财政共投入约146.32亿元，用于该地区生态环境保护支出。为促进新安江流域生态环境有效和永续保护，在环保支出总量增加的同时更应该重视提升财政环保支出绩效。因此，在科学评价新安江流域环财政保支出绩效的基础上，准确揭示其时空分异格局变化并明确其关键驱动因素，对于为沿线各地区优化生态环境保护政策提供决策参考和促进新安江流域生态保护补偿资金实现优化配置具有重要意义。

第一节 财政自主度、政府干预程度与财政环保支出效率

现有文献中已有大量与环保支出效率相关的研究，在评价方法、分析视角以及影响因素等方面形成了丰富的成果。从评价方法来看，自恰恩斯（Charnes）等提出数据包络分析方法(DEA)以来，这一方法在测度政府财政支出效率等方面得到了广泛应用。[1]沃辛顿（Worthington）和巴拉格尔·科尔（Balaguer-Coll）等采用数据包络法，在非参数框架下分别对澳大利亚和西班牙执政当局的效率进行了核算和实证分析，结果显示不同城市之间的效率值存在着显著差异。[2]在国内，数据包络分析方法被广泛运用于宏观的环境治理投资效率的实证研究，但也有部分学者将其用来考察地方政府的环保支出效率。[3]孙开和孙琳（2016）、张智楠（2018）分别发现吉林省和广东省财政环境保护支出效率水平较低，并基于该研究结果分别提出了政策建议。[4]董秀海等运用数据包络分析方法中的规模报酬不变模型对我国的环境治理效率进行了国际比较和历史比较，对环境治理低效率的原因进行了深层次的分析。[5]与上述研究关注静态环境治理效率不

---

[1] Charnes, A., W. Cooper & E. Rhodes, "Measure the Efficiency of Decision Making Units", *European Journal of Operational Research*, No. 6（1978）, pp.429-444.

[2] Worthington, A., "Cost Efficiency in Australian Local Government: A Comparative Analysis of Mathematical Programming and Econometric Approaches", *Financial Accounting and Management*, Vol. 16, No. 3（2000）, pp.201-223; Balaguer-Coll, M., Prior-Jimenez, D., Vela-Bargues, J., "Efficiency and Quality in Local Government Management-the Case of Spanish Local Authorities", *Universitat Autonoma De Barcelona*, *Working Paper*, 2002.

[3] 程承坪、陈志：《省级政府环境保护财政支出效率及其影响因素分析》，《统计与决策》2017年第13期；潘孝珍：《中国地方政府环境保护支出的效率分析》，《中国人口·资源与环境》2013年第11期。

[4] 孙开、孙琳：《基于投入产出率的财政环境保护支出效率研究——以吉林省地级市面板数据为依据的 DEA-Tobit 分析》，《税务与经济》2016年第5期；张智楠：《广东省环保财政支出的投入产出效率——基于地级市面板数据的 DEA-Tobit 模型检验》，《地方财政研究》2018年第2期。

[5] 董秀海、胡颖廉、李万新：《中国环境治理效率的国际比较和历史分析——基于 DEA 模型的研究》，《科学学研究》2008年第6期。

同，法尔（Färe）等人建立了用来考察两个相邻时期生产率变化的曼奎斯特（Malmquist）生产率变动指数。[①]

部分学者对环保支出绩效的测度方法进行了拓展和完善。刘冰熙等使用三阶段数据包络分析方法和 bootstrap-DEA 模型来解决环境因素和随机冲击因素的影响。[②] 王兵和罗佑军运用基于 RAM 的网络数据包络分析方法对中国区域环境治理效率进行了测算和分解，发现污染治理投资不足、已有的投资未得到有效利用是导致环境治理阶段效率较低的原因。[③] 超效率 DEA 模型也被用于测算各个决策单元的相对效率，黄英等分析了我国区域农村生态环境治理效率，并结合农村经济发展水平构建综合评价矩阵对 31 个省份进行了聚类分析。[④] 为了能够有效解决测量误差，郭四代等（2018）和李静（2015）运用基于松弛值测算的模型（SBM）评价了环境治理投资效率，得出中国财政环境保护支出整体效率水平不高、有效省份占比低、地区差异明显等结论。[⑤]

从研究视角来看，不同学者在指标选取和研究侧重点上存在较大差异。王立岩把社会总投资额作为政府在环境治理上的投入量，对我国整体环保支出绩效进行了衡量。[⑥] 朱浩等（2014）则以地方财政环保支出额这一统计口径作为环境治理的投入量，对地方政府在财政上对环境治理

① Färe, R., S. Grosskopf & M. Norris, et al., "Productivity Growth, Technical Progress, and Efficiency Change in Industrialized Countries", *American Economic Review*, Vol. 84, No. 1（1994）, pp. 66–83.

② 刘冰熙、王宝顺、薛钢：《我国地方政府环境污染治理效率评价——基于三阶段 Bootstrapped DEA 方法》，《中南财经政法大学学报》2016 年第 1 期。

③ 王兵、罗佑军：《中国区域工业生产效率、环境治理效率与综合效率实证研究——基于 RAM 网络 DEA 模型的分析》，《世界经济文汇》2015 年第 1 期。

④ 黄英、周智、黄娟：《基于 DEA 的区域农村生态环境治理效率比较分析》，《干旱区资源与环境》2015 年第 3 期。

⑤ 郭四代、仝梦、张华：《我国环境治理投资效率及其影响因素分析》，《统计与决策》2018 年第 8 期；李静、倪冬雪：《中国工业绿色生产与治理效率研究——基于两阶段 SBM 网络模型和全局 Malmquist 方法》，《产业经济研究》2015 年第 3 期。

⑥ 王立岩：《基于两阶段 DEA 模型的城市环保治理效率评价》，《统计与决策》2010 年第 12 期。

的投入力度及其效率进行了评价和分析。[①] 甘甜和王子龙（2018）、孙静等（2019）使用污染治理设施数量和治理设施运行费用等细化的指标去评估政府在环境保护上的财政投入程度。[②] 此外，当大部分学者的研究集中在对环保支出效率的定量研究上时，阿丰索和费尔南德斯（Afonso & Fernandes）重点关注外部社会因素对葡萄牙财政支出效率的影响程度，通过 Tobit 模型回归分析发现人口密度和公告政策是导致不同地区财政支出效率存在差异的重要原因。[③] 王冰（2012）在梳理环保财政支出效率概念的基础上构建科学客观的环保资金使用效率的评价指标体系。[④]

综上，现有文献对环保支出效率的研究大多从宏观角度出发对我国整体的环保支出绩效进行测度，多以某一省份为研究范围而忽略了跨区域的对比分析，而且往往忽略了现行财政体制因素对环保支出绩效的影响。鉴于此，待验证假说为：

研究假说 7—1：财政自主度越低，地方政府的财政环保支出效率越低。

解决环境成本的外部化问题是治理环境污染的重要环节。根据佐德罗（Zodrow）等的研究，财政作为中央政府分配社会产品的重要手段，其主要职责就是提供公共品和服务，由于分权制度对政策效果的影响显著，这就代表着环境保护这一具有正外部性的公共商品离不开财政分权制度的管理和安排。[⑤] 国内外学者对财政分权的影响观点不一致，费尔德（Feld, 2009）和马丁内斯·巴斯克斯（Martinez-Vazquez, 2003）认为财政分权可

---

① 朱浩、傅强、魏琪：《地方政府环境保护支出效率核算及影响因素实证研究》，《中国人口·资源与环境》2014 年第 6 期。

② 甘甜、王子龙：《长三角城市环境治理效率测度》，《城市问题》2018 年第 1 期；孙静、马海涛、王红梅：《财政分权、政策协同与大气污染治理效率——基于京津冀及周边地区城市群面板数据分析》，《中国软科学》2019 年第 8 期。

③ Afonso, A. & S. Fernandes, "Assessing and Explaining the Relative Efficiency of Local Government", *The Journal of Socio-Economics*, No. 5（2008）, pp. 1946-1979.

④ 王冰：《山东省环保财政支出效率评价体系构建》，《地方财政研究》2012 年第 10 期。

⑤ Zodrow, G. & P. Mieszkowski, "Property Taxation and the Under-Provision of Local Public Goodsd", *Journal of Urban Economics*, Vol. 19, No. 3（1986）, pp. 356-370.

以促进财政支出的配置效率，且是多种机制共同作用的成果。首先，地级市政府更具有信息优势，所以其能更好地匹配该区域对公共物品的需求程度；其次，相较于中央的统一分配，地方政府在提供公共物品时更容易达到帕累托最优状态，即能以最小的成本提供同种数量和同等质量的公共物品，进而提高财政支出的配置效率。[1]

另一方面，奥茨（Oates，1972）和张仲芳（2013）经过研究得出，不健全的地方考核制度会造成政府财政支出的结构出现扭曲，资金更容易向短期内提高经济效益的项目倾斜，负面影响地方财政的支出效率。[2]自1994年分税制改革以来，我国逐渐形成了"权责下放、财源上提"的财政分权体制，使大部分地级政府财政支出的配置结构发生扭曲。在过去"唯GDP"的政绩考核机制下，地方政府不惜放松环境污染管制甚至是以牺牲环境为代价来达到经济发展的目的。[3]然而，随着生态环境保护在政绩考核中的重要性日益提升，部分地方政府也会存在财政环保支出过度现象。尤其是对于财政自主度低、主要依靠上级财政转移支付的地方而言，它们有更大的激励将财政资金配置于环保而非其他领域，从而导致较低的财政环保支出效率。

研究假说7—2：政府干预程度越高，地方政府的财政环保支出效率越低。

环保领域是政府和市场行为高度交互之处，尽管市场应该在其中发挥基础性作用，但其外部性和公共品的属性又意味着难免会受到较大程度的政府干预。从理论上讲，当市场不能依靠价格机制对资源进行有效配置后，

---

[1] Baskaran, T., L. Feld, & T. Schnellenbach, *Fiscal Federalism, Decentralization and Economic Growth: A Meta-Analysis, Economic Inquiry*, Vol.54(2016), pp.103-133; Martinez-Vazquez, J. & R. McNab, "Fiscal Decentralization and Economic Growth", *World Development*, Vol. 31 (2003), pp. 1597-1616.

[2] Oates, W., *Fiscal Federalism*, New York: Har-Court Brace Jovanovich, 1972；张仲芳：《财政分权、卫生改革与地方政府卫生支出效率——基于省际面板数据的测算与实证》，《财贸经济》2013年第9期。

[3] 林春、孙英杰、刘钧霆：《财政分权对中国环境治理绩效的合意性研究——基于系统GMM及门槛效应的检验》，《商业经济与管理》2019年第2期。

政府应该进行干预，以克服市场失灵，弥补市场机制的缺陷。然而，在市场失灵领域，强化政府干预不一定能改善资源的配置效率，同样会产生政府失灵。[①] 由于我国第四产业处于起步阶段，法律和政策框架存在诸多不足，此时政府失灵的情况常常比市场失灵更为严重。[②] 从政策影响来看，政府干预过多不仅会直接影响价格机制发挥作用，也可能阻碍资本、劳动和中间品等要素自由流动，无形中提高交易成本，带来重复建设和投资效率低下等问题。[③] 易志斌（2010）在研究跨界水污染问题中就证实地方政府对环境外部性的管制不一定是有效。[④] 周权雄（2009）也发现，由于地方政府的行政干预受到经济激励和利益驱使，政府干预越多，该地区的二氧化硫排放量就越多。[⑤]

第二节　财政环保支出绩效的评价方法及流域因素考察

一、超效率—基于松弛值测算的模型（Super-SBM）

为了更好地验证研究假说，环保支出绩效需要作为基础进行测算。数据包络分析方法 (Data Envelopment Analysis，DEA) 是由著名运筹学家恰恩斯和库珀（Cooper）等提出的非参数评估方法，通常被用于生产效率评价。与传统指标体系法和随机前沿分析为代表的参数评估方法相比，数据包络分析方法的优势是不需要进行权重设定，也不必对投入与产出之间的函数

---

① 叶战备：《政府经济职能：历史发展与现实建构》，《行政与法》2006 年第 1 期。

② 文贯中：《市场机制、政府定位和法治——对市场失灵和政府失灵的匡正之法的回顾与展望》，《经济社会体制比较》2002 年第 1 期。

③ 于良春、余东华：《中国地区性行政垄断程度的测度研究》，《经济研究》2009 年第 2 期。

④ 易志斌：《地方政府环境规制失灵的原因及解决途径——以跨界水污染为例》，《城市问题》2010 年第 1 期。

⑤ 周权雄：《政府干预共同代理与企业污染减排激励——基于二氧化硫排放量省际面板数据的实证检验》，《南开经济研究》2009 年第 4 期。

关系进行假设，从而具有较强客观性。班克（Banker）等学者于1988年提出超效率数据包络分析模型，即用其他决策单元所组成的技术前沿面来对位于前沿面上的决策单元的效率进行测度，进而实现对所有效率单元进行充分排序和比较。然而，传统的规模报酬不变或规模报酬可变模型都是基于径向距离函数进行测度，未把松弛变量纳入考量，从而存在效率被高估的问题。为了解决这个问题，托恩（Tone）在2002年提出基于松弛值测算的模型，这是一种基于松弛变量的、非径向、非角度的效率测度方法。[①] 该模型充分考虑了变量的松弛性问题，测算结果更为准确。因此，可以将超效率模型和SBM模型相结合并纳入非期望产出来构建环保支出效率测度模型，具体设定如下：

假设有 n 个决策单元，每个决策单元的投入产出包括四部分：环保支出 e，m 种其他投入 x^o，s_1 种期望产出 y^g 和 s_2 种非期望产 y^b。用向量表示分别为：e，$x^o \in R^m$，$y^g \in R^{s1}$，$y^b \in R^{s2}$；假设有 n 个决策单元，则以上投入产出可表示为矩阵 X^e、X^o、Y^g 和 Y^b，$X^e = [e_1 \cdots e_n] \in R^n$，$X^o = [x_1^o \cdots x_n^o] \in R^{m \times n}$，$Y^g = [y_1^g \cdots y_n^g] \in R^{s_1 \times n}$ 以 及 $Y^b = [y_1^b \cdots y_n^b] \in R^{s_2 \times n}$，$X^e > 0$，$X^o > 0$，$Y^g > 0$，$Y^b > 0$。由此可将上述生产可能性集（PPS）表示为：

$$PPS = \left\{ (e, x^o, y^g, y^b) \mid e \geqslant X^e \lambda, x^o \geqslant X^o \lambda, y^g \leqslant Y^g \lambda, y^b \geqslant Y^b \lambda, \lambda \geqslant 0 \right\} \quad (7-1)$$

那么，基于超效率——基于松弛值测算的模型，可将特定决策单元 $(e_k, x_k^o, y_k^g, y_k^b)$ 的环保支出效率（FEEE）测度模型设定如下：

$$FEEE = \min \left\{ \frac{(环保支出实际值 - 环保支出冗余)/环保支出实际值}{1 + (污染排放冗余/污染排放实际值)} \right\}$$

$$= \min \left\{ \frac{1 - \overline{e}/e_k}{1 + \frac{1}{s_2} \times \left(\sum_{r=1}^{s_2} \overline{y^b}/y_{rk}^b \right)} \right\}$$

---

① Tone, K., "A Slacks-Based Measure of Efficiency in Data Envelopment Analysis", *European Journal of Operational Research*, Vol.143, No. 1（2002）, pp. 32-41.

$$\text{s.t.}\begin{cases} e_k = X^e \lambda + \overline{e} \\ x_k^o = X^o \lambda + \overline{x^o} \\ y_k^g = Y^g \lambda - \overline{y^g} \\ y_k^b = Y^b \lambda + \overline{y^b} \\ \overline{x_k^e} \geqslant 0, \overline{x_k^o} \geqslant 0, \overline{y^g} \geqslant 0, \overline{y^b} \geqslant 0, \lambda \geqslant 0 \end{cases} \quad (7\text{—}2)$$

当把其他投入产出要素都控制住时，相对于技术前沿面而言，一个城市的环保支出冗余（即无效支出）越少，且污染排放冗余（即无效排放）也少，则其环保支出效率越高；反之则反。当其环保支出冗余和污染排放冗余都为 0 时，其环保支出具有完全效率。

二、环保支出效率测度的投入与产出

根据佩德拉贾·查帕罗（Pedraja-Chaparro）的指标选取原则，样本容量、投入产出指标数量以及投入产出相关性会直接影响效率评价结果。[1]因此，选取全面、客观的投入产出指标对于科学评价环保支出效率十分重要。多数学者在研究地方政府的环保支出效率时，仅考虑了地方政府环保支出的相关变量。孙开和孙琳（2016）、郑尚植和宫芳（2015）选取地方政府的环保支出规模作为唯一的投入指标；潘孝珍（2013）采用人均环境保护支出作为投入指标；刘穷志（2018）则把节能环保支出占一般公共预算支出的比重作为投入指标。[2]然而，对于一个城市而言，其整体的生产方式以及资本、劳动、资源禀赋等因素都会影响到环境治理，影响其污染

---

[1]　Pedraja-Chaparro, F., P. Smith & J. Salinas-Jimenez, "On the Quality of the Data Envelopment Analysis Model", *Journal of the Operational Research Society*, Vol.50, No. 6（1999）, pp. 636-644.

[2]　孙开、孙琳：《基于投入产出率的财政环境保护支出效率研究——以吉林省地级市面板数据为依据的 DEA-Tobit 分析》，《税务与经济》2016 年第 5 期；郑尚植、宫芳：《中国式分权、地方官员自利行为与环境治理效率——基于 Dea-Tobit 面板数据的实证研究》，《上海经济研究》2015 年第 4 期；潘孝珍：《中国地方政府环境保护支出的效率分析》，《中国人口·资源与环境》2013 年第 11 期；刘穷志、李岚：《长江经济带环保支出效率测度》，《工业技术经济》2018 年第 12 期。

排放规模，仅从狭义层面衡量其环保支出效率无疑是有偏的。为消除上述偏差，应同时将环保支出与经济体的其他生产要素一同纳入考量，采用全要素投入产出分析框架对环保支出效率进行测度。

基于以上理由，除环保支出（EE）以外，投入指标还包括资本、劳动力、水资源、能源消耗等，分别采用固定资本存量（K）、全社会就业人员年末数（L）以及由全社会用水量（W）、全社会供电总量（E）来衡量。[1]其中，资本存量采用永续盘存法进行估算，基期为 2013 年，折旧率为 9.6%。期望产出为地区国内生产总值（GDP），并借鉴李国祥等的研究，选取"三废"为非期望产出指标，即工业废水排放量（WW）、工业二氧化硫排放量（SO_2）和工业烟（粉）尘排放量（SD）。[2]

三、环保支出绩效的影响因素选择

财政自主度（FD）：财政分权是指中央政府赋予地方政府在税收管理和预算执行方面一定的自主权，代表中央政府和地方政府之间的资金分配关系。现有文献衡量财政分权的方法不尽相同，主要分为三类：收入指标、支出指标以及财政自主度指标，具体可归纳如表 7—1 所示。根据陈硕和高琳（2012）对以上三类财政分权衡量指标的对比分析结论，收入指标和支出指标适用于描述中央地方财政关系的跨时变化，而财政自主度更能反映跨地区差异。[3]为了准确分析新安江流域的区域差异，并且确保所选指标能够较好体现地方政府的财政支出压力，故选取本级预算内财政收支比例来衡量财政自主度。

---

① Huang, Y., L. Li & Y. Yu, "Does Urban Cluster Promote the Increase of Urban Eco-Efficiency? Evidence from Chinese Cities", *Journal of Cleaner Production*, Vol.197（2018）, pp. 957–971.

② 李国祥、张伟：《环境分权、环境规制与工业污染治理效率》，《当代经济科学》2019 年第 3 期。

③ 陈硕、高琳：《央地关系：财政分权度量及作用机制再评估》，《管理世界》2012 年第 6 期。

表 7—1　财政分权衡量指标梳理

指标类型	指标公式	代表性文献
收入指标	地方本级预算内财政收入 / 中央本级预算内财政收入	何德旭和苗文龙，2016；朱浩等，2014[①]
支出指标	地方本级预算内财政支出 / 中央本级预算内财政支出	陈菁和李建发，2015；林春，2017[②]
财政自主度指标	本级预算内财政收入 / 本级预算内财政总支出	朱恒鹏，2004；龚锋和卢洪友，2009[③]

政府干预（MC）：由于各地区的市场化程度不同，各地级政府对资源配置的干预水平存在明显差异。在借鉴于文超等人研究的基础上，采用如下方式来衡量政府干预度：[④]

$$政府干预（MC）= \frac{地方政府预算内支出}{地区生产总值} \qquad (7—3)$$

除此以外，选取产业结构、创新水平、人口密度等作为控制变量。

产业结构（IS）：产业结构对区域污染排放规模具有重要影响。与其他产业相比，第三产业对资源的依赖性较小，产生的污染物也较少。因此一个地区的第三产业比例越高，其产生的"三废"越少，那么就只需要政府更少的环境保护资金就可以达到改善当地环境的目的。故采用第三产业增加值占地区 GDP 的比重来衡量产业结构，该因素对环保支出效率的影响预期为正。

---

①　何德旭、苗文龙：《财政分权是否影响金融分权——基于省际分权数据空间效应的比较分析》《经济研究》2016 年第 2 期；朱浩、傅强、魏琪：《地方政府环境保护支出效率核算及影响因素实证研究》，《中国人口·资源与环境》2014 年第 6 期。

②　陈菁、李建发：《财政分权、晋升激励与地方政府债务融资行为——基于城投债视角的省级面板经验证据》，《会计研究》2015 年第 1 期；林春：《财政分权与中国经济增长质量关系——基于全要素生产率视角》，《财政研究》2017 年第 2 期。

③　朱恒鹏：《地区间竞争、财政自给率和公有制企业民营化》，《经济研究》2004 年第 10 期；龚锋、卢洪友：《公共支出结构、偏好匹配与财政分权》，《管理世界》2009 年第 1 期。

④　于文超：《公众诉求、政府干预与环境治理效率——基于省级面板数据的实证分析》，《云南财经大学学报》2015 年第 5 期。

创新水平（*INN*）：技术创新在很大程度上会影响环境保护水平，进而影响环保支出效率。大量研究表明，政府用于科技创新的支出对全要素生产率有显著的促进作用，进而促进生产技术进步，减少能源的使用和污染物的排放。[1] 故采用科技和教育事业费用的总和来衡量创新程度，该因素对环境保护支出效率的作用方向预期为正。

人口密度（*PD*）：地区的人口密度对政府的环保支出效率也有一定影响。一般来说，人口密度越大，政府需要提供的服务和公共品会越多，在环境保护这方面的支出和投入也会更多，环保支出效率会同时受到人口集聚带来的"规模效益"和"拥堵效应"的影响。大量研究表明人口密度与环保支出效率有关，但实证结果却不一致，甚至完全相反。[2] 为了进一步探讨人口密度对环保支出效率的影响，将其作为控制变量之一进行考察。

四、研究区域、数据来源与回归模型设定

新安江流域横跨安徽浙江两省，主要涉及黄山市和杭州市，样本量相对较小。为增加前沿面构建的稳健性和进一步开展上下游对比，实证检验将下游嘉兴市的各县区一并纳入，黄山市、杭州市和嘉兴市共有 21 个县级单元，研究时期为 2013—2018 年。所用数据来源于历年的《中国城市统计年鉴》、各市（县）统计年鉴、各城市财政局年度决算报告以及 *EPS* 数据库。为消除价格波动的影响，所有货币变量均使用相应的物价指数调整为以 2013 年为基期。表 7—2 列出了所有指标的描述性统计量。

---

[1] 李静、彭飞、毛德凤：《研发投入对企业全要素生产率的溢出效应——基于中国工业企业微观数据的实证分析》，《经济评论》2013 年第 3 期；柳剑平、程时雄：《中国 R&D 投入对生产率增长的技术溢出效应——基于工业行业 (1993 ~ 2006 年) 的实证研究》，《数量经济技术经济研究》2011 年第 11 期。

[2] 潘孝珍：《中国地方政府环境保护支出的效率分析》，《中国人口·资源与环境》2013 年第 11 期；刘冰熙、王宝顺、薛钢：《我国地方政府环境污染治理效率评价——基于三阶段 BootstrappedDEA 方法》，《中南财经政法大学学报》2016 年第 1 期；朱浩、傅强、魏琪：《地方政府环境保护支出效率核算及影响因素实证研究》，《中国人口·资源与环境》2014 年第 6 期。

表7—2　数据描述性统计

	变量名称	变量说明	平均数	标准差	最大值	最小值
投入指标	EE	财政环保支出（万元）	38349.77	69071.27	350151.00	600.00
	K	资本存量（亿元）	529.25	942.89	5704.93	29.78
	L	年末全社会就业人员数（万人）	274.62	2410.81	27204.14	6.72
	W	工业用水量（万吨）	30078.22	56714.51	300700.00	30.80
	E	工业用电量（万千瓦时）	516598.97	808882.58	3977200.00	3571.00
产出指标	WW	工业废水排放量（万吨）	3347.10	5643.97	32469.30	5.80
	SO_2	工业二氧化硫排放量（吨）	5527.64	8571.12	53988.29	23.00
	SD	工业烟（粉）尘排放量（吨）	2986.34	5325.50	42989.96	2.00
	GDP	地区实际生产总值（亿元）	913.25	2038.28	12506.10	23.01

由于环保支出效率取值基本位于0到1之间，属于截断数据，所以采用 Tobit 模型来研究环保支出效率的影响因素。该模型的具体形式如下：

$$FEEE_{it}^* = \begin{cases} FEEE_{it} & FEEE_{it} > 0 \\ 0 & FEEE_{it} < 0 \end{cases} \qquad (7—4)$$

$$FEEE_{it}^* = C + X^{'}\beta_\gamma + \varepsilon_{it}$$

式（7—4）中，$FEEE_{it}$ 代表环保财政支出效率，i 代表各个城市，t 代表不同的年份，$X^{'}$ 代表不同的影响因素，β_γ 是待估计的参数向量，ε_{it} 为随机扰动项，C 为常数项。

第三节 新安江流域财政环保支出绩效的评价结果及时空特征

根据式（7—2）构建全要素生产前沿面进行测算，2013—2018 年新安江流域 21 个县级行政区的环保支出效率如表 7—3 所示。

表 7—3 2013—2018 年新安江流域财政环保支出绩效

区县	2013	2014	2015	2016	2017	2018	年均
黄山区	1.330	1.020	0.932	1.105	0.706	0.600	0.949
徽州区	1.067	0.884	1.012	1.316	0.824	0.778	0.980
屯溪区	0.459	0.716	1.067	1.018	0.858	1.039	0.860
黟县	0.383	0.373	0.414	1.483	0.266	0.533	0.576
休宁县	0.766	0.891	1.226	1.018	0.765	0.800	0.911
歙县	0.662	0.632	1.034	0.808	0.758	1.011	0.818
祁门县	1.016	1.014	1.035	1.335	0.644	0.644	0.948
淳安县	1.049	0.783	0.896	1.104	0.824	1.031	0.948
建德市	0.722	0.575	0.653	0.582	0.540	0.555	0.604
桐庐县	1.117	0.686	1.051	0.764	0.733	1.084	0.906
富阳市	0.628	0.548	0.564	0.643	0.616	0.617	0.603
海盐县	1.411	1.067	1.055	0.816	1.020	1.059	1.071
临安区	1.047	0.586	0.758	0.807	0.640	0.557	0.732
杭州市区	0.761	0.840	1.049	0.951	1.053	0.607	0.877
余杭区	0.773	0.697	1.016	0.701	0.906	1.086	0.863
萧山区	0.300	1.015	1.027	0.589	0.699	0.660	0.715
嘉善县	0.858	0.855	0.824	0.827	0.938	0.862	0.861
平湖市	1.047	0.888	1.008	0.807	0.770	0.827	0.891
嘉兴市区	1.128	0.908	0.829	0.668	0.818	0.778	0.855
桐乡县	0.842	0.794	0.787	0.669	0.818	1.015	0.821
海宁市	1.056	0.753	1.239	0.716	0.892	1.038	0.949
平 均	0.877	0.787	0.927	0.892	0.766	0.818	0.845

　　新安江流域环保支出绩效在空间内分布不均匀，下游城市的绩效值相比于中上游城市更高一些，但是波动较大，并非特别显著。具体而言，2013 年，新安江流域上中下游城市的总体环保支出绩效没有高低之分，高绩效城市与低绩效城市在地理上是相邻的，这表明跨省级层面的指导和协调能力不够强，完全依靠地级市本身治理。2014 年，新安江上游和下游获得领先优势，但总体环保支出绩效均不高，整个杭州市的环保绩效都出现倒退，优势逐渐消失；黄山区和海盐县倒退更为明显，但屯溪区和萧山市的环保支出绩效有较大幅度的提高。2015—2016 年，新安江中下游的环保绩效出现回升，尤其是黟县提升幅度非常大，在 2016年和祁门县、徽州区成为整个新安江流域环保绩效最高的地区，嘉兴市总体呈现小范围内上下波动的态势。2017—2018 年，整个新安江流域的环保绩效总体下降，黟县在 2017 年又回落到 0.27，为整个新安江流域最低。从市级层面出发，黄山市一直处于较为领先的位置，部分地区较为稳定，部分地区的环保支出绩效波动非常大；嘉兴和杭州不分伯仲，少有到达 1.3—1.5 档的区县，0—0.5 档同样少有，大部分区县在中间水平上下波动。

　　总之，在新安江流域各区县中，祁门县和黄山区的环保支出绩效多年位居榜首。2013—2018 年，黄山区和祁门县有 4 年效率值大于 0.9，说明该地区环保资金的配置效率与帕累托最优状态十分接近。结合原始数据进行分析后发现，其原因主要在于 2013—2018 年祁门县和黄山区的"三废"排放量在稳步下降。这表明在流域生态补偿制度实施以来，祁门县和黄山区在严格执行污染物排放新标准，严控污染型企业迁入等方面落实得也较到位，在东部沿海地区高污染企业内迁的背景下实现了水污染物的有效减排，提升了地方政府的环保支出绩效。

　　与此同时，2013—2018 年，新安江流域财政环保支出绩效整体呈现水平波动态势，变化较小。如图 7—1 所示，黄山市的环保支出绩效变化幅度较大，总体呈先升后降再升的趋势；嘉兴市总体呈现先降后升的趋势，但波动幅度并不大；杭州市相对来说变化幅度较小，且稳定在一个较高水平。具体而言，黄山市的环保支出绩效在2014—2016年呈现快速上升，绩效值接近1，而在2016—2017年出现了断崖式下降的现象。嘉兴市在2013—2014年呈下降趋势，在2014—2015年则有一个小幅度上升，而在2016—2018年则逐渐呈现稳步上升的趋势。同时期，杭州市环保支出绩效长时间稳定于相对较高水平，一直在0.8左右上下浮动。从时间趋势图看，各地的环保支出绩效在六年间有所下降，因此亟须通过政策等手段来改善新安江流域财政环保支出效率。

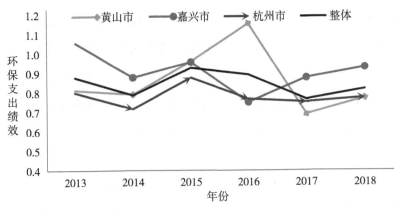

图7—1 2013—2018年新安江流域环保支出绩效时间趋势图

第四节 新安江流域财政环保支出绩效的驱动因素分析

以已测算得到的新安江流域各区县的环保支出效率（$FEEE_{it}^{*}$）作为被解释变量，财政自主度（FD）和政府干预（MC）作为核心解释变量，同时加入产业结构（IS）、创新水平（INN）以及人口密度（PD）作为控制变量，并对个体效应和时间效应同时进行控制，建立受限因变量Tobit模型如下：

$$FEEE_{it}^* = C + \beta_1 FD_{it} + \beta_2 MC_{it} + \beta_3 IS_{it} + \beta_4 INN_{it} + \beta_5 PD_{it} + \mu_i + \lambda_t + \varepsilon_{it}$$

$$（7—5）$$

式（7—5）中，$FEEE_{it}^*$ 为环保支出效率；C 为截距项；β_1—β_5 为各解释变量的系数；i 代表各个城市；t 代表不同的年份；μ_i 表示不随时间变化的个体效应项；λ_t 表示不受个体影响的时间效应项；ε_{it} 表示随机扰动项。

利用 2013—2018 年新安江流域 21 个县级单元的数据，采用 STATA15.0 软件根据式（7—5）进行 Tobit 回归。鉴于需要通过对已有数据进行一系列检验来确定应选用混合模型、随机效应模型还是固定效应模型，表 7—4 给出了：（1）采用混合模型（Pooled）进行普通最小二乘（OLS）回归的结果；（2）假设模型存在个体效应时的随机效应模型（RE）回归结果；（3）假设个体效应在组内是固定不变的固定效应模型（FE）回归结果。

表 7—4 三种模型的回归结果对比

变量	(1)	(2)	(3)
	OLS	RE	FE
财政自主度	0.00171***	0.00077*	0.00084
	(0.000)	(0.081)	(0.170)
政府干预	−0.00675***	−0.00191**	−0.00210
	(0.000)	(0.012)	(0.429)
产业结构	0.00303***	0.00194**	0.00189**
	(0.000)	(0.003)	(0.022)
创新水平	0.00058***	0.00067***	0.00082***
	(0.000)	(0.000)	(0.001)
人口密度	0.00010	0.00006	−0.00004
	(0.101)	(0.555)	(0.933)
年份效应	控制	控制	控制
N	126	126	126

注：***、**、* 分别表示在 1%、5%、10% 的统计水平上显著。

　　为了确定回归模型的具体类型，第一步需要判断模型是否存在个体效应，LR 检验可以用于判断选择混合模型还是随机效应模型，检验得到的 p 值为 0.000，拒绝原假设，即证明模型存在个体效应，混合回归的结果存在偏误，应选用随机效应模型。第二步需要判断模型是随机效应还是固定效应。通过 Hausman 检验，发现其对应的 P 值为 0.064，拒绝原假设，说明应选用固定效应模型进行分析。从表 7—4 的回归结果看，财政自主度（FD）、政府干预（MC）、产业结构（IS）以及创新程度（INN）这四个影响因素均通过显著性检验。其中，产业结构（IS）和创新程度（INN）回归系数为正，财政自主度（FD）和政府干预（MC）的回归系数为负。此外，人口密度（PD）并没有通过显著性检验。

　　从财政自主度这一因素出发，其回归系数为正，且在 10% 的水平上显著。这表明财政自主度与地方政府的环保支出效率正向相关。该结论与原假设一致，且与国内部分省级层面的环保支出研究结论相同。在财政分权的背景下，财政自主度较低的地方政府更依赖于上级财政转移支付，从而更倾向于与上级政府偏好保持一致而非完全基于地方实际情况进行资源配置。为了追求政绩，其更愿意将资金用于短期内提高环保水平的项目，忽略环保资金使用的效率和环保投入的可持续性。

　　政府干预的系数估计值为负，且在 5% 的水平上显著。这表明地区的政府干预对地方政府的环保支出效率有负面的影响。该结论与原假设一致，地方政府干预的程度越低，该地区资源配置效率相应更高。近年来环保产业市场化程度不断提高，环保项目的规模化、专业化经营可以在很大程度上改变传统由各地政府分散自行实施环境项目的局面，还可以降低政府配置资源的高昂成本，从而在技术上、管理上、治理水平上有了大幅度提升。环境产业的进一步开放以及开放后效率不断提高已经成为了一种历史趋势，政府应该鼓励环保产业的市场化，减少干预。

　　产业结构的系数估计值为正，且在 1% 的水平上显著。这说明第三产业比重的上升可以正向影响环保资金的使用效率。该结论与原假设一致，且与大部分已有研究结论相同。由于资金和技术的限制，新安江流域部分地区仍以牺牲大量自然资源和破坏环境为条件发展农业和工业，这种生产方式会制约当地环境的可持续发展，增大地方政府污染治理的压力，降低环保资金使用效率。随着我国产业结构的不断调整转型，第三产业因为节约资源、环境友好而备受重视。在农业和工业的"高消耗、高污染"对比下，第三产业更加智能化和科技化，所以地方产业结构的变化在减少环境污染的同时降低生产成本，所需要的环境保护资金也越来越少，进一步提高地方政府的环保支出效率。

对创新程度进行分析时，其回归系数为正，且在1%的水平上显著。该这表明政府在科技和教育事业上的投入对地方政府的环保支出效率有正向影响作用。该结论与原假设一致。由于现阶段人才竞争越发激烈，当某些城市在科技和教育事业上的投入上具有优势时，一方面，可以促进技术创新，推进绿色发展；另一方面，有利于吸引人才的引进，推进创新型城市建设，着力打造"绿色环境"，加快实现"绿色转型"。

从人口密度出发，该因素与环保支出效率的相关性没有被证实，说明人口密度的增加和环保资金的使用效率没有明显关系。根据布坎南的俱乐部理论，一方面，人口密度的增大可以分摊一定的环境污染治理的成本；另一方面，当人口增多带来的拥挤成本超过可以分摊的环境污染治理的成本时，会威胁到资源承载能力，最终降低环保治理资金的效率值。因此，各地级市政府应合理控制该地区的人口数量，使之能够与该地区的环境资源相适应，才能更好地提高环保支出效率。

总之，新安江流域城市财政环保支出总体上存在着投入冗余现象，环保支出效率总体偏低。2013—2018年，新安江流域的环保支出效率基本呈现水平波动的趋势，但多数地区仍存在较大的改进空间。新安江流域各地级市的财政环保支出效率的平均值仅为0.35。从区域角度来分析，新安江流域地方政府环保支出效率存在区域间不均衡问题。从影响因素角度来看，财政分权度和政府干预对环保支出效率具有负面影响，而产业结构和创新程度对环保支出效率有显著的正向促进作用；人口密度对环保支出效率的影响为正并没有通过显著性检验，但也不能轻易忽视这一因素的影响。因此，这就需要：

（1）加快完善绿色发展评价体系，强化财政环保支出效率考评。我国中央—地方政府治理模式仍然存在缺陷，容易使地方政府在资金的分配中带有明显的机会主义和商业化倾向，所以各地级市政府应该对现有的环保管理机制进行创新改革。新安江流域各地级市应因地制宜，根据当地的自然环境和资源条件建立环境质量状况评价体系，将它纳入环境工作考核范围之内，优化地方政府政绩评价体系。同时，设立环保管理工作的监督评价机制，不仅可以对地方政府的工作效率予以监督，更是可以传达大众的声音，促使政府将有目的、有针对性地分配环保资金，把让环境保护工作落实到实处，真正改善当地的生态环境。

（2）优化财政支出责任划分，提升地方政府财政自主权。地方政府需要承担环境治理支出分配的主要责任，但分税制改革后，财权上移事权下移的现象日益严重，地方政府为弥补财政缺口优先发展经济，容易造成环境"逐底竞争"的局面。所以，地方政府应推动中央与地方财政事权和支出责任划分改革，科学地规划环保支出责任。同时，中央政府应加强新安江流域环境治理投入的统筹和协调力度，进一步缓解各地级市的财政压力，提高环保资金分配权重，确保地方政府有强大的"财权"去支持其有效地行使环境保护的"事权"。

（3）充分发挥市场机制，提高环境治理水平。各地政府应该鼓励环保产业的进一步开放，用市场化机制扩大私人部门在环保投资中的占比和提升环境治理效率。完善第三方治理制度体系，鼓励更多企业参与环保项目，加强征信管理，积极推动社会监督工作，加快构建"政府引导、市场驱动、社会监督"的生态环境治理体系。

（4）促进环保技术创新，优化财政支出结构。地区的技术创新水平会在一定程度上影响其财政环保支出效率，因此各地政府应积极顺应环保技术革新的趋势，加强与高校或者科研院所合作，充分运用先进的环境污染治理技术和设施。即使在财政资金投入规模不增长的情况下，也要实现环境治理水平的不断提升。此外，部分地区将中央政府的环保政策生搬硬套，或者简单套用其余地区的环境管理模式，只一味增加环保财政支出额度，却忽略了环境治理最终的成效，导致环保工作出现高投入低效率的状态。在各地方政府财政支出稳步增长的情况下，各级政府应针对当地的实际情况和存在的环境问题，合理配置财政资金。新安江流域各级政府应该优化财政支出结构，加强资金管理，进一步提高环保资金的规模效率，使环保财政支出真正达到改善环境的效果。

（5）综合协调外部影响因素，提高环保资金使用效率。由于新安江流域各地区的具体情况存在差异，所以各地级市政府在制定政策时需要深入分析地区的外部社会经济环境，根据已有的问题对政府资金进行有效的配置，并及时根据外部环境的变化对该制度进行修正。上游地区应大力发展绿色产业，引进人才，同时合理扩大环保支出规模，保证环境治理有条不紊地开展，但同时也要注意过高的人口密度可能会阻碍环保支出效率的提高。下游地区已经拥有较高的人均GDP，且经济稳步增长，有利于其政府的环保支出效率值，但是各地政府仍然需要平衡经济和环保的关系，贯彻绿色发展理念，才能同时提高环境效率和经济发展质量。

第八章　新安江流域上游居民接受生态补偿意愿及其偏好研究

新安江流域城市财政环保支出效率总体偏低的同时也面临普惠性亟须提高等问题。普惠的生态补偿不仅要增加上游居民的获得感，还要通过准确把握上游居民接受生态补偿意愿及其偏好让他们得以获得与生态增益行为贡献相匹配的补偿。本章以中国首个跨省流域生态补偿机制试点——新安江流域生态补偿为例，基于生态系统服务提供者的受偿意愿视角核算生态补偿标准，弥补基于补偿主体意愿评估研究较多而基于受偿主体意愿评估研究较少的不足；通过计量分析提出基于社会人口和环境感知特征差异的补偿分配模式，让上游居民获得与生态保护和环境治理贡献度相匹配的补偿，改善公众参与流域生态环境保护激励不足的情况；在多元受偿政策制定、生态环境保护的公众宣传成效等方面总结流域试点的情况，为进一步完善生态补偿政策提供思路和启示。

第一节　流域上游居民接受生态补偿的普惠性问题

党的十九大报告提出要加快生态文明体制改革，建设美丽中国，并把建立市场化、多元化生态补偿机制作为加大生态系统保护力度的重要制度安排。[①]中国河流水污染情况虽然有所改善，但是流域水污染问题依旧严峻。[②]为了兼顾流域生态保护和地区经济发展，流域生态补偿机制在"绿水青山"转化为"金山银山"中发挥着重要的作用。[③]流域生态系统是一个"山水林田湖草"生命共同体，具有跨行政区划、多类型生态系统在空间上并存的特征。[④]鉴于流域生态系统的复杂性，只有上下游同保共治，才能确保流域生态产品和服务的可持续供给，实现流域生态环境的持续改善。2016年12月，财政部、环境保护部、国家发展改革委和水利部联合发布《关于加快建立流域上下游横向生态保护补偿机制的指导意见》，提出要充分调动流域上下游地区的积极性，使保护自然资源、提供良好生态产品的上游地区得到合理补偿，促进流域生态环境质量不断改善。文件也要求生态补偿政策要保障流域内居民的利益。[⑤]流域生态补偿政策对于完善水治理体系和保障国家水安全具有重要的促进作用，但相关政策的制定和实施需要充分激发流域内居民参与生态补偿的意愿，流域内居民能否积极主动地参与生态补偿机制是多元主体生态补偿政策能否可持续实施的重要保障。[⑥]然而，生态补偿的普惠性备受质疑，上游居民往往面临未收到任何生态补偿资金的困惑。根据"谁保护谁受偿"原则，任何生态保护主体都应该成为受偿对象，而且应该基于保护投入程度差异化受偿。在明确

---

①　《决胜全面建成小康社会　夺取新时代中国特色社会主义伟大胜利》，《人民日报》2017年10月19日。

②　沈满洪：《河长制的制度经济学分析》，《中国人口·资源与环境》2018年第1期。

③　沈满洪：《习近平生态文明体制改革重要论述研究》，《浙江大学学报（人文社会科学版）》2019年第6期。

④　郑云辰、葛颜祥、接玉梅等：《流域多元化生态补偿分析框架：补偿主体视角》，《中国人口·资源与环境》2019年第7期；孔令桥、郑华、欧阳志云：《基于生态系统服务视角的山水林田湖草生态保护与修复——以洞庭湖流域为例》，《生态学报》2019年第23期；杨荣金、孙美莹、傅伯杰：《长江流域生态系统可持续管理策略》，《环境科学研究》2020年第5期。

⑤　王金南、刘桂环、文一惠：《以横向生态保护补偿促进改善流域水环境质量——〈关于加快建立流域上下游横向生态保护补偿机制的指导意见〉解读》，《环境保护》2017年第7期。

⑥　张化楠、葛颜祥、接玉梅等：《生态认知对流域居民生态补偿参与意愿的影响研究》，《中国人口·资源与环境》2019年第9期。

上游居民应该受偿且有受偿需求的基础上，研究解决生态补偿资金在流域上游居民间的分配问题迫在眉睫，这直接关系到上游居民是否能够因生态环境保护而普遍受惠。

现行的流域生态补偿制度安排主要有上下级政府间的纵向转移支付和同级政府间的横向转移支付两类。在政府主导的流域生态补偿实践中，补偿标准偏低使得公众参与生态环境缺乏获得感，补偿主体和受偿主体单一不能充分体现"谁保护、谁受偿；谁受益、谁补偿"原则。具体来说，因生态环境改善受益的下游居民没有为他们获得的生态产品足额付费，为生态环境改善作出突出贡献的上游居民没有因他们的环境保护努力而足额受偿。流域生态补偿资金在受偿主体间的分配和补偿主体间的分担是流域生态补偿标准研究的核心问题。[1] 现有的纳入公众参与的多元化、市场化生态补偿机制研究大多侧重于补偿主体端，在多元补偿主体框架、下游公众参与的生态补偿标准核算、生态补偿标准支付在各级政府和下游居民间的分担等方面展开了探索。[2] 针对作为受偿主体的流域上游居民的研究相对较少。当上游居民作为生态产品的提供者时，他们的福祉需要通过接受生态补偿予以弥补。[3] 居民接受生态补偿可以显著正向激励他们的生态保护行为。[4] 然而，居民可获得性较弱的生态补偿政策忽视和弱化了

---

① 丁振民、姚顺波：《区域生态补偿均衡定价机制及其理论框架研究》，《中国人口·资源与环境》2019 年第 9 期。

② 吴乐、孔德帅、靳乐山：《中国生态保护补偿机制研究进展》，《生态学报》2019 年第 1 期；王奕淇、李国平：《基于选择实验法的流域中下游居民生态补偿支付意愿及其偏好研究——以渭河流域为例》，《生态学报》2020 年第 9 期；王奕淇、李国平、马嫣然：《流域生态服务价值补偿分摊研究——以渭河流域为例》，《干旱区资源与环境》2019 年第 11 期；王大尚、李屹峰、郑华等：《密云水库上游流域生态系统服务功能空间特征及其与居民福祉的关系》，《生态学报》2014 年第 1 期。

③ 周晨、李国平：《流域生态补偿的支付意愿及影响因素——以南水北调中线工程受水区郑州市为例》，《经济地理》2015 年第 6 期。

④ 张文彬、华崇言、张跃胜：《生态补偿、居民心理与生态保护——基于秦巴生态功能区调研数据研究》，《管理学刊》2018 年第 2 期。

上游居民的权益，受偿主体的单一使得居民无法因参与流域生态保护和治理而合理受惠。流域生态补偿政策的制定需要充分突出对"最少受惠者"流域上游居民受偿权的保护，从量和质的角度了解受偿者的需求，让他们真正分享到生态增益行为带来的惠益。[①] 上游居民接受生态补偿需求的正确解读对于生态补偿标准的有效制定与差异化分配有着十分重要的意义。

一个能使上游居民受惠且符合上游居民偏好表达的生态补偿制度安排能更有效激励公众参与到生态环境保护中来，从而实现从单一政府向政府—公众共同参与环境治理的补偿制度安排转变，实现生态环境保护的多元主体有效参与。流域居民是否参与、如何参与生态补偿的行为决策是基于其社会人口和环境感知等特征所作出的偏好选择，其接受补偿与否以及补偿多少等需求不仅受客观存在的社会人口特征影响，还受主观环境感知特征的影响。[②] 科学制定补偿资金在受偿居民间的差异化分配安排需要理解这些特征是如何影响上游居民的受偿意愿。受偿意愿 (WTA) 是制定生态补偿标准的常用依据，研究认为它可以作为受访方合意的补偿标准上限。[③] 研究随后对上游居民参与生态补偿的意愿进行了解析，从而为补偿资金的差异化分配提供来自典型案例的实践经验。

---

① 谢玲、李爱年：《责任分配抑或权利确认：流域生态补偿适用条件之辨析》，《中国人口·资源与环境》2016 年第 10 期；丁斐、庄贵阳、朱守先：《"十四五"时期我国生态补偿机制的政策需求与发展方向》，《江西社会科学》2021 年第 3 期。

② Feng, D., L. Liang & W. Wu, et al., "Factors Influencing Willingness to Accept in the Paddy Land-to-Dry Land Program Based on Contingent Value Method", *Journal of Cleaner Production*, Vol. 183（2018）, pp. 392-402；Chu, X., J. Zhang & C. Wang, et al., "Households' Willingness to Accept Improved Ecosystem Services and Influencing Factors: Application of Contingent Valuation Method in Bashang Plateau, Hebei Province", *Journal of Environmental Management*, Vol. 255（2020）, pp. 1-10；庞洁、靳乐山：《基于渔民受偿意愿的鄱阳湖禁捕补偿标准研究》，《中国人口·资源与环境》2020 年第 7 期。

③ 潘美晨、宋波：《受偿意愿在确定生态补偿标准上下限中的作用》，《中国环境科学》2021 年第 4 期。

第二节　研究案例、问卷设计与受偿意愿评估方法

一、研究案例

新安江发源于黄山市休宁县，是安徽省内第三大水系，也是浙江省最大的入境河流和钱塘江的主要源头。新安江安徽段年均出境水量占到淳安县千岛湖年均入库水量的六成以上，上游黄山市与淳安县交界断面水质将直接决定重要饮用水功能区——淳安县千岛湖的水质。随着 2019 年年底千岛湖配水工程的正式通水，新安江流域的水生态环境质量不仅影响到下游钱塘江流域的水生态环境质量，更将直接影响下游杭州市、嘉兴市的饮用水安全。

新安江流域跨省横向生态补偿机制是全国首个跨省流域生态补偿机制试点，也是中国推进流域治理、环境治理和生态文明建设的重要制度创新。[①] 自 2012 年起，皖浙两省开展了新安江流域上下游横向生态补偿三轮试点。现行的新安江流域生态补偿机制主要是对政府的补偿，然而流域生态保护是各个主体共同努力的结果，按照"谁保护，谁受偿"的原则，应该对生态保护作出贡献的各个主体均予以补偿。不仅应该补偿作为保护者的政府，也应该补偿作为保护者的居民。本书将选择这一典型案例作为研究对象，为建立多元受偿的流域生态补偿机制提供微观经验证据。在研究案例中，虽然黄山市和淳安县同处于新安江流域上游，但是黄山市为安徽省辖，淳安县为浙江省辖，两者被省级行政区划边界分开。与此同时，淳安县受到了更为严格的环境规制。根据 2005 年开始施行、2015 年修订的《浙江省水功能区、水环境功能区划分方案》，淳安县 97.95% 的国土面积被划分为饮用水源保护区，根据《淳安县生态保护红线划定方案》，淳安

[①] 景守武、张捷：《新安江流域横向生态补偿降低水污染强度了吗？》，《中国人口·资源与环境》2018 年第 10 期。

县 80.05% 的国土面积被划为生态保护红线，禁止任何可能造成生态环境损害的开发活动。因此，后续研究进一步对黄山市和淳安县居民受偿意愿的异质性进行了探讨。

二、问卷设计

新安江流域上游地区实地调研使用的问卷主要由五个部分组成。在问卷的开头介绍了新安江流域跨界生态补偿试点实施信息以及问卷的评估目的，问卷的第一部分主要考察了受访者的社会人口特征，问卷第二部分着重考察受访者的环境感知情况。

问卷第三部分主要评估了新安江流域上游地区居民接受生态补偿的意愿以及他们对补偿方式的偏好。问卷首先询问了受访者作为新安江流域上游地区居民，是否需要货币生态补偿。随后进一步运用条件价值法设置核心问题，即通过接受高标准的生态环境保护约束（包括沿岸村镇畜禽养殖关停退养；沿岸网箱养殖、矿砂采筛全面取缔；沿岸村镇全面截污纳管；限制所有可能对水源带来污染的生产经营活动；淳安县 80.05% 的国土面积划定水源涵养生态保护红线，禁止大部分建设开发活动等），从而不仅改善本地区的生态环境（新安江黄山市、淳安县境内河流水质均已达到 II 类，远期目标全面达到河流 I 类），也为下游地区提供更高质量的生态产品（2019 年年底，千岛湖配水工程通水后，下游杭州市和嘉兴市将通过该工程每年取水 9.78 亿立方米等），您每月最低能接受的货币化生态补偿标准是多少（元 / 月 / 人）。通过支付卡式设问，最小受偿意愿的投标值被分为十档：200 元；400 元；600 元；800 元；1000 元；1200 元；1400 元；1600 元；1800 元；2000 元及以上。这一投标值挡位设置经过预实验测试合理。此外，还进一步识别了上游居民对生态补偿制度安排的偏好表达。

问卷第四部分对稳健性进行了评估。通过评估受访者对本次问卷填写中回答的准确程度把握以及此研究内容最终将被应用于政策实践的可能性等，进一步确保问卷数据真实可靠。问卷最后一部分由实地调查员填写，主要包括调查员当时所处的水质状况、天气状况和具体调查日期地点等信息。

三、有效样本选择

新安江流域上游黄山市和淳安县共辖乡镇104个，其中淳安县境内流域面积4349平方千米，黄山市境内流域面积5371平方千米。如表8—1所示，问卷样本抽样将按照流域面积占比权重随机地在淳安县和黄山市抽取样本乡镇10个，分别为淳安县的千岛湖镇、金峰乡、石林镇、宋村乡和黄山市的街口镇、王村镇、岩寺镇、屯光镇、东临溪镇、齐云山镇。随后进一步按照流域面积权重分配1000份计划抽样问卷，实际完成问卷1024份，实际问卷分布与计划抽样安排如表8—1所示。

表8—1　问卷计划抽样和实际有效分卷分布

随机抽样 乡镇名称	流域面积 （平方千米）	比例 （%）	计划抽样	实际访问	有效问卷	有效比例 （%）
淳安县千岛湖镇	408.34	31.75	317	321	188	58.57
淳安县金峰乡	152.62	11.87	119	119	83	69.75
淳安县石林镇	130.95	10.18	102	105	67	63.81
淳安县宋村乡	81.27	6.32	63	65	35	53.85
歙县街口镇	59.78	4.65	46	50	26	52.00
歙县王村镇	91.05	7.08	71	75	37	49.33
徽州区岩寺镇	88.74	6.90	69	69	43	62.32
屯溪区屯光镇	41.88	3.26	33	35	19	54.29
休宁县东临溪镇	118.45	9.21	92	95	47	49.47
休宁县齐云山镇	113.11	8.79	88	90	51	56.67
合计	1286.17	100.00	1000	1024	596	58.20

面对面问卷调查于 2019 年 12 月开展。在筛选有效问卷时，首先通过将核心受偿意愿问题的投标值逆序设问得到的最小受偿意愿值与正序设问得到的最小受偿意愿值进行比较，剔除受访者前后回答不一致的问卷。然后进一步通过评估受访者面对同样的假设场景时基本满意的受偿意愿，与之前得到的最小受偿意愿值进行比较，剔除受访者偏好表达非有序的样本。通过上述筛选后得到有效问卷 596 份，总体有效问卷比例约为 58.20%。如表 8—1 所示，淳安县金峰乡、石林镇问卷的有效比例较高。根据量表赋值结果，受访者回答的平均准确程度约为 3.96（0= 非常不确定→5= 非常确定），受访者认为本书最终应用于新安江流域跨界生态补偿定价决策的可能性约为 4.02（0= 完全不可能→5= 完全有可能）。

四、受偿意愿评估方法

条件价值法常用于评估环境物品及服务等具有非竞争性的公共物品的经济价值。条件价值法是在假想的市场条件下，以问卷调查的形式，直接询问受访者为使用或损害某种给定的生态产品和服务的最大支付意愿，或为失去或提供某种给定的生态产品和服务时愿意接受补偿的最小受偿意愿，以此来估计生态产品和服务的经济价值。[1] 条件价值法被广泛应用于流域上游居民最小受偿意愿评估和流域下游居民的最大支付意愿评估。[2] 考虑到样本地区受访者的年龄、教育水平等社会人口特征差异巨大，支付

---

[1]　陈红光、王秋丹、李晨洋：《支付意愿引导技术：支付卡式、单边界二分式和双边界二分式的比较——以三江平原生态旅游水资源的非使用价值为例》，《应用生态学报》2014 年第 9 期；沈满洪、毛狄：《海洋生态系统服务价值评估研究综述》，《生态学报》2019 年第 6 期。

[2]　张翼飞、刘宇辉：《城市景观河流生态修复的产出研究及有效性可靠性检验——基于上海城市内河水质改善价值评估的实证分析》，《中国地质大学学报（社会科学版）》2017 年第 2 期；张丽云、江波、甄泉等：《洞庭湖生态系统非使用价值评估》，《湿地科学》2016 年第 12 期；李长健、孙富博、黄彦臣：《基于 CVM 的长江流域居民水资源利用受偿意愿调查分析》，《中国人口·资源与环境》2017 年第 6 期。

意愿的评估应尽量选择普适的、简单直接的引导方法，因此在问卷调研中使用了支付卡式设问以询问受访者的最小受偿意愿。具体来说，最小受偿意愿的计算如式（8—1）所示：

$$E(WTA) = \sum_{i=1}^{n} B_i P_i \qquad (8—1)$$

式（8—1）中，B_i 是受访居民 i 的最小受偿意愿（WTA）投标值，P_i 是样本中受访居民选择投标值 B_i 的频率，$E(WTA)$ 是样本中上游居民平均最小受偿意愿值。

第三节 新安江流域上游居民受偿主体的社会人口与环境感知特征

一、新安江流域上游居民的社会人口特征

新安江流域上游地区受访居民的社会人口特征如表 8—2 所示。描述统计表明，受访居民女性人数占比达到 57.7%，略多于男性。受访居民平均年龄约为 47.0 岁，且 93.3% 的受访居民均为已婚状态。绝大部分（94.1%）的受访居民没有接受过高等教育，这可能和受访居民的农业户口比例较高有关，城镇居民比例仅有 20.5%。受访居民的个人税后可支配收入平均约为 2392.6 元 / 月，其中淳安县受访居民平均约为 2260.1 元 / 月，黄山市受访居民平均约为 2614.3 元 / 月，样本收入水平情况与真实情况吻合。受访居民平均家庭成员人数约为 4.7 人，其中平均有 2.3 名家庭成员外出务工，家庭成员外出务工比例高达 48.9%。可见新安江流域上游地区居民的本地就业竞争力羸弱，受访居民接近半数的家庭成员选择外出打工。

表8—2　新安江流域上游地区受访居民的社会人口特征

社会人口特征	总样本	淳安县	黄山市
女性受访者的比例（%）	57.7	54.4	63.2
平均年龄（岁）	47.0	49.6	42.7
已婚比例（%）	93.3	95.2	90.1
初中毕业受访者比例（%）	74.8	71.0	81.2
高中毕业受访者比例（%）	30.2	30.3	30.0
大学毕业受访者比例（%）	5.9	2.9	10.8
个人税后可支配收入（元/月）	2392.6	2260.1	2614.3
十年前个人税后可支配收入（元/月）	1494.1	1498.7	1486.4
城镇居民比例（%）	20.5	19.6	22.0
平均家庭成员数（人）	4.7	4.6	4.9
平均家庭外出务工人数（人）	2.3	2.4	2.1

二、新安江流域上游居民的环境感知特征

在受访居民的环境保护意识方面，大部分的受访居民（79.20%）愿意投入时间参与环保志愿活动，上游地区居民投入时间参与环保活动的意愿较为强烈。然而实际上超过半数（54.19%）的受访居民均表示没有实际参与过环保志愿活动。这与受访居民之前较为积极的生态环境保护公众参与意识表达出现了矛盾，这可能是由于目前生态环境治理的公众参与渠道较为匮乏，从而使得许多受访居民志愿参与环保活动的意愿没有机会得以付诸实践，也可能是上游居民夸张表达了他们志愿参与环保活动的意向。

就本地区的生态环境而言，超过半数（59.9%）的受访居民认为近三年以来本地河流水质状况出现了改善，即相对多数的受访居民真切感受到了近年来新安江流域生态环境治理投入带来的水生态环境改善成效。相对黄山市受访者（54.26%）而言，更多的淳安县受访者（63.27%）认为近三

年来本地水生态环境状况在逐渐变好。结合实际情况来看，2019 年新安江流域黄山市境内河流水质 8 个监测断面水质均达到 II 类，淳安县境内河流 88 个监测断面水质有 59 个达到了 I 类，剩余 29 个监测点断面水质也达到了 II 类，新安江流域淳安县境内河流水质的检测情况优于黄山市。这与两地居民的主观感知表达吻合。

在受访居民感知的环境治理强度方面，仅有 11.24% 的受访居民认为本地政府环境治理的财政负担非常重，大部分居民认为环境治理并没有对地方财政产生较为严重的负担。然而从实际情况来看，2012—2018 年黄山市投入超过 120.6 亿元推进新安江生态环境综合治理，而 2018 年度全市地方财政收入仅 113.85 亿元。① 淳安县 2010—2018 年生态环保财政投入就达到了约 96.71 亿元，而 2018 年地方财政收入仅 19.50 亿元。居民感知的政府环保投入负担与实际地方政府环保投入负担存在较大的不匹配性。仅有 7.72% 的受访者非常了解"本地政府近年来投入了大量资金治理水生态环境"这一实情，大部分的受访居民对实际情况不甚了解。居民对政府环境保护投入情况的低知悉性直接导致了居民感知的政府环保投入负担与实际地方政府环保投入负担存在较大的不匹配性。

就受访居民近年来生产生活受到环境规制的情况而言，超过九成（94.30%）的受访居民认为他们的日常生活、生产活动受到了环境规制限制，其中约 1/3 受访居民受到严格限制，可见近年来新安江流域水环境治理带来的严格网箱养殖取缔、严控采沙、严禁垂钓、严防船舶污水上岸、严拆违章建筑等整治措施确实影响了上游居民的日常生活、生产活动。分区域来看，处于相对下游地区的淳安县居民受到的环境规制强度反而要高于黄山市居民。

---

① 吴江海：《新安江试点给我们带来什么》，《安徽日报》2018 年 4 月 23 日。

三、新安江流域上游居民接受生态受偿意愿评估及补偿标准测算

首先对新安江流域上游居民是否真实存在接受生态补偿的需求进行判断，问卷询问了受访居民在被告知场景下，选择是否需要货币生态补偿，如果选择不同原因下的"无须受偿"选项，则认为受访居民没有接受生态补偿的意愿。随后进一步确定没有意愿接受生态补偿的上游居民是否真的没有接受生态补偿的需求，通过询问受访居民近年来是否拿到过与生态补偿相关的政府补助并且在问卷中提供相关补助类别供其参考，如果有，则认为前序回答没有需要接受生态补偿的居民存在真实的受偿需求；如果没有，则确定前序回答没有需要接受生态补偿的居民是真实无受偿需求者，最小受偿意愿值为零。

在确定了最小受偿意愿值为零的受访居民后，进一步描述统计新安江流域上游受访居民的最小受偿意愿如表8—3所示。大部分（90.60%）的受访居民在确定本地区需要加大环保投入、接受更高标准的环境规制时，都有接受生态补偿的需求。只有约9.40%的受访居民表示不需要接受生态补偿，其中大部分（91.07%）居民认为无须接受补偿是因为保护环境是他们理所应当的行为，少数居民（8.93%）认为无须接受补偿的原因是自己现在的收入水平足够，可见环保意识是无须受偿者行为选择的决定性因素。

表8—3 黄山市和淳安县城镇、农村户籍居民接受生态补偿意愿分布

WTA 投标值（元/月）	黄山市城镇居民样本频数/频率	黄山市农村居民样本频数/频率	淳安县城镇居民样本频数/频率	淳安县农村居民样本频数/频率
0	14/28.57%	17/9.77%	5/6.85%	20/6.67%
200	5/10.20%	15/8.62%	4/5.48%	4/1.33%
400	4/8.16%	26/14.94%	6/8.22%	14/4.67%

续表

WTA 投标值（元/月）	黄山市城镇居民样本频数/频率	黄山市农村居民样本频数/频率	淳安县城镇居民样本频数/频率	淳安县农村居民样本频数/频率
600	9/18.37%	45/25.86%	12/16.44%	48/16.00%
800	5/10.20%	21/12.07%	9/12.33%	51/17.00%
1000	5/10.20%	25/14.37%	17/23.29%	65/21.67%
1200	0/0.00%	2/1.15%	2/2.74%	21/7.00%
1400	0/0.00%	0/0.00%	0/0.00%	2/0.67%
1600	1/2.04%	2/1.15%	3/4.11%	10/3.33%
1800	1/2.04%	8/4.60%	3/4.11%	7/2.33%
2000 以上	5/10.20%	13/7.47%	12/16.44%	58/19.33%
合计	49/100%	174/100%	73/100%	300/100%

根据公式（8—1），新安江流域上游居民平均最小受偿意愿值约为 911.75 元/月，其中黄山市居民平均最小受偿意愿约为 711.21 元/月，淳安县居民平均最小受偿意愿约为 1031.64 元/月。基于黄山市居民平均最小受偿意愿值的生态补偿规模约为 $\frac{711.21 \times 12 \times 142.1}{10000} \approx 121.28$ 亿元，基于淳安县居民平均最小受偿意愿的生态补偿规模约为 $\frac{1031.64 \times 12 \times 35.8}{10000} \approx 44.32$ 亿元。比较发现，居住在相对黄山市下游地区的淳安县居民的平均最小受偿意愿反而显著高于黄山市居民的平均最小受偿意愿，流域上游地区居民的主观受偿意愿值并不一定随着所处区位更接近下游而逐渐减少。

根据 2019 年黄山市和淳安县统计年鉴，截至 2019 年年末，黄山市常住人口 142.10 万人，其中城镇人口 74.59 万人，农村人口 67.51 万人；淳安县常住人口 35.80 万人，其中城镇人口 8.46 万人，农村人口 27.34 万人。根据表 8—3 的最小受偿意愿分布，结合公式（8—1），黄山市城镇居民平均最小受偿意愿约为 620.41 元/月，黄山市农村居民平均最小受偿意愿约为 736.78 元/月；淳安县城镇居民平均最小受偿意愿约为 975.34 元/月，淳安县农村居民平均最小受偿意愿约为 1045.33 元／月。基于不同评估方法的生态补偿标准测算研究认为新安江上游地区获得的生态补偿资金远低于上游地区环境整治的投入与发展的机会成本，如表 8—4 所示。[①] 表 8—4 表明本书结果是稳健的，至少数量级上一致。值得指出的是，基于不同评估方法的生态补偿标准测算结果通常存在差异，补偿标准的制定需要综合考虑科学数据的客观测算值以及补偿和受偿主体的主观意愿值。接受意愿值可以被认为是补偿的最合意上限，能够真实反映上游居民的生态补偿普惠诉求。

表 8—4　基于不同方法的新安江流域生态补偿标准评估值

作者	评估数据年份	评估方法	评估区域	补偿标准值（亿元）
李婧（2017）	2013	流域水质改善成本法 生态系统服务价值法	黄山市	8.02—137.64 61.08
李坦等（2017）	2015	机会成本法；生态系统服务价值法；支付意愿法	黄山市	22.00—77.98
杨兰等（2020）	2017	机会成本法；生态系统服务价值法	黄山市	44.25
沈满洪等（2019）	2016；2017	机会成本法；排污权价格法；水权交易法；合成控制法；支付意愿法	淳安县	11.11—28.40
陈琳（2018）	2017	水资源价格法	千岛湖配水工程	70.96
本书（2021）	2019	条件价值法（接受意愿法）	黄山市 淳安县	121.28 44.32

---

① 李婧：《新安江流域生态补偿标准计算方法研究》，硕士学位论文，哈尔滨工业大学，2017 年，第 34—64 页；李坦、范玉楼：《新安江流域生态补偿标准核算模型研究》，《福建农林大学学报（哲学社会科学版）》2017 年第 6 期；杨兰、胡淑恒：《基于动态测算模型的跨界生态补偿标准研究——以新安江流域为例》，《生态学报》2020 年第 17 期；沈满洪、谢慧明：《绿水青山的价值实现》，中国财政经济出版社 2019 年版，第 123—162 页；陈琳：《新安江流域生态补偿的机制与对策研究》，硕士学位论文，中共浙江省委党校，2018 年，第 28—34 页。

第四节　新安江流域上游居民受偿意愿的影响因素分析

一、社会人口和环境感知特征对上游居民接受生态补偿意愿的影响

运用 Tobit 回归模型分别选择新安江流域上游居民的社会人口特征因素和环境感知因素对受访居民的最小受偿意愿值进行了回归分析。回归结果如表 8—5 所示，在单独对社会人口特征因素进行分析时，年龄越大的受访者往往希望获得更高的补偿资金。从量化结果来看，生态补偿资金分配标准应随上游居民年龄每增加 1 岁而增加 7.39 元 / 月。与此同时，受访居民的最小受偿意愿随着收入和家庭成员数的增加而增加，额外上游居民家庭人口的边际补偿诉求为 37.18 元 / 月。此外，农村户口的受访者相对非农村户口的受访者有更高的受偿需求。在制订补偿资金分配方案时，分配给农村居民的补偿标准应该比城镇居民高 154.34 元 / 月。然而，受访居民的性别、婚姻状况和受教育水平对他们的最小受偿意愿没有显著的影响。总之，政策制定者在制定受偿标准分配时，应该给予高龄且家庭成员较多的上游农村居民相对更高的补偿标准，并且补偿标准随他们收入水平的增加而适当提高，收入变化带来的受偿意愿边际变化约为 0.04。

表 8—5　新安江流域上游居民接受生态补偿影响因素的回归结果

解释变量	筛选后有效样本		全样本	
	参数估计量（标准差）	参数估计量（标准差）	参数估计量（标准差）	参数估计量（标准差）
常数项	250.594（290.325）	8.749（314.317）	527.862***（192.529）	447.199**（207.201）
社会人口特征变量				
性别（女性 =1）	-68.015（69.167）	-56.220（66.685）	-53.280（46.973）	-54.124（45.811）
年龄	7.388**（3.604）	0.661（3.625）	5.862**（2.337）	1.746（2.427）

续表

解释变量	筛选后有效样本		全样本	
	参数估计量（标准差）	参数估计量（标准差）	参数估计量（标准差）	参数估计量（标准差）
婚姻状况（已婚=1）	8.007（144.106）	70.040（139.200）	-8.246（93.463）	39.798（91.045）
户口情况（农村户口=1）	154.336*（87.926）	135.394（83.973）	36.381（59.103）	15.098（57.288）
收入水平（元/月）	0.042*（0.025）	0.047**（0.024）	0.023（0.017）	0.024（0.016）
教育水平	-17.218（49.912）	-51.174（49.399）	-29.109（32.965）	-48.483（32.634）
家庭人口数	37.177*（20.577）	44.018**（19.918）	22.263（13.706）	25.906*（13.418）
环境感知变量				
环境改善感知（1—5）		-10.612（29.171）		-27.052（20.730）
政府环境治理投入悉知（1—5）		-39.264（35.298）		-27.151（24.538）
受环境规制限制（1—5）		81.926***（28.832）		71.257***（19.260）
环境公平感知（1—5）		-20.589（40.464）		-43.521（28.558）
环保活动参与（1—5）		105.170***（36.916）		94.844***（25.372）
行政区位条件（淳安县=1）		364.487***（67.381）		212.716***（46.703）
观测数	596	596	1024	1024

注：***p值＜0.01，**p值＜0.05，*p值＜0.1。"环境改善感知"问题的回答选项"严重恶化；略有恶化；没有变化；略有改善；显著改善"分别赋值为"1；2；3；4；5"。"政府环境治理投入悉知"问题的回答选项"完全不知情；不太清楚；有所耳闻；大概了解；非常了解"分别赋值为"1；2；3；4；5"。"受环境规制限制"问题的回答选项"未曾受限；略微受限；偶尔受限；时常受限；严格受限"分别赋值为"1；2；3；4；5"。"环境公平感知"问题的回答选项"非常不公平；不公平；不确定；公平；非常公平"分别赋值为"1；2；3；4；5"。"环保活动参与"问题的回答选项"从不参加也无意愿；未参加过但愿意参加；偶尔参加；有时参加；经常参加"分别赋值为"1；2；3；4；5"。

进一步结合量表对环境感知变量赋值后研究发现，环境感知变量对受偿意愿的影响在有效样本和全样本中影响机制表现一致。当上游居民日常的生产、生活受到环境规制限制更强烈时，他们会要求获得更高的补偿标准。因此，当上游居民被要求接受更高的标准、付出更多的努力保护生态环境时，他们希望接受更高标准的生态补偿。与此同时，上游居民实际参加环保志愿活动的频率与他们的最小受偿意愿显著正相关。所以，在计划补偿资金分配时，应该给予实际投入更多时间精力参与生态环境保护的上游居民更高的补偿标准。从量化结果来看，当要求流域居民接受更高的环境规制强度和投入更多的时间精力参与环境保护项目时，分配给他们的补偿资金标准应该增加。此外，上游居民的本地环境改善感知、环境规制公平感知和他们对政府环境治理投入的悉知性对他们的受偿意愿没有显著的影响。从受访者所处的地区异质性来看，淳安县受访者受偿意愿显著高于黄山市。

二、上游居民非货币化受偿意愿

异地就业安置是较为典型的非货币化生态补偿方式。新安江流域上游居民只有20.13%的居民愿意接受异地就业的机会替代将接受的货币生态补偿，且其中大部分（78.33%）居民要求异地工作的收入水平显著高于现状，可以让他们从容地在异地安居乐业。此外，超过半数（51.51%）的上游居民明确表示他们不愿意放弃货币化的生态补偿资金而接受前往异地就业的机会。分区域来看，黄山市居民愿意放弃货币化的生态补偿资金而接受异地就业安排的比例要比淳安县居民高10.11%，相对来说更愿意接受异地就业安置。总的来说，异地就业安置作为非货币化补偿方式时，可能只能被少数上游地区居民所接受，但异地就业安置依然不失为货币化生态补偿的有益补充，可以缓解一定的货币补偿支付压力。虽然就业补偿和技术补偿可落地，但从"输血式"向"造血式"补偿转变的实践有成功也有失败，其可持续性有待更多绩效评估予以辅助完善。

三、主旨发现和若干建议

本书以新安江流域上游居民作为研究对象，利用在新安江流域上游村镇与居民面对面实地问卷调研所获得的微观数据，采用条件价值法测算了新安江流域上游居民接受生态补偿的意愿，随后分析了社会人口和环境感知特征对上游居民受偿意愿的影响。研究发现：

第一，超过九成的新安江流域上游居民有接受生态补偿的需求，这一需求受年龄、家庭成员数、户籍情况等社会人口特征影响。在支付能力充裕的条件下，黄山市居民和淳安县居民的平均补偿分配标准分别推荐定在711.21 元 / 月和 1031.64 元 / 月。淳安县和黄山市基于居民受偿意愿测算的生态补偿标准分别约为 44.32 亿元和 121.28 亿元。补偿资金的分配需要对高龄且家庭成员较多的上游农村居民给予更高的补偿，并且补偿标准还需要通过他们的可支配收入水平矫正。

第二，居住于更上游地区的居民未必有更高的受偿需求，而投入时间精力参与环保活动、生产生活受到环境规制的居民会有更高的受偿需求。一方面，淳安县居民认为他们受到的环境规制强度要显著偏高，淳安县居民的平均最小受偿意愿要显著高于黄山市居民的平均最小受偿意愿。另一方面，上游居民参加环保志愿活动的频率与他们的受偿意愿显著正相关。上游居民投入生态环保志愿活动的时间精力是有成本的，公众参与生态环境保护活动需要被生态补偿所激励。

第三，政府的环保投入付出和环境治理成效并不能影响上游居民的受偿意愿，居民日常生活所处的区位条件和所受的环境规制更直接影响他们的受偿意愿。尽管新安江流域上游居民感知的政府环保投入负担与实际地方政府环保投入负担存在较大的不匹配性。但研究发现上游居民对环境改善和政府环境治理投入程度的了解对他们的受偿意愿没有显著影响，政府的环保投入付出和环境治理成效实际上并没有影响居民受偿意愿的表达。因此，仅仅弥补上游居民对生态环境治理信息获取的缺口是不够的，还需要更有效的环境宣传让居民更好地理解政府环保投入和治理成效的价值。

第四，异地移民就业安置政策可以作为多元化补偿方式的有益补充，但政策效果有好有坏，需要细致甄别。异地就业安置作为多元化生态补偿的一类制度安排时，只被少数上游地区居民接受，多数的上游地区居民更愿意继续生活在他们的家乡。异地就业安置可以作为货币化生态补偿的有益补充，有少部分上游居民愿意接受帮助到下游地区安家就业。

若干对策建议如下：（1）基于对"最少受惠者"流域上游居民受偿权与贡献度的匹配，完善生态补偿政策需要扩大受偿主体的覆盖面，增加上游居民补偿资金的获得感，以实现补偿政策的可持续性。（2）补偿资金分配方案的制订要根据受偿居民的社会人口和环境感知特征进行差异化设计，需要针对上游居民的户口情况、家庭人口数、年龄、收入水平等特征进行差异化定价，要充分考虑地方环境规制强度等会直接导致本地居民生产生活受限的因素，应该给予实际投入更多时间精力参与生态环境保护的上游居民更高的补偿。（3）基于研究发现上游居民感知的政府环保投入负担与实际负担存在较大不匹配性，未来上游地区政府需要增加有效环境宣传投入以提升公众对地方政府生态治理努力的认知，实现政府环保投入和治理成效的价值。（4）基于上游地区企业发展明显受限的现状，依据上游居民实际意愿开展异地就业补偿试点可在一定程度上缓解补偿资金缺口压力和地方有效就业压力。

第九章　新安江流域水生态系统服务的政府居民联合支付方案

　　谁来补问题一直是跨界流域生态补偿的关键且尚未很好地得到解决。本章以新安江流域水生态补偿为例，围绕淳安县水生态系统服务付费的同时使用宏观经济数据和微观调查数据对千岛湖引水工程这一大规模水资源跨界管理项目的经济效益和决策制定进行分析。在新安江流域水生态系统服务实践中，政府和居民联合支付方案的实施可以有效确保水生态系统服务供给的成本有效性和项目可持续性。下游政府和居民将作为联合支付主体，共同补偿上游淳安县通过千岛湖配水工程向下游地区提供高质量饮用水资源而付出的生态保护和环境治理成本。

第一节　新安江流域淳安县水生态系统服务付费

　　自 2003 年起，杭州市的饮用水源就一直受到环境污染和下游咸潮等问题的威胁，嘉兴市也难以在短期内解决地表水污染问题。千岛湖配水工程始建于 2014 年，这项饮用水资源引配工程可以有效解决下游地区优质饮用水源供应不足的问题。千岛湖配水工程总计划投资约 96 亿元，在 2019 年年底项目建成后，该工程约为包括杭州市和嘉兴市在内的下游地区每年提供 9.78 亿立方米优质饮用水源（常年达到湖泊Ⅰ类水质）。工程通水后杭州市和嘉兴市超过一千万市民日常供应自来水的水源将部分引自达到国家Ⅰ级饮用水标准的重要战略饮用水源地淳安县千岛湖。

　　在千岛湖配水工程的案例中，杭州市和嘉兴市的居民是饮用水供给服务的使用者，他们通过配水工程从淳安县千岛湖获取优质饮用水资源。淳安县则是饮用水供给服务的提供者，通过配水工程每年向下游地区供给 9.78 亿立方米符合国家Ⅰ级标准饮用水资源。由于淳安县需要通过千岛湖配水工程提供符合国家Ⅰ级饮用水标准的饮用水资源给下游地区，从 2005 年起，特别严格的生态环境保护政策在淳安县开始实施；① 淳安县因此需要投入大量资金用于生态环境治理以期进一步改善千岛湖的水质。② 为了确保并进一步提高千岛湖的水质，淳安县被迫放弃许多潜在的发展机会，承受了巨大的机会成本，经济发展速度在浙江省 26 个加快发展县中逐渐下滑到落后位次。淳安县为提供优质的饮用水资源而承担的巨大经济发展损失需要科学评估测算和足额有效补偿。

　　成本与价值是资源创造生态价值投入产出有机整体的两个方面，生态系统服务付费体现资源创造生态价值的成本还是生态价值本身是国内外关于生态系统服务付费额测算的两个不同的基本点。③ 从生态产品提供者的视角来看，饮用水资源供给服务的定价应该由供给的成本决

---

　　①　根据 2005 年开始施行、2015 年修订的《浙江省水功能区、水环境功能区划分方案》，淳安县 97.95% 的国土面积被划分为饮用水源保护区，根据《淳安县生态保护红线划定文本》，淳安县 80.05% 的国土面积被划为生态保护红线，禁止任何可能造成生态环境损害开发活动。

　　②　根据淳安县财政局 2010 年至 2017 年的统计数据，2010 年至 2018 年，淳安县财政总计投入了约 96.72 亿元用于本地水生态环境治理和保护。其中，2014 年至 2018 年，淳安县财政投入本地水生态环境治理和保护的资金分别达到 11.20 亿元、12.87 亿元、12.73 亿元、10.29 亿元和 10.22 亿元，分别占到了地方财政收入的 81%、75%、73%、59% 和 52%。

　　③　牛志伟、邹昭晞：《农业生态补偿的理论与方法——基于生态系统与生态价值一致性补偿标准模型》，《管理世界》2019 年第 11 期。

定。[1]生态系统服务付费的生态保护激励效应发挥取决于能否对受偿地放弃经济发展的机会成本进行充分补偿，只有充分补偿才能弱化地方政府在面对环境保护和经济发展中的策略选择行为所导致的负面影响。[2]通过对保护成本的核算，能准确反映某地关于生态环境保护投入的工作量和真实贡献程度，为采用成本核算法确定生态系统服务付费标准及之后的补偿效益评价提供合理的依据。[3]从生态产品使用者的视角来看，饮用水资源供给服务使用者支付意愿的测算将在生态系统服务付费定价中起到十分重要的作用，生态产品使用者的支付意愿值可以用来判断生态补偿项目的可行性。[4]因此，可以使用宏观经济数据测算生态产品提供者提供饮用水生态产品的机会成本，可以使用访问调查数据测算下游生态产品使用者的支付意愿值，并且可以进一步结合生态产品提供成本测算值判断项目的成本有效性。具体地讲，结合宏观经济数据和微观个体数据的评估结果可以有效判断政府补偿作为单一付费来源时是否可以满足受偿主体的需求。如果不能，政府支付与居民支付的结合是否可以足额支付受偿主体的应获偿值，进而判断分析政府和居民联合支付方案的成本效益。

---

①　Kemkes, R., J. Farley & C. Koliba, "Determining when Payments are an Effective Policy Approach to Ecosystem Service Provision", *Ecological Economics*, Vol. 69, No. 11（2010）, pp. 2069–2074; Farley, J. & R. Costanza, "Payments for Ecosystem Services: From Local to Global", *Ecological Economics*, Vol. 69, No. 11（2010）, pp. 2060–2068; Kolinjivadi, V., A. Mendez & J. Dupras, "Putting Nature 'to Work' through Payments for Ecosystem Services (PES): Tensions between Autonomy, Voluntary Action and the Political Economy of Agri-Environmental Practice", *Land Use Policy*, Vol. 81（2019）, pp. 324–336.

②　曹鸿杰、卢洪友、祁毓：《分权对国家重点生态功能区转移支付政策效果的影响研究》，《财经论丛》2020年第5期。

③　刘菊、傅斌、王玉宽等：《关于生态补偿中保护成本的研究》，《中国人口·资源与环境》2015年第3期。

④　Farley, J. & R. Costanza, "Payments for Ecosystem Services: From Local to Global", *Ecological Economics*, Vol. 69, No. 11（2010）, pp. 2060–2068; Obeng, E. & F. Aguilar, "Value Orientation and Payment for Ecosystem Services: Perceived Detrimental Consequences Lead to Willingness-to-Pay for Ecosystem Services", *Journal of Environmental Management*, Vol. 206（2018）, pp. 458–471.

第二节　基于合成控制法的水生态系统服务付费标准测算

一、合成模拟淳安县的思路

合成控制法通过对控制组个体进行某种加权以构建出处理组个体的反事实状态，合成控制法被广泛使用于单个处理组的政策效应研究。由于只有一个处理组淳安县，控制组选择的是与淳安县同为浙江省辖的县。这些控制组样本与淳安县具有相似的自然禀赋特征和社会经济环境。

假设可以观察到 $J+1$ 个县的经济增长情况。其中，只有淳安县作为浙江省内最为重要的饮用水源保护地，由于受到了严格的环境政策干预而超过九成的国土面积被划为饮用水源保护区并禁止任何会产生环境污染的开发活动；剩余的 J 个浙江省辖区县将作为控制组。Y_{it}^N 是区县 i 在未受到环境政策干预的年份 t 的 GDP 水平，其中 $i=1,\cdots,J+1$ 且 $t=1,\cdots,T$。T_0 是政策干预前的年份数，$1 \leqslant T_0 < T$。Y_{it}^I 是区县 i 在受到环境政策干预的年份 t 的 GDP 水平，其中 $i=1,\cdots,J+1$ 且 $t=T_0+1,\cdots,T$。该环境政策的干预被认为对干预前年份的经济发展情况没有影响，即对于任意在未受到干预年份 T_0 前的 t 和 i，$Y_{it}^I=Y_{it}^N$。

设定 $\alpha_{it}=Y_{it}^I-Y_{it}^N$ 是县 i 在年份 t 时环境政策干预的效果，当县 i 在年份 t 受到环境政策实施影响时，$D_{it}=1$；当县 i 在年份 t 没有受到环境政策影响时 $D_{it}=0$。县 i 在年份 t 的 GDP 水平可以表述为：

$$Y_{it} = Y_{it}^N + D_{it}\alpha_{it} \qquad (9-1)$$

由于当 $1 \leqslant T_0 < T$ 时，只有淳安县在 T_0 年份后受到该环境政策干预的影响，因此有：

$$D_{it} = \begin{cases} 1, & \text{如果 } i=1 \text{ 且 } t>T_0 \\ 0, & \text{其他} \end{cases} \qquad (9-2)$$

当 $t > T_0$ 时，$\alpha_{it} = Y_{it}^I - Y_{it}^N = Y_{1t} - Y_{1t}^N$。对淳安县来说（$i=1$），$Y_{1t}$ 是它在经历了绝大部分国土面积被划为饮用水源保护区以期为下游提供饮用水资源的环境政策干预后真实的 GDP 情况。α_{it} 可以通过估计 Y_{it}^N 来得到，由

于 Y_{it}^N 无法观测到，就通过构造"反事实"的变量表示，假设：

$$Y_{it}^N = \partial_t + \theta_t Z_i + \lambda_t \mu_i + \varepsilon_{it} \qquad （9—3）$$

式（9—3）为潜在经济发展情况决定方程，其中 Z_i 是不受饮用水源保护区划定影响的控制变量，∂_t 是时间趋势，λ_t 是一个（$1 \times F$）维观测不到的共同因子，μ_i 则是（$F \times 1$）维观测不到的地区固定效应误差项，ε_{it} 是均值为 0 的每个地区观测不到的暂时冲击。为了得到淳安县绝大部分国土面积被划为饮用水源保护区的影响，必须估计淳安县加入没有受到该环境政策干预限制时的经济发展水平 Y_{it}^N，解决方案是通过控制组县的加权来模拟淳安县的特征。为此，就要求出一个（$J \times 1$）维权重向量 $W=(w_2, \cdots, w_{J+1})$，满足对任意 J，$W_J \geqslant 0$，并且 $w_2 + \cdots + w_{J+1} = 1$。

$\sum_{j=2}^{J+1} w_j Y_{jt} = \partial_t + \theta_t \sum_{j=2}^{J+1} w_j Z_j + \lambda_t \sum_{j=2}^{J+1} w_j \mu_i + \sum_{j=2}^{J+1} w_j \varepsilon_{it}$。假设存在一个向量组 $W^* = (w_2^*, \cdots, w_{J+1}^*)$ 满足：

$$\sum_{j=2}^{J+1} w_j^* Y_{jt} = Y_{11}, \cdots, \sum_{j=2}^{J+1} w_j^* Y_{jT_0} = Y_{1T_0} 并且 \sum_{j=2}^{J+1} w_j^* Z_j = Z_1 \qquad （9—4）$$

如果 $\sum_{i=1}^{T_0} \lambda_t' \lambda_t$ 是非奇异的，就存在：

$$Y_{it}^N - \sum_{j=2}^{J+1} w_j^* Y_{jt}$$

$$= \sum_{j=2}^{J+1} w_j^* \sum_{i=1}^{T_0} \lambda_t (\sum_{i=1}^{T_0} \lambda_t' \lambda_t)^{-1} \lambda_s' (\varepsilon_{js} - \varepsilon_{is}) - \sum_{j=2}^{J+1} w_j^* (\varepsilon_{jt} - \varepsilon_{it}) \qquad （9—5）$$

阿瓦迭等（Abadie, et al., 2003,2010,2015）证明，在一般条件下，式（9—5）的右边将趋近于 0。[①] 因此，对于 $T_0 \leqslant t < T$，可以得到 $\sum_{j=2}^{J+1} w_j^* Y_{jt} = Y_{1t}$

---

① Abadie, A. & J. Gardeazabal, "The Economic Costs of Conflict: A Case Study of the Basque Country", *American Economic Review*, Vol. 93, No. 1 (2003), pp. 113-132; Abadie, A., A. Diamond & J. Hainmueller, "Synthetic Control Methods for Comparative Case Studies: Estimating the Effect of California's Tobacco Control Program", *Journal of the American Statistical Association*, Vol. 105, No. 490 (2010), pp. 493-505; Abadie, A., A. Diamond & J. Hainmueller, "Comparative Politics and the Synthetic Control Method", *American Journal of Political Science*, Vol. 59, No. 2 (2015), pp. 495-510.

和 $\sum_{j=2}^{J+1} w_j^* Z_{jt} = Z_{1t}$。所以，$\widehat{\alpha_{1t}} = Y_{it} - \sum_{j=2}^{J+1} w_j^* Y_{jt}$ 就是 α_{1t} 的无偏估计，也就是淳安县为了给下游提供饮用水资源而绝大部分国土面积被划为饮用水保护区对本地经济发展情况的影响情况。

二、合成预测淳安县发展路径和经济发展机会成本损失评估

控制组的浙江省辖区县与淳安县有相似的人力资本和自然资源禀赋，并且处于较为接近的政策软环境中。基于控制组区县 1994—2016 年的宏观经济数据，需要通过合成控制法构建一个在 2005 年之前与淳安县经济发展轨迹接近一致的合成淳安县。根据合成控制法的思想，选择权重时要使其在成为饮用水源保护区前，合成淳安县各项决定经济发展情况的因素和淳安县尽可能的一致。参考前人对于经济增长驱动因素的研究，可以选择劳动力投入、资本投入、资源投入和产业结构等控制变量。[①] 具体包括从业人员数量、固定资产投资额、用电量、第一产业比重、第二产业比重以及作为当地经济发展水平代理变量的被解释变量 GDP。表 9—1 展示了合成淳安的权重组合，即共需选取 5 个县，其中缙云县是权重最大的县，权重紧随其后的是岱山县、新昌县、苍南县和乐清县。

表 9—1　合成淳安的县权重

县名	乐清县	苍南县	新昌县	岱山县	缙云县
权重	0.035	0.052	0.055	0.165	0.692

表 9—2 给出了 2005 年淳安县大部分国土面积成为饮用水源保护区之前真实淳安、合成淳安以及其他控制组平均情况的一些重要经济变量的对

---

① 蔡昉、都阳：《中国地区经济增长的趋同与差异——对西部开发战略的启示》，《经济研究》2000 年第 10 期；颜鹏飞、王兵：《技术效率、技术进步与生产率增长：基于 DEA 的实证分析》，《经济研究》2004 年第 12 期；赵进文、范继涛：《经济增长与能源消费内在依从关系的实证研究》，《经济研究》2007 年第 8 期；干春晖、郑若谷、余典范：《中国产业结构变迁对经济增长和波动的影响》，《经济研究》2011 年第 5 期；龙小宁、黄小勇：《公平竞争与投资增长》，《经济研究》2016 年第 7 期。

比，可以发现大部分的控制变量差异度较小，各项经济变量指标的差距与
真实淳安和控制组平均情况的差距都要小。合成淳安的经济发展路径很好
地拟合了真实淳安的各项禀赋情况。

表 9—2　合成淳安与真实淳安预测变量的拟合与对比

预测变量	真实淳安	合成淳安	控制组平均
固定资产投资额（亿元）	9.48	8.57	20.62
从业人员数（万人）	28.21	26.02	35.49
用电量（亿千瓦时）	2.21	2.95	7.20
第一产业比重（%）	31.51	23.47	17.18
第二产业比重（%）	36.68	41.75	52.47
GDP（1995 年）（亿元）	15.29	16.36	39.05
GDP（2000 年）（亿元）	30.81	29.99	66.32
GDP（2004 年）（亿元）	56.61	56.54	125.05

图 9—1 描绘了真实淳安和合成淳安的逐年经济发展路径，可以发现
在 2005 年以前真实淳安和合成淳安的经济发展轨迹接近一致，合成淳安
很好地模拟了淳安县的经济发展情况。在 2005 年以后，合成淳安的经济
发展速度显著超越了真实淳安的水平，两者经济发展水平的差距可以被认

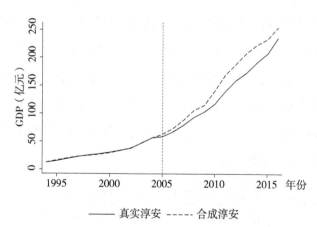

图 9—1　真实淳安和合成淳安的经济增长情况

为是淳安县成为饮用水源保护区后为提供饮用水源而付出的机会成本。图 9—2 进一步展示了合成淳安和真实淳安经济发展缺口的逐年动态变化。可以发现，在 2005 年之前，合成淳安和真实淳安的经济发展水平接近一致，GDP 缺口未曾超过 2 亿元。但是，在 2005 年之后，合成淳安和真实淳安之间的经济发展缺口逐渐扩大，并在 2013 年达到峰值约 35 亿元，在 2013 年后合成淳安和真实淳安间的经济发展缺口开始收敛。

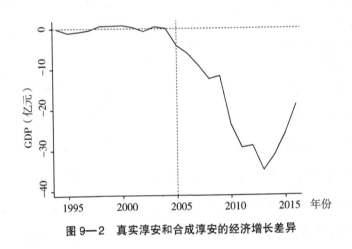

图 9—2　真实淳安和合成淳安的经济增长差异

表 9—3 展示了淳安县 2006 年至 2017 年获得政府补偿资金的情况，根据淳安县财政局提供的数据，补偿资金来源主要包括一般转移支付和专项生态补助两部分。淳安县获得的生态补偿资金从 2006 年起一直处于逐年上升的趋势，其中在 2011 年前获得的补偿资金分配逐年上涨缓慢，2011 年起获得的补偿资金显著增加并于 2014 年达到峰值约 8.34 亿元。但是淳安县获得的生态补偿资金与合成控制法测算的因提供饮用水资源而牺牲的发展机会成本差距较大。

表 9—3　2006 年至 2017 年淳安县获得的生态补偿资金

年份	合计（亿元）	一般转移支付（亿元）	专项生态补助（亿元）
2006	0.50	/	0.50

续表

年份	合计（亿元）	一般转移支付（亿元）	专项生态补助（亿元）
2007	1.10	0.55	0.55
2008	1.24	0.87	0.37
2009	1.45	0.92	0.53
2010	1.22	0.93	0.30
2011	1.37	1.00	0.37
2012	2.09	1.41	0.68
2013	2.44	1.90	0.55
2014	8.34	4.72	3.62
2015	6.56	4.93	1.63
2016	5.82	5.11	0.70
2017	6.86	5.45	1.41
Total	38.99	27.77	11.22

资料来源：淳安县财政局。

通过合成控制法的评估，可知 2016 年淳安县提供饮用水资源损失的机会成本大约为 18.85 亿元，这一标准显著高于淳安县当年获得的政府补偿资金。因此，仅仅依靠政府支付作为单一来源的补偿机制并不能弥补上游生态产品提供者的补偿资金需求，更多元的资金需求迫切。

第三节　基于条件价值法的水生态系统服务付费标准测算

一、条件价值法问卷设计与问卷调查

条件价值法是一种典型的评估生态系统服务价值的陈述偏好评估方法，通过假设场景假想市场来直接调查受访人群对于环境资源的保护改善

和生态服务消费的支付意愿，或者是对于环境资源损害和生态服务提供的受偿意愿，从而来评估生态产品和服务的经济价值。[①] 受访者视角下的支付意愿评估值可以被认为是包括生态系统服务的使用价值和非使用价值。[②] 尽管有的研究认为条件价值法在显示受访者偏好时可能产生偏误，但问卷的有效设计和实验的校准可以有效缓解偏误的产生，实验研究亦证明只要受访者认为他们的回答对自身利益有影响，那么支付意愿就能够被有效引导得到。[③] 考虑到样本地区受访者的年龄、教育水平等社会人口特征差异巨大，支付意愿的评估应尽量选择普适的、简单直接的引导方法，因此在问卷调研中使用了支付卡式设问以询问受访者对环境资源改善的支付意愿。具体来说，受访者对环境物品 j 的平均支付意愿 $WTP_j = \sum_{i=1}^{n} b_{ij} / n$，$b_{ij}$ 为第 i 为受访者为环境物品 j 最大愿意支付的投标值，n 为受访者人数。一般而言，受访地居民主观支付意愿视角下水生态系统服务付费标准的测算值往往会比客观科学数据测算的水生态系统服务付费标准值略低。

调查问卷主要包括四部分内容。第一部分是对受访居民社会人口特征的调查，包括受访者的年龄、受教育情况、月可支配收入情况、职业、是否为常住人口等。第二部分是对受访居民用水特征的调查，包括受访者去年缴纳的水费、使用洗衣机的频率、日常饮用水来源等。第三部分是对受

---

① Gómez-Baggethun, E., R. De Groot & P. Lomas, et al., "The History of Ecosystem Services in Economic Theory and Practice: From Early Notions to Markets and Payment Schemes", *Ecological Economics*, Vol. 69, No. 6（2010）, pp. 1209-1218; He, J., A. Huang & L. Xu, "Spatial Heterogeneity and Transboundary Pollution: A Contingent Valuation (CV) Study on the Xijiang River Drainage Basin in South China", *China Economic Review*, Vol. 36（2015）, pp. 101-130; Freeman, A., J. Herriges & C. Kling, *The Measurement of Environmental and Resource Values: Theory and Methods*, Routledge, 2014.

② Birol, E., K. Karousakis & P. Koundouri, "Using Economic Valuation Techniques to Inform Water Resources Management: A Survey and Critical Appraisal of Available Techniques and an Application", *Science of the Total Environment*, 2006, Vol. 365, No. 1-3（2006）, pp. 105-122.

③ Lloyd-Smith, P. & W. Adamowicz, "Can Stated Measures of Willingness-to-Accept Be Valid? Evidence from Laboratory Experiments", *Journal of Environmental Economics and Management*, Vol. 91（2018）, pp. 133-149.

访居民感官水质的调查，包括受访者对当地自来水水质的满意情况、感知上认为家人身体健康受到水质干扰的程度等。第四部分首先考察了受访者对千岛湖取水地水质和居住地阶梯水价设置的熟悉程度，并询问受访者是否愿意为通过千岛湖配水工程引过来的优质自来水进行额外支付。在假设场景中，受访者所居住地区的饮用水源将从钱塘江水源切换为千岛湖水源，即获得符合国家Ⅰ级饮用水标准的饮用水源，与农夫山泉直饮矿泉水取水点水质情况相同。

支付卡式设问的核心问题为：

□您每年最大愿意额外支付的费用（元／年）？

A.0；　　B.50；　　C.100；　　D.150；　　E.200；　　F.250；　　G.300；

H.350；　　I.400；　　J.450；　　K.500及以上

（注：2017年杭州城镇居民人均年生活用水量58.6立方米，即约170元／人）。

□您最大愿意承受的水价增量是多少元／吨？

A.0；　　B.0.3；　　C.0.6；　　D.0.9；　　E.1.2；　　F.1.5；

G.1.8；　　H.2.1；　　I.2.4；　　J.2.7

［注：当前水价为216吨（含）以下2.9元／吨，216—300吨（含）3.85元／吨，300吨以上6.7元／吨］

核心问题设问的边际投标值由水价与水费确定，后经预实验测试。从结果来看，选择最大值的受访者比例较低，极值设置较为合理。

千岛湖配水工程的实际用水方（补偿主体），即杭州市和嘉兴市居民的支付意愿问卷调查主要在杭州市和嘉兴市辖区按照人口权重抽样，均为实地随机面对面访问的形式遇人则访。杭州市辖上城区、下城区、江干区、拱墅区、西湖区、滨江区、萧山区、余杭区、富阳区、临安区10个区、桐庐县和淳安县两个县以及建德市1个代管县级市，2017年末常住人口达到946.8万人。2017年杭州市总供水量约33.47亿立方米，其中生活用水量 11.25 亿立方米。嘉兴市辖南湖区和秀洲区两个区，海宁市、平湖市和桐乡市三个县级市，嘉善县和海盐县两个县，2017 年末常住人口达到 465.6 万人。2017 年嘉兴全市总供用水量约 18.89 亿立方米，其中居民生活用水 2.30 亿立方米，水源地点位水质达标率为 72.1%。相对来说，嘉兴地区的水源地水质状况比杭州地区要恶劣得多，通过千岛湖引配水工程改善水源地水质具有相当的现实迫切性。

二、基于补偿主体支付意愿的补偿标准测算

杭州地区共收回 980 份有效问卷，嘉兴地区共收回 697 份有效问卷。受访者的基本情况如表 9—4 所示。杭州地区的受访者收入水平和受教育水平相对高于嘉兴地区，但两地受访者的用水特征较为接近。相对来说，嘉兴地区的受访者对现状自来水水质状况满意度显著低于杭州地区。这与嘉兴地区自来水水源地水质状况明显差于杭州地区这一现实情况十分吻合。

表 9—4　受访者基本特征

杭州市样本		嘉兴市样本	
女性 (%)	41.8	女性 (%)	46.1
平均年龄（岁）	36.9	平均年龄（岁）	34.3
高中以上学历 (%)	87.0	高中以上学历 (%)	68.7
平均月可支配收入（元）	7067.3	平均月可支配收入（元）	5477.8
常住居民 (%)	96.1	常住居民 (%)	97.3
家庭年平均缴纳水费（元）	371.9	家庭年平均缴纳水费（元）	387.0
日常饮用水取自自来水 (%)	74.5	日常饮用水取自自来水 (%)	71.2
自来水水质满意度 (%)	47.7	自来水水质满意度 (%)	14.2

杭州市 76.9% 的受访居民表示愿意为千岛湖配水工程提供的国家一级标准饮用水支付额外的补偿费用，嘉兴市则有 83.2% 的受访居民表示愿意

为千岛湖配水工程提供的国家一级标准饮用水支付额外的补偿费用。当杭州地区和嘉兴地区的受访者谈到为什么拒绝"以额外支付补偿费用获得千岛湖配水工程提供的国家一级标准饮用水作为饮用水源的原因"时，"目前的水价足够高""对上游地区进行水生态补偿是下游地区政府的责任"和"自来水公司完善工艺保障出水水质即可"是相对较多被谈及的原因。除此之外，也有相当比例的受访者对生态补偿资金的具体用途提出了质疑。可见，生态补偿政策的公众宣传以及补偿资金用途的公开透明对于生态补偿政策的公众参与意愿有相当的正面促进作用。

当使用年度额外支付定价补偿标准时，杭州地区生态产品使用者（居民）的支付意愿约为 15.20 亿元（=160.56 元 / 年 ×946.80 万人 /10000），嘉兴地区生态产品使用者（居民）的支付意愿约为 8.09 亿元（=173.67 元 / 年 ×465.60 万人 /10000）；当使用边际水价增加的形式进行补偿时，杭州地区生态产品使用者（居民）的支付意愿约为 9.11 亿元（0.81 元 / 立方米 ×11.25 亿立方米），嘉兴地区生态产品使用者（居民）的支付意愿约为 2.00 亿元（0.87 元 / 立方米 ×2.30 亿立方米）。合计来看，下游地区用水居民对来自淳安县的饮用水资源供给的补偿支付意愿为 11.11 亿—23.29 亿元，具体取决于不同支付方式设置的组成结构。相对年度额外支付定价而言，用水居民面对边际水价增加定价会有偏低一些的支付意愿表达水平。横向比较来看，李国平（2018）等的研究认为西安市居民源于水质改善需求而对于"引汉济渭"引水工程的支付意愿大约定价在 17.14 元 / 户·月。[1] 尽管存在地域差异，但是该定价与杭州市和嘉兴市居民的支付意愿评估值处于一个量级，互为佐证。雷恩（Ren, 2020）等的研究认为杭州市居民对新安江流域水生态系统服务提供的支付意愿大约定价在 157.36 元 / 年（22.48 美元 / 年，

---

① 李国平、赵媛、邓广凌等：《"引汉济渭"受水区居民支付意愿研究》，《西安交通大学学报（社会科学版）》2018 年第 2 期。

按照美元人民币 1 比 7 汇率换算），这与本评估结果非常接近。[①]

第四节　水生态系统服务付费标准定价校准及其在政府和居民间的分担

使用宏观经济数据通过合成控制法评估发现，为了给下游地区提供饮用水资源而投入大量资金、牺牲大量发展机会保护生态环境的淳安县应该得到的补偿资金约为 18.85 亿元。如果仅考虑淳安县可得的政府资金支付，2015 年至 2017 年淳安县平均获得的政府补偿资金约为 6.41 亿元，也就是说淳安县应得的生态系统服务付费金额与能够实际获得的补偿资金之间存在较大的差距，现行的生态补偿机制存在显著的补偿金额偏低问题。进一步使用微观问卷调查数据通过条件价值法评估得到，下游居民作为饮用水资源的使用者，他们愿意支付的金额为 11.11 亿元—23.29 亿元，具体取决于不同支付方式设置的组成结构。如果选择一个政府和居民联合付费的多元化付费来源的生态系统服务付费机制替代现有的以政府补偿来源为主的运行机制，则能够解决现有的付费资金支付标准偏低、生态环境保护者没有得到足额补偿的问题。

如果选择政府和居民联合支付的方式让生态环境保护主体得到足额补偿，政府支付大约要承担接近 1/3（6.41/18.85）的资金来源，居民支付要承担剩下约 2/3 的资金来源。通过使用宏观经济数据可以对生态环境保护主体付出的直接和间接经济成本进行评估，为他们应得的生态系统服务付费金额进行科学定价，进一步结合微观问卷调查数据和现行的政府补偿资金标准，可以对宏观经济数据评估得到的应受偿值进行校准，并且明确费

[①] Ren, Y., L. Lu & H. Zhang, et al., "Residents' Willingness to Pay for Ecosystem Services and Its Influencing Factors: A Study of the Xin'an River Basin", *Journal of Cleaner Production*, Vol. 268, No. 122301（2020）, pp. 1–10.

用在政府和居民间的分担比例。宏观经济数据和微观调查数据的结合可以判断现行支付的生态系统服务付费金额是否存在缺口以及潜在的缺口是多少，并为存在的补偿资金来源缺口的有效解决提供多元化分担方案，通过建立政府和居民联合支付的补偿制度，不仅可以缓解资金来源单一、总量不足的困境，而且可以使得"保护者受益，使用者付费"的权责确立原则充分得以实现。

总之，政府和居民联合支付的多元补偿主体生态系统服务付费制度安排被强烈推荐应用于生态补偿政策实践。生态系统服务付费标准评估研究发现流域下游生态产品使用者为高质量的饮用水资源付费的支付意愿是相当可观的，使用者（居民）的付费意愿评估值和现行可得的政府补偿资金结合可以有效支付流域上游受偿主体为了给下游提供高质量的饮用水资源而投入保护生态环境的成本。生态系统服务付费金额在政府和居民之间的再分担可以有效减少现行生态系统服务付费金额与生态环境保护主体实际付出的经济成本之间的显著差距，确保生态环境保护主体因开展生态保护行为而获得的补偿资金可以有效支付他们付出的经济成本，从而确保生态保护行为是一个具有成本效益的可持续选择。

第十章　流域横向生态转移支付标准及主客体关系构建

生态系统为人类社会的生存和发展提供了物质基础，但是由于生态系统服务具有公共物品和外部性的特征，生态系统服务难以价值化，形成有效率的生态系统服务交易市场，因此需要政府通过横向生态转移支付的手段来协调生态系统服务供给方和需求方的生态及经济利益关系。钱塘江流域的上游地区新安江流域是我国跨省流域生态补偿的首例，生态补偿实践很大程度上改善了新安江流域的水环境。但是在实践过程中新安江流域生态转移支付得以实践是各方政府进行博弈的结果，仍存在着生态转移支付仅以水质为标准、生态转移支付资金投入力度过小、生态转移支付主客体角色不明确等问题，亟待深入研究。

第一节　横向转移支付及相关理论假说

一、核心概念界定

（一）横向生态转移支付

横向生态转移支付制度是指同级的地方政府之间通过转移支付的方式

进行生态系统服务交易，享受生态系统服务的地区向提供生态系统服务的地区付费，使保护生态环境产生的外部性内部化，以激励地方政府或其他社会主体产生环境保护行为。由于生态环境保护具有正外部性和公共物品属性，协调好各地区间的生态系统服务外溢关系、平衡生态系统服务提供者的生态保护成本与收益需要生态转移支付制度的建立和完善。生态转移支付是激励生态系统服务提供者持续性供给生态系统服务的重要手段。

（二）生态系统服务输出区

生态系统服务输出区指在一个相对独立的生态系统如流域生态系统中，产生生态系统服务外溢价值的地区。在一段时间内，生态系统服务受益区通常为生态系统服务价值增加的地区。由于生态系统服务具有公共物品的属性，生态系统服务输出区对流域中其他主体产生了生态收益但是没有得到对应的经济奖励，这时生态系统服务输出区就对生态系统环境产生正的外部性。生态系统服务输出区在生态转移支付实践中应为生态转移支付客体，接收生态转移支付资金。

（三）生态系统服务受益区

生态系统服务受益区指在一个相对独立的生态系统中，享受生态系统服务价值外溢的地区。在一段时间内，生态系统服务受益区通常为生态系统服务价值减少的地区。由于生态系统服务具有公共物品的属性，生态系统服务输出区对流域中其他主体产生了生态损害但是没有得到对应的经济惩罚，这时生态系统服务受益区就对生态系统环境产生负的外部性。生态系统服务受益区在生态转移支付实践中应为生态转移支付主体，支出生态转移支付资金。

二、理论假说

（一）实行流域横向生态转移支付可以协调流域内各地区间的生态利益和经济利益关系

生态系统服务对人类社会的有用性和本身的稀缺性决定了生态系统服务是具有价值的。由于生态系统服务具有公共物品的属性，生态系统服务供给会产生极强的正外部性，提供者得到的经济收益小于社会总收益，因此对于提供者选择的生态系统服务供给数量会小于社会需要的生态系统服务数量。生态转移支付制度可以弥补提供生态系统服务时产生的成本，激励生态系统服务提供者在社会最优的水平上配置生态系统服务资源。

流域是自然形成的具有相对独立性的生态系统。流域内部各地区之间生态利益紧密关联。新安江跨界流域生态补偿从省级层面协调了流域上下游之间的生态利益关系，但是钱塘江流域上游各地区之间、下游各地区之间、上下游各地区之间生态和经济利益关系有待细化研究。流域兼具地理属性和行政属性。在自然地理概念上，钱塘江流域是一个整体，却没有综合性的流域管理机构；在行政区划上，涉及两个省份、38个县域，各地区之间管辖关系复杂。因此，各个县域之间要实现生态利益和经济利益的交换可以通过横向生态转移支付的方式实现。各个地区通过平等协商、依据明确的标准进行资金支付，协调生态利益和经济利益关系。

当然，横向生态转移支付涉及主体较多，各主体在谈判协商时会产生较大的交易成本，设定公平严格的标准是实行横向生态转移支付的关键。在实施过程中选择以生态系统服务价值为横向生态转移支付的标准可以有效解决这个问题。生态系统服务价值测算所需数据来源为遥感监测图像和市场价格调查，具有极强的客观性和公平性。在强有力的标准和依据面前，各主体之间进行协商的交易成本会显著降低。

（二）基于产业发展水平的流域横向生态系统转移支付方案比基于经济发展水平的流域横向生态系统转移支付方案更优

基于经济发展水平核算生态系统服务价值是采用当量因子表对生态系统服务价值进行测算。具体的，基于当量因子表赋予每一种土地利用类型不同的当量值以衡量各种土地利用类型为生态环境作出的贡献大小。当量因子价格因各地区经济发展水平的不同而具有差异性，经济发展水平越高的地区，当量因子价格越高；反之则反是。各土地利用类型的当量和与当量价格相乘便得到与经济发展水平相适应的生态系统服务价值。

基于产业发展水平核算生态系统服务价值是根据市场价值法、影子价格法、替代工程法等核算生态系统提供的每一项生态产品和服务的价值。可以把农田、森林、草地、湿地、水域等生态系统提供的生态系统服务划分为产品供给、气候调节、固碳释氧、水流动调节、土壤保持、防风固沙、水质净化、空气净化、病虫害防治等类型。核算每一项生态系统服务价值时，需要统计该项生态系统服务的物质量和价格。物质量通过遥感监测数据、统计资料数据或前人研究结果获得，价格则是根据每一项生态系统服务涉及的市场价格来确定。如从农业的角度来讲，各地区农业发展水平的不同会导致单位农田产品供给服务的价格不同，如森林、草地等提供的固碳释氧服务中的释氧服务，氧气的价格由于地区制氧成本的不同出现了地区差异性。各地区产业发展水平的差异化会导致各项生态系统服务价格的差异，进而会对生态系统服务价值产生影响。

相较于基于经济发展水平核算的生态系统服务价值，基于产业发展水平核算的生态系统服务价值在区分各种土地利用类型的基础上从统计各种类型的生态系统服务入手，考察更为细致。此外，各项生态系统服务的价格是基于市场调查或统计资料给出的，更能反映各项生态系统服务在市场上可能的交易价格水平，从而更好地计算市场化的生态系统服务价值。

（三）在生态优势、经济优势、生态补偿优先级三种横向生态转移支付资金分配原则中，生态补偿优先级原则最优

跨界流域生态补偿实践面临生态补偿资金远远小于生态建设投入的情形，横向生态转移支付必须考虑如何实现有限资金的最优配置。生态优势原则是指将横向生态转移支付资金优先分配给单位面积生态系统服务价值较高的地区，对流域生态环境作出较大贡献的县域优先得到资金；监督生态系统服务价值较低的地区优先支付横向生态转移支付资金。生态优势原则体现横向生态转移支付制度中激励生态环境保护的功能。生态环境质量较高的地区优先得到资金后会产生获得感，同时对优先支出资金的生态环境质量较低的地区产生鞭策效果。但是这个原则容易忽略那些生态环境质量尚可但是财政收入较低的县域，这些县域往往面临较大的财政收支压力。

经济优势原则是指将横向生态转移支付资金优先分配给经济发展水平较低的地区，监督经济发展水平较高的地区优先支付横向生态转移支付资金。经济优势原则体现横向生态转移支付制度中促进财政收入均等化的功能。但是这个原则忽略了优先支出（获得）资金县域的生态环境质量情况，起不到横向生态转移支付制度中激励生态环境保护的作用，甚至可能会导致各地区走一条牺牲生态环境质量以发展经济的道路。

生态补偿优先级根据单位面积生态系统服务非市场价值与 GDP 的比值计算得到，兼顾了横向生态转移支付中激励生态环境保护和促进财政收入均等化的功能。横向生态转移支付要解决的是流域内部的生态问题，也是经济问题。仅考虑生态优势原则忽略了经济优势原则，或者仅考虑经济优势原则忽略了生态优势原则都是片面的，从生态补偿优先级原则出发才能更好地协调流域内部区域间的生态利益和经济利益关系。

第二节　基于产业发展水平的流域横向生态转移支付标准研究

　　理论上关于流域横向生态转移支付标准的研究有很多。生态系统服务价值测算方法可以分为两类。一类是谢高地等采用的当量因子法，通过向专业人员发放问卷的方法获得生态系统服务评估单价体系，可以比较快速地计算大面积地区的生态系统服务价值。[①]一类是综合运用市场价值法、替代工程法等对生态系统提供的产品供给、气候调节、水文调节、固碳释氧、水质净化等功能进行逐项统计和测算，精度较高，但是所需数据量较大。[②]具体如王奕淇和李国平（2019，2020）通过选择实验法研究渭河流域中下游居民对于河流水质、河流面积及水量、水土流失情况、动物种类及数量的平均支付意愿；通过测算生态系统服务价值的方法评估渭河流域上游地区供给的生态系统服务价值。[③]实践中的跨界流域生态补偿多将省界断面处水质作为补偿标准。新安江跨界流域生态补偿以水质为依据进行生态补偿；江西省和广东省签订的《东江流域上下游横向生态补偿协议》以水质考核为依据并提出水质要逐年变好的要求；福建省和广东省签订的《关于汀江—韩江上下游横向生态补偿的协议》要求汀江、梅潭河等河流省界断面要达到Ⅲ类水质；河北省与天津市签订的《关于引滦入津上下游横向生态补偿的协议》要求三处断面水质作为引滦入津的监测要求。但是，

---

　　① 谢高地、甄霖、鲁春霞等：《一个基于专家知识的生态系统服务价值化方法》，《自然资源学报》2008年第5期；谢高地、张彩霞、张雷明等：《基于单位面积价值当量因子的生态系统服务价值化方法改进》，《自然资源学报》2015年第8期。

　　② 欧阳志云、王效科、苗鸿：《中国陆地生态系统服务功能及其生态经济价值的初步研究》，《生态学报》1999年第5期；敦越、杨春明、袁旭：《流域生态系统服务研究进展》，《生态经济》2019年第7期。

　　③ 王奕淇、李国平：《流域生态服务价值供给的补偿标准评估——以渭河流域上游为例》，《生态学报》2019年第1期；王奕淇、李国平：《基于选择实验法的流域中下游居民生态补偿支付意愿及其偏好研究——以渭河流域为例》，《生态学报》2020年第9期。

仅考核水质就会忽略流域中其他生态系统类型如森林、草地、湿地等为人类生存和发展提供的生态系统服务。①

一、基于经济发展水平的流域横向生态转移支付标准测度

（一）基于经济发展水平的生态系统服务价值（ESV）核算方法

科斯坦萨于 1997 年运用当量因子表测算出全球自然资源的生态系统服务价值，国内学者谢高地等在科斯坦萨研究的基础上，提出了适合中国资源环境、社会经济发展水平的当量因子表，并在 2015 年进行了改进。②谢高地等 2015 年制定的中国生态系统单位面积生态服务价值当量表如表 10—1 所示。

表 10—1　中国生态系统单位面积生态服务价值当量表

一级分类	二级分类	旱地	水田	森林	草地	湿地	水域
供给服务	食物生产	0.85	1.36	0.29	0.22	0.51	0.8
	原料生产	0.4	0.09	0.66	0.33	0.5	0.23
	水资源供给	0.02	−2.63	0.34	0.18	2.59	8.29
调节服务	气体调节	0.67	1.11	2.17	1.14	1.9	0.77
	气候调节	0.36	0.57	6.5	3.02	3.6	2.29
	净化环境	0.1	0.17	1.93	1	3.6	5.55
	水文调节	0.27	2.72	4.74	2.21	24.23	102.24
支持服务	土壤保持	1.03	0.01	2.65	1.39	2.31	0.93
	维持养分循环	0.12	0.19	0.2	0.11	0.18	0.07
	生物多样性	0	0	2	1	8	3
文化服务	美学景观	0.06	0.09	1.06	0.56	4.73	1.89

---

①　陈根发、林希晨、倪红珍：《我国流域生态补偿实践》，《水利发展研究》2020 年第 11 期。
②　谢高地、张彩霞、张雷明等：《基于单位面积价值当量因子的生态系统服务价值化方法改进》，《自然资源学报》2015 年第 8 期。

县域 i 第 t 年的生态系统服务价值 ESV_{it} 的计算公式为：

$$ESV_{it} = \sum_{k=1}^{k=5} A_{itk} \times E_k \times D \times X_{ijt} \qquad （10—1）$$

A_{itk} 为县域 i 第 t 年第 k 种土地利用类型的面积，E_k 表示第 k 种土地利用类型的当量因子，当量因子借鉴谢高地等提出的当量因子表。D 为谢高地提出的 1 个标准的当量因子的生态服务价值量，含义为每年处在全国平均生产水平的 1 公顷农田所生产的粮食的经济价值量。X_{ijt} 为县域 i 第 j 类生态系统第 t 年的净第一性生产力调节因子，计算方法为：

$$X_{ijt} = npp_{ijt} / \overline{npp_J} \qquad （10—2）$$

npp_{ijt} 为县域 i 第 j 类生态系统在第 t 年的单位面积净第一性生产力值，$\overline{npp_J}$ 为钱塘江流域在 2000 年第 j 类生态系统的单位面积净第一性生产力值。

谢高地等基于 2010 年我国发展水平给出的 D 值为 3406.5 元 / 公顷。鉴于我国经济发展水平发生了很大的变化，单位面积某种土地利用类型所能提供的生态系统服务价值已今非昔比，需要考虑随着经济发展水平的提升而提升。同时，由于各地的经济发展水平差异较大，单位面积某种土地利用类型所能提供的生态系统服务价值也存在着较大的差异，有必要从地区异质性的角度出发对当量因子的价格进行调整。

夜间灯光影像除了可以反映年份之间经济发展水平变化外，还可以揭示各个地区经济发展水平差异。经过校正的 2010 年 DMSP/OLS 夜间灯光数据和 2018 年的 NPP/VIIRS 夜间灯光数据具有较好的连续性和可对比性，可以刻画 2010—2018 年经济增长及变化情况。因此，可以借助经过调整的 2010 年和 2018 年的夜间灯光遥感数据来调整谢高地等于 2010 年计算得到的 1 个标准的当量因子的生态服务价值量，进而可以得到 2018 年钱塘江流域 1 个标准的当量因子价格。具体的调整公式为：

$$D_{2018} = D \times \frac{TDN_{2018}}{TDN_{2010}} \qquad （10—3）$$

D_{2018} 代表调整后的 2018 年 1 个标准的当量因子的生态系统服务价值量，D 值为 2010 年 1 个标准的当量因子的生态系统服务价值量（3406.5 元/公顷）。TDN_{2018} 为 2018 年钱塘江流域总灯光像元亮度值，TDN_{2010} 为 2010 年钱塘江流域总灯光像元亮度值。经过校正后的 2010 年灯光总 DN 值为 219148，2018 年灯光总 DN 值为 276115，由此有 TDN_{2018}=4292.01 元/公顷。

$$D_i = D_{2018} \times \frac{ADN_i}{ADN_a} \qquad (10\text{---}4)$$

D_i 为钱塘江流域范围内 i 县域 1 个标准当量因子的生态系统服务价值量，D_{2018} 为计算出的 2018 年钱塘江流域 1 个标准的当量因子的生态系统服务价值量（4292.01 元/公顷）。ADN_i 为钱塘江流域范围内县域 i 的单位面积灯光 DN 值，ADN_a 为钱塘江流域单位面积灯光 DN 值，钱塘江流域 38 个县域具体的单位当量因子价格如表 10—2 所示。

表 10—2 钱塘江各县域单位当量因子价格表

序号	县域	单位当量因子价格（元/公顷）	序号	县域	单位当量因子价格（元/公顷）
1	滨江区	11172.04	20	上城区	11849.77
2	淳安县	2312.57	21	遂昌县	1968.47
3	常山县	3577.82	22	桐庐县	3632.41
4	东阳市	5121.36	23	武义县	4075.47
5	富阳区	4857.77	24	婺城区	4272.09
6	建德市	3279.46	25	西湖区	9172.83
7	江山市	2782.60	26	萧山区	6767.89
8	金东区	5693.75	27	义乌市	7217.53
9	缙云县	3842.09	28	永康市	5277.67
10	开化县	2652.32	29	诸暨市	4802.07
11	柯城区	4576.21	30	黄山区	2311.75
12	柯桥区	6095.26	31	徽州区	3142.54
13	兰溪市	4140.03	32	绩溪县	2669.34
14	临安区	2631.59	33	宁国市	2002.06

序号	县域	单位当量因子价格（元/公顷）	序号	县域	单位当量因子价格（元/公顷）
15	龙泉市	1798.42	34	祁门县	1902.33
16	龙游县	3663.51	35	屯溪区	6373.32
17	磐安县	3081.14	36	歙县	2381.43
18	浦江县	4291.00	37	休宁县	2340.59
19	衢江区	3088.15	38	黟县	2279.71

调整后各县域生态系统服务价值的计算公式为：

$$ESV_{it} = \sum_{k=1}^{k=5} A_{itk} \times E_k \times D_i \times X_{ijt} \qquad （10-5）$$

与式（10—1）不同，D_i 是经过各县域的夜间灯光单位面积 DN 值调整的当量因子，与各地提供生态系统服务价值需付出的机会成本息息相关。根据表 10—2，各地区当量因子价格相差很大，价格最高的是上城区，为 11849.77 元/公顷，最低的是龙泉市，不及上城区价格的 1/5。

（二）生态系统服务价值测算的数据来源及处理

生态系统服务价值核算时需要根据流域农田、森林、草地、河流、湖泊的土地利用面积确定生态系统服务类型和数量；确定固碳释氧实物量时需要用到净初级生产力数据；以地理原则划分的钱塘江流域范围与行政区划范围不同，缺少社会经济统计数据，因此通过夜间灯光遥感数据作为经济发展水平的替代变量。[1] 考虑到土地利用遥感监测数据的可获得性，研究区间为 2000 年、2005 年、2010 年、2015 年、2018 年。具体数据来源如下：

1. 土地利用遥感数据

2000 年、2005 年、2010 年、2015 年、2018 年的中国土地利用遥感

---

[1]　陈颖彪、郑子豪、吴志峰：《夜间灯光遥感数据应用综述和展望》，《地理科学进展》2019年第 2 期。

监测 1000 米栅格数据来自中国科学院资源环境科学数据中心，以 Landsat 8、Landsat TM/ETM 遥感影像为主要数据源，按照土地覆盖变化（LUCC）分类原则将土地覆被类型划分为 25 种二级分类。[①] 谢高地等在核算生态系统服务价值时将土地覆被类型分为森林、草地、农田、河流/湖泊和荒漠六种。为方便计算生态系统服务价值，在 Arcgis10.2 将中科院土地覆被数据重分类为农田、森林、草地、河流、湿地、建成区六种，其中城镇用地、农村居民点、其他建设用地不具有生态系统服务价值，不予考虑。重分类标准见表 10—3。

表 10—3　土地利用类型重分类对比表

重分类土地利用类型	农田		森林				草地			河流/湖泊			湿地		
土地覆盖变化分类土地利用类型	水田	旱地	有林地	灌木林	疏林地	其他林地	高覆盖度草地	中覆盖度草地	低覆盖度草地	河渠	湖泊	水库坑塘	滩涂	滩地	沼泽地

2. 净第一性生产力数据来源

净第一性生产力数据可以表征植被活动，是单位面积上的绿色植物在单位时间内通过光合作用产生的有机物质中扣除掉自身消耗的部分。2000 年、2005 年、2010 年、2015 年、2018 年的净第一性生产力数据来自美国航空航天局（NASA）（https://ladsweb.modaps.eosdis.nasa.gov/search/）提供的 MOD13A2 产品，数据在 Arcgis10.2 软件中进行镶嵌和投影变换等预处理后，通过裁剪工具得到钱塘江流域各县域的净第一性生产力数据。

3. 夜间灯光遥感数据来源及处理

钱塘江流域范围与钱塘江流经县的行政区划范围有所不同，钱塘江流

---

① 徐新良、刘纪远、张树文等：《中国多时期土地利用土地覆被遥感监测数据集（CNLUCC）》，中国科学院资源环境科学数据中心数据注册与出版系统，见 http://www.resdc.cn/DOI。

经整个淳安县、建德市、柯城区、兰溪市、龙游县、浦江县、衢江区、义乌市，流经其他县域的部分行政区划范围。对按自然地理标准划分的钱塘江流域进行研究时，根据行政区划范围统计的社会经济统计数据不适用于自然流域范围内的研究区域。在具体数据处理时，可以通过按掩膜提取的方式将钱塘江流域的土地利用遥感数据、夜间灯光遥感数据和净第一性生产力数据提取出来。本书主要利用土地利用遥感监测数据测算生态系统服务价值，经济发展统计数据也经过夜间灯光遥感数据调整。

本书所使用的 DMSP/OLS 和 NPP/VIIRS 夜间灯光遥感数据从美国国家地球物理数据中心（NGDC）网站（https://ngdc.noaa.gov/eog/dmsp/dmsp.html）下载得到。由于研究的时间跨度为 2000—2018 年，而 DMSP/OLS 只服役到 2013 年，2013 年之后的夜间灯光遥感数据通过 NPP/VIIR 获得。

首先，DMSP/OLS 夜间灯光影像由于没有经过辐射定标处理，直接获取的夜间灯光数据与实际的夜间灯光数据之间存在误差，即会存在像元饱和和数据不连续等问题。借鉴曹子阳等的不变目标区域法，选取鹤岗市为不变目标区域对夜间灯光影像进行校正。[①]选取经过辐射定标的 F16 卫星传感器获取的 2006 年夜间灯光影像作为参考影像，选取 F121995、F142000、F152000、F152005、F162005、F182010、F182013 年数据为待校正影像，在 Arcgis10.2 中按矢量数据裁剪出鹤岗市的夜间灯光数据，然后进行兰伯特投影转换以解决栅格随着纬度升高而变小的问题，并把像元重采样为 1 平方千米大小，而后创建带点渔网以提取各像元的 DN 值，将待校正影像逐个像元的 DN 值与参考影像逐个像元的 DN 值在统计软件种做回归分析，得到夜间灯光遥感数据的校正方程和校正参数。最后，将得到的校正方程和校正参数应用到钱塘江流域，得到钱塘江流域的校正好的

---

① 曹子阳、吴志峰、匡耀求：《DMSP/OLS 夜间灯光影像中国区域的校正及应用》，《地球信息科学学报》2015 年第 9 期。

夜间灯光遥感数据。[①]

2013年DMSP/OLS系统退役后，由NPP/VIIRS系统继续监测夜间灯光，NPP/VIIRS拥有更先进的技术，可以获取较高精度的夜间灯光影像，灯光DN值范围也由原来的0—63拓宽到0—255，可以更精确反映灯光的变化程度，包含更多的灯光信息。为保证两种数据源的数据一致性，参考梁丽等的方法将DMSP/OLS和NPP/VIIRS获取的夜间灯光遥感数据进行一致性校正，具体操作方法与曹子阳等（2015）的方法类似，只是在不变目标区域的选择上有所不同，DMSP/OLS内部校正时选择经济发展较为稳定的鹤岗市，DMSP/OLS和NPP/VIIRS相互校正时选择灯光DN值域范围更广的杭州市。[②] 选取2013年的DMSP/OLS数据作为参考影像、2013年的NPP/VIIRS数据作为待校正参考影像。拟合后将得到的拟合方程和参数应用到2015年和2018年钱塘江流域夜间灯光的各个像元，按掩膜提取出钱塘江流域范围内2015年和2018年的夜间灯光遥感数据。校正流程如图10—1所示。

夜间灯光遥感数据的具体灯光影像名称、校正方程及校正参数如表10—4所示。F142000为卫星F14获取的2000年的夜间灯光遥感数据，以此类推。

表10—4 夜间灯光遥感数据校正方程

数据来源	卫星/年份	拟合方程	R^2
DMSP/OLS	F142000	$Y=1.857X^{1.1383}$	0.8785
DMSP/OLS	F152000	$Y=1.1028X^{1.1083}$	0.7481
DMSP/OLS	F152005	$Y=1.6824X^{0.9652}$	0.7513
DMSP/OLS	F162005	$Y=1.0715X^{1.1148}$	0.9196
DMSP/OLS	F182010	$Y=0.197X^{1.4019}$	0.8124

---

① 需要说明的是：（1）曹子阳等的方法在对使用参数校正后又针对后一年比前一年DN值小的像元值进行了处理，但考虑到逆城市化的影响，本书不针对这一现象进行数据处理；（2）对于2000年和2005年有两种夜间灯光遥感数据的年份（两个不同的卫星获取了2000年、2005年的数据），选择拟合程度较好的年份进行校正；（3）综合比较拟合优度的大小，选用幂函数为校正方程形式。

② 梁丽、边金虎、李爱农等：《中巴经济走廊DMSP/OLS与NPP/VIIRS夜光数据辐射一致性校正》，《遥感学报》2020年第2期。

续表

数据来源	卫星 / 年份	拟合方程	R²
DMSP/OLS	F182013	$Y=0.397X^{1.1747}$	0.6602
NPP/VIIRS	2013	$Y=0.0023X^{1.9614}$	0.8678
NPP/VIIRS	2015	$Y=0.0023X^{1.9561}$	0.8583
NPP/VIIRS	2018	$Y=0.0026X^{1.9165}$	0.8356

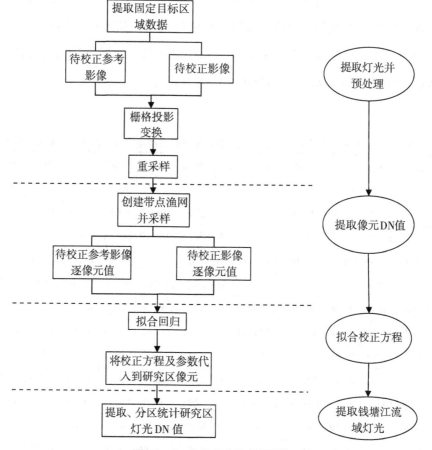

图 10—1　夜间灯光遥感数据校正流程

根据 2010 年和 2018 年钱塘江流域夜间灯光的遥感影像分析，2018 年的夜间灯光图有亮值的区域范围明显大于 2010 年的夜间灯光图。2010 年各县域的灯光较为集中地分布在本区域经济发达的中心，而 2018 年出现了郊区

225

化和次中心化的趋势，有亮度的灯光区域不断从亮度中心向周围渗透。总体而言，钱塘江流域东南部区域灯光亮度 DN 值大于西部区域灯光亮度 DN 值，东部区域为经济较为发达的浙江省，西部区域为经济相对落后的安徽省。

（三）基于经济发展水平的生态系统服务价值核算结果

运用当量因子法计算生态系统服务价值时，首先根据经济水平随年份的发展发生的变化调整单位当量因子价格的大小；其次考虑地区间经济发展的差异性，更精准地反映各地在提供生态系统服务时牺牲的经济代价。运用基于经济发展水平的当量因子法计算的生态系统服务价值结果如表10—5所示。

表 10—5　2000—2018 年钱塘江流域各县域生态系统服务价值核算结果　单位：亿元

县域	2000	2005	2010	2015	2018	县域	2000	2005	2010	2015	2018
滨江区	14.99	14.77	15.12	12.49	16.37	上城区	10.57	10.57	10.57	10.57	0.17
淳安县	320.55	322.19	324.76	337.71	331.26	遂昌县	89.62	89.30	87.54	92.25	97.33
常山县	68.72	69.65	69.17	72.97	73.48	桐庐县	137.27	140.71	139.99	146.72	145.74
东阳市	122.36	126.80	125.30	130.10	135.03	武义县	65.23	65.23	64.75	67.84	66.18
富阳区	172.95	173.17	174.39	182.60	181.31	婺城区	103.46	103.92	102.64	108.91	108.26
建德市	167.39	166.92	167.36	175.96	172.33	西湖区	37.08	39.60	40.62	39.45	42.19
江山市	105.48	104.94	102.76	108.41	110.00	萧山区	43.92	43.58	43.58	46.01	49.94
金东区	51.73	53.16	52.57	54.53	56.51	义乌市	113.87	114.29	112.28	114.66	127.35
缙云县	22.92	23.41	22.62	23.70	24.31	永康市	86.09	85.22	85.37	86.56	91.13
开化县	105.71	105.20	103.85	112.19	113.17	诸暨市	188.59	192.32	192.40	196.58	203.41
柯城区	41.33	41.54	41.53	42.88	49.20	黄山区	4.76	4.75	4.91	5.32	5.13
柯桥区	1.67	1.86	1.84	1.91	2.14	徽州区	25.78	25.79	25.91	28.24	28.00
兰溪市	79.53	79.06	78.65	82.88	85.52	绩溪县	37.06	36.66	35.19	37.89	38.03
临安区	122.67	122.42	123.19	131.97	131.46	宁国市	0.73	0.72	0.76	0.86	0.93
龙泉市	14.09	14.07	13.62	14.16	14.35	祁门县	5.64	5.74	5.69	6.41	6.02
龙游县	66.70	67.87	67.48	71.86	73.40	屯溪区	15.63	15.97	15.21	16.35	19.31

续表

县域	2000	2005	2010	2015	2018	县域	2000	2005	2010	2015	2018
磐安县	24.41	24.96	24.19	25.55	27.55	歙县	107.44	107.21	104.92	114.82	113.16
浦江县	66.58	66.64	65.83	69.98	71.48	休宁县	98.39	98.54	97.40	106.65	105.32
衢江区	105.91	105.60	103.88	109.98	113.15	黟县	18.11	18.06	17.64	19.41	19.07

从 2000 年到 2018 年，生态系统服务价值从 2864.93 亿元增加到 3048.72 亿元，生态系统服务价值减少的县域为上城区和武义县，其他县域生态系统服务价值在 2018 年均增加。从生态系统服务提供量来看，淳安县提供的生态系统服务价值最多，均在 320 亿元以上，且在 2000—2018 年呈增加趋势。

在王女杰等（2010）的研究中将文化服务划分为非市场价值，但考虑到本书以旅游收入近似替代生态系统文化服务价值，因此将文化服务划分为非市场价值。① 基于经济发展水平核算的生态系统服务非市场价值如表 10—6 所示。

表 10—6　2000-2018 年钱塘江流域生态环境服务非市场价值结果　单位：亿元

县域	2000	2005	2010	2015	2018	县域	2000	2005	2010	2015	2018
滨江区	14.53	14.04	14.36	14.36	15.33	上城区	9.78	9.78	9.78	9.78	0.16
淳安县	300.70	302.24	304.63	304.63	310.64	遂昌县	84.57	84.27	82.63	82.63	91.74
常山县	65.55	66.33	65.89	65.89	69.72	桐庐县	130.36	133.48	132.80	132.80	137.97
东阳市	118.29	121.70	120.36	120.36	128.86	武义县	62.32	62.28	61.84	61.84	63.08
富阳区	164.78	164.81	165.99	165.99	171.91	婺城区	99.60	99.80	98.68	98.68	103.33
建德市	158.45	158.04	158.46	158.46	162.91	西湖区	35.42	37.67	38.62	38.62	39.94
江山市	100.31	99.83	97.83	97.83	104.26	萧山区	42.70	42.28	42.32	42.32	47.88
金东区	50.82	51.87	51.49	51.49	54.57	义乌市	111.28	110.92	109.18	109.18	122.07
缙云县	21.81	22.25	21.51	21.51	23.06	永康市	83.09	82.18	82.32	82.32	87.28

① 王女杰、刘建、吴大千等：《基于生态系统服务价值的区域生态补偿——以山东省为例》，《生态学报》2010 年第 23 期。

县域	2000	2005	2010	2015	2018	县域	2000	2005	2010	2015	2018
开化县	100.24	99.76	98.54	98.54	107.08	诸暨市	181.49	184.61	184.72	184.72	194.04
柯城区	39.98	39.92	39.91	39.91	46.74	黄山区	4.49	4.49	4.63	4.63	4.84
柯桥区	1.61	1.78	1.76	1.76	2.04	徽州区	24.59	24.59	24.70	24.70	26.59
兰溪市	77.41	77.04	76.69	76.69	82.44	绩溪县	35.19	34.82	33.44	33.44	36.06
临安区	116.22	115.95	116.67	116.67	124.34	宁国市	0.69	0.68	0.71	0.71	0.88
龙泉市	13.29	13.27	12.85	12.85	13.54	祁门县	5.33	5.43	5.38	5.38	5.69
龙游县	64.36	65.41	65.07	65.07	70.14	屯溪区	15.03	15.34	14.57	14.57	18.32
磐安县	23.14	23.66	22.95	22.95	26.04	歙县	101.76	101.53	99.41	99.41	107.01
浦江县	63.79	63.65	62.94	62.94	68.07	休宁县	93.36	93.48	92.43	92.43	99.68
衢江区	100.95	100.55	98.98	98.98	107.28	黟县	17.27	17.21	16.83	16.83	18.11

表10—6核算了2000—2018年钱塘江生态系统服务非市场价值，生态系统服务非市场价值从2000年的2734.57亿元增加到2893.62亿元，增加了159.06亿元，仅有上城区的生态系统服务年度变化值为负。

二、基于产业发展水平的流域横向生态转移支付标准测度

（一）基于产业发展水平的生态系统服务价值核算体系构建

通过查询统计年鉴、人员访问、查阅互联网资料、电话调查等方式尽可能准确且详细地获取了浙江省或安徽省的供水价格、供电价格、水库建设价格、尿素价格、过磷酸钙价格、氯化钾价格、化学需氧量交易价格、氨氮交易价格、二氧化硫交易价格、氮氧化物交易价格、碳交易价格、森林有害生物防治价格等。通过在 Arcgis10.2 中提取土地利用遥感监测数据和 NPP 数据、结合《2018 年浙江省水资源公报》和《2018 年黄山市水资源公报》的统计数据，以及借鉴马国霞等（2017）、欧阳志云等（1999）、赵同谦等（2003）、相晨等（2019）、赵寅成等（2020）、杨文杰等（2018）的研究成果，

在钱塘江流域单位面积农田、森林、草地、河流、湖泊等生态系统提供的各项生态系统服务实物量基础上与各项生态系统服务涉及的产业发展水平相结合，核算出钱塘江流域与产业发展水平相适应的生态系统服务价值。[①]

产品供给服务中，农田、森林提供的产业价值可以通过统计年鉴数据直接获取。受限于数据可得性，从省际层面考察浙江省和安徽省的农产品、林产品产值。统计年鉴中的数据根据行政区划范围进行划分，无法直接应用于本书，因此根据农田、森林的面积对其产值进行平均，得到单位面积农田、森林提供的产值，结合钱塘江农田、森林覆被情况计算农田、森林提供的总产值。水资源在不同的地区具有不同的价格，根据水电费查询网查得杭州和合肥的居民用水第一梯度价格，以杭州市水价代表浙江省的水资源价格，以合肥市水价代表安徽省的水资源价格。

气候调节服务中，以空调产生同等降温增湿服务时的成本量进行核算，计算使用空调达到同样降温增湿效果时所耗的成本。浙江省和安徽省的统调煤电标杆上网电价水平通过《中国电力行业年度发展报告》获得。

水流动调节服务中，计算使用水库达到同等洪水调蓄和水源涵养效果时所耗的成本来衡量水流动调节服务价值的大小。根据浙江省编制的《生态系统生产总值（GEP）核算技术规范（陆域生态系统）》，2015 年水库单位库容的工程造价为 25.85 元 / 立方米、单位库容的运营成本为 0.04 元 /（立方米·年），根据浙江省和安徽省的 PPI 指数调整得到 2018 年的水库单位库容总成本。

---

① 　浙江省水利厅：《2018 年浙江省水资源公报》，2019 年 11 月 21 日，见 http://www.zjsw.cn/pages/doc.jsp?docId=1657622&catId=1029；黄山市水利局：《2018 年黄山市水资源公报》，2021 年 10 月 29 日，见 http://www.huangshan.gov.cn/site/tpl/4570?xjbm=210129610100018；马国霞、於方、王金南等：《中国 2015 年陆地生态系统生产总值核算研究》，《中国环境科学》2017 年第 4 期；欧阳志云、王效科、苗鸿：《中国陆地生态系统服务功能及其生态经济价值的初步研究》，《生态学报》1999 年第 5 期；赵同谦、欧阳志云、王效科：《中国陆地地表水生态系统服务功能及其生态经济价值评价》，《自然资源学报》2003 年第 4 期；相晨、严力蛟、韩轶才：《千岛湖生态系统服务价值评估》，《应用生态学报》2019 年第 11 期；赵寅政：《安徽省六安市生态系统生产总值核算研究》，硕士学位论文，合肥工业大学，2020 年；杨文杰、赵越、赵康平等：《流域水生态系统服务价值评估研究——以黄山市新安江为例》，《中国环境管理》2018 年第 4 期。

土壤保持服务包括减少土壤流失和保持土壤肥力两部分。减少土壤流失产生的价值采用水库单位库容清淤工程费用来代替，根据浙江省编制的《生态系统生产总值（GEP）核算技术规范（陆域生态系统）》，2015年水库单位库容清淤工程费用为26.27元/立方米。根据浙江省和安徽省的PPI指数调整得到2018年的水库单位库容总成本。

水质净化服务即生态系统减少水体环境中化学需氧量、氨氮含量的功能。通过浙江省排污权交易网站获取2018年化学需氧量和氨氮的交易额和交易数量，计算得出化学需氧量和氨氮的交易价格。

空气净化服务即生态系统减少空气中二氧化硫、氮氧化物含量的功能，通过浙江省排污权交易网站获取2018年二氧化硫、氮氧化物的交易额和交易数量，计算得出二氧化硫、氮氧化物的交易价格。

病虫害防治功能的价格通过《中国林业和草原统计年鉴》中浙江省和安徽省的林业有害生物防治面积和林业有害生物防治资金投入情况指标计算得出。

固碳释氧服务包括生态系统提供的固定二氧化碳、释放氧气两种功能。二氧化碳的价格通过碳排放交易网站获取的2018年八个碳排放交易试点省市的碳交易额、碳交易量计算得到。氧气的价格通过调查杭州和合肥的三甲医院获得按小时计浙江省、安徽省三甲医院鼻塞吸氧价格分别为4元/小时、2.5元/小时，并根据氧浓度和氧流量换算方法及氧气密度计算得每千克氧气的价格。

文化服务功能的价值量通过旅游收入来衡量。假设自然景观（森林、草地、河流、湖泊）带来的旅游收入是总旅游收入的70%，旅游收入数据通过浙江省、安徽省的统计年鉴数据可得。[1]

各服务类型换算成生态系统生产总值的具体公式、价格和说明等见表10—7。

---

[1] 马国霞、於方、王金南等：《中国2015年陆地生态系统生产总值核算研究》，《中国环境科学》2017年第4期。

表 10—7 生态系统生产总值核算体系

服务类型	服务内容	计算公式	参数说明	价格	价格来源
产品供给	市场价值法：计算农业、林业、渔业产值	根据统计年鉴数据直接核算农业、林业、渔业产值即可			《2018年浙江省统计年鉴》《2018年安徽省统计年鉴》①
	市场价值法：计算水资源价值、水电价值	$V_w = Q_w \times P_w$ $V_e = Q_e \times P_e$	V_w为水资源供给值，P_w为水资源供给价格；Q_w为水资源供给量，V_e为水电供给价值，P_e为水电供给价格，Q_e为电供给量	杭州和合肥居民用水第一梯度销售价格分别为2.9元/立方米、2.66元/立方米；2018年浙江省和安徽省统调煤电标杆上网电价分别为：0.4153元/千瓦时、0.3844元/千瓦时	政府文件，《中国电力行业年度发展报告》②
气候调节	森林、草地、湿地提供的降低温度、提高湿度的功能	$V_{ct} = V_t + V_m = (\sum_{i=1}^{2} GPP_i \times \gamma + \dfrac{t}{n} \times P_{ew}) \times P_R + (h_w \times P_{ew} \times P_R)$	V_{ct}为气候调节价值，V_t为降温价值，V_m为增湿价值，GPP_i为森林和草地生态系统总初级生产力，γ为有机质能量转换系数，t为标准大气压下水的汽化热，n为空调能效比，P_{ew}为湿地的潜在蒸散量，h_w为单位体积水蒸发耗电量，P_R为电价	2018年浙江省和安徽省统调煤电标杆上网电价分别为：0.4153元/千瓦时、0.3844元/千瓦时	《中国电力行业年度发展报告》③

① 浙江省统计局：《浙江省统计年鉴》，中国统计出版社2019年版；安徽省统计局：《安徽省统计年鉴》，中国统计出版社2019年版。
② 中国电力企业联合会：《2018年中国电力行业年度发展报告》，中国市场出版社2019年版。
③ 中国电力企业联合会：《2018年中国电力行业年度发展报告》，中国市场出版社2019年版。

续表

服务类型	服务内容	计算公式	参数说明	价格	价格来源
土壤保持	生态系统提供的保持土壤肥力、减少土壤流失的功能	$V_s = Q_{sd} \times P_m + Q_{sf} \times R_s \times P_{fi}$	V_s 为土壤保持价值，Q_{sd} 为保持土壤的数量，P_m 水库单位库容清淤工程费用，Q_{sf} 为土壤中氮、磷、钾和有机质的含量，R_s 为土壤中氮、磷、钾和有机质转化为尿素、过磷酸钙、氯化钾等化肥的系数，P_{fi} 为各种化肥的价格	2018年浙江省和安徽省水库单位库容清淤工程费用分别为27.98元/立方米、28.78元/立方米。浙江省和安徽省各种化肥肥价格分别为：尿素，2400元/吨，1800元/吨；过磷酸钙，760元/吨，800元/吨；氯化钾，3600元/吨，3000元/吨	P_m 来自《GEP核算技术规范 生态系统》，并根据PPI指数进行调整。化肥价格来自淳安县政府及电话调查①
水流动调节	湿地、河流、湖泊提供的洪水调蓄和水源涵养功能	$V_{wcf} = V_{wc} + V_{wf} = Q_{wcf} \times P_w$	V_{wcf} 为水流动调节价值，V_{wc}、V_{wf} 为洪水调蓄价值和水源涵养价值，Q_{wcf} 为水库洪水调蓄和水源涵养量，P_w 为水库库容的工程成本	2018年浙江省和安徽省水库库容的总成本分别为：27.58元/（立方米·年）、28.37元/（立方米·年）	《GEP核算技术规范 陆域生态系统》，并根据PPI指数进行调整②
水质净化	湖泊、河流、湿地等生态系统净化水环境的功能	$V_w = \sum_{i=1}^{2} Q_{wi} \times P_{wi}$	V_{wc} 为水质净化价值，Q_{wi} 为吸收的化学需氧量和氨氮数量，P_{wi} 为化学需氧量和氨氮的交易价格	2018年浙江省化学需氧量、氨氮平均交易价格为59.47万元/吨、73.09万元/吨	根据2018年浙江省化学需氧量、氨氮排污权交易额和氨氮排污权交易数量得出

---

① 浙江省市场监督管理局：《生态系统生产总值（GEP）核算技术规范 B33T 2274—2020》，2020年9月29日，见 https://max.book118.com/html/2020/1210/5244311030003041.shtm。
② 浙江省市场监督管理局：《生态系统生产总值（GEP）核算技术规范 DB33T 2274—2020》，2020年9月29日，见 https://max.book118.com/html/2020/1210/5244311030003041.shtm。

续表

服务类型	服务内容	计算公式	参数说明	价格	价格来源
空气净化	生态系统降低空气中二氧化硫、氮氧化物等污染物浓度的功能	$V_a = \sum_{i=1}^{2} Q_{ai} \times P_{ai}$	V_a 为空气净化的价值，Q_{ai} 为二氧化硫和氮氧化物净化物质量，P_{ai} 为二氧化硫和氮氧化物净化物排放交易价格	2018年浙江省二氧化硫、氮氧化物平均交易价格为1.89万元/吨、1.20万元/吨	根据2018年浙江省二氧化硫、氮氧化物交易额和交易量得出
病虫害防治	森林等生态系统减少病虫害传播的功能	$V_b = NF_a \times (MF_r - NF_r) \times P_b$	V_b 为病虫害防治的价值，MF 为人工林有害生物发生率，NF_r 为天然林有害生物发生率，NF_a 为天然林面积，P_b 为单位面积有害生物防治费用	2018年浙江省和安徽省单位面积有害生物防治费用分别为1893.91元/公顷、797.36元/公顷	《中国林业和草原统计年鉴2018》①
固碳释氧	固碳是指生态系统吸收大气中的二氧化碳、固定在植物或土壤中的过程。释氧是指植物通过光合作用释放氧气的过程	$V_{co_2} = (NPP / 45\%) \times 1.62 \times P_{co_2}$ $V_{o_2} = (NPP / 45\%) \times 1.20 \times P_{o_2}$	V_{co_2} 为固碳价值，NPP 为净初级生产力，P_{co_2} 为碳交易价格，P_{o_2} 为医用氧气价格	根据2018年8个试点地区碳排放交易额和碳排放量计算得出碳排放交易价格为22.31元/吨。2021年2月份浙江省、安徽省供氧氧气价格分别为23.33元/千克、11.66元/千克	碳交易价格来自中国碳排放交易网。氧气价格根据2021年2月份调查获得
文化服务	生态系统提供的供人们休闲游玩的服务	$V_v = V_l \times 70\%$	V_v 是生态系统提供的文化服务，V_l 为旅游收入		《2018年浙江统计年鉴》《2018年安徽统计年鉴》

① 国家林业和草原局：《中国林业和草原统计年鉴》，中国林业出版社2019年版。

（二）基于产业发展水平的生态系统服务价值核算结果

结合钱塘江流域的产业发展水平以及各县域提供的生态系统服务实物量，2018年钱塘江流域的生态系统生态资产为1.03万亿元。2000—2018年钱塘江流域各县域的生态系统服务价值如表10—8所示。

表10—8　2000—2018年钱塘江流域生态系统服务价值核算结果　单位：亿元

县域	2000	2005	2010	2015	2018	县域	2000	2005	2010	2015	2018
滨江区	24.11	23.03	12.67	19.09	24.30	上城区	15.95	15.86	15.88	15.89	8.16
淳安县	1820.67	1820.62	1817.37	1823.13	1814.75	遂昌县	458.40	455.29	454.33	454.02	466.31
常山县	225.54	225.62	224.78	224.54	226.75	桐庐县	441.55	453.64	450.10	445.75	449.93
东阳市	292.68	294.60	293.36	293.28	296.04	武义县	187.59	185.39	184.80	183.64	177.14
富阳区	450.41	448.38	447.03	443.27	446.12	婺城区	301.33	298.66	295.42	298.71	295.78
建德市	624.05	622.54	621.27	623.56	608.73	西湖区	61.37	65.18	64.95	63.34	68.17
江山市	418.77	416.95	415.06	415.46	403.49	萧山区	89.18	88.37	87.94	87.37	97.46
金东区	124.66	125.31	125.92	125.48	125.90	义乌市	207.90	202.67	201.13	199.13	214.16
缙云县	64.30	64.31	63.92	63.63	63.56	永康市	200.93	197.39	196.83	193.29	196.64
开化县	441.13	440.42	439.22	443.23	445.20	诸暨市	507.22	504.92	500.84	502.48	501.43
柯城区	113.82	110.25	110.14	109.61	128.73	黄山区	22.75	22.75	22.78	22.99	22.51
柯桥区	3.52	3.55	3.55	3.49	3.75	徽州区	107.06	107.03	106.88	107.47	102.08
兰溪市	259.56	259.68	257.56	260.18	261.67	绩溪县	152.95	152.87	152.29	152.77	147.37
临安区	519.13	520.18	520.34	524.65	522.59	宁国市	4.43	4.42	4.43	4.75	5.00
龙泉市	74.89	75.09	74.53	74.03	73.81	祁门县	31.42	31.94	31.93	32.15	31.55
龙游县	230.22	232.38	231.21	231.53	234.64	屯溪区	41.80	41.77	41.30	39.88	54.44
磐安县	85.83	85.29	84.99	85.33	87.05	歙县	547.95	547.92	546.99	549.27	536.92
浦江县	184.53	181.88	181.52	182.29	187.20	休宁县	441.20	442.59	441.75	444.25	456.03
衢江区	425.98	421.84	421.91	422.96	431.85	黟县	95.95	95.96	95.95	96.76	97.06

从表10—8可以看出，提供生态系统服务价值最高的是淳安县，即千岛湖的所在地，每年提供的生态系统服务价值不低于1810亿元，提供生

态系统服务最少的是上城区，生态系统服务价值最低的年份不足 10 亿元。总体而言，钱塘江流域的生态系统系统服务价值从 2000 年的 10300.72 亿元增加为 2018 年的 10314.27 亿元，生态系统服务总价值略有增加，增加幅度较小。

表 10—9 可以看出钱塘江流域在 2000—2018 年各种土地利用类型面积变化情况。其中，农田、森林、草地面积分别减少了 12.93%、0.68%、3.00%；湿地面积和河流 / 湖泊的面积有所增加，分别增加了 8.05%、3.44%。单位面积河流 / 湖泊和湿地提供的生态系统服务价值要大于单位面积农田、森林和草地提供的生态系统服务价值，所以虽然 18 年间钱塘江流域能提供生态系统服务的总土地面积是减少的，但是提供的总生态系统服务价值没有减少，反而略有增加。从 2000—2018 年土地利用覆被情况来看，钱塘江流域在保持水生态环境、保护湿地方面取得了一定的成效，提高了单位面积土地的生态系统服务价值。但是，应当重视植树种草工程建设，避免森林、草地面积发生减少；农田减少面积最多，应加强农田规划管理，提高单位农田产粮效率，保证农产品供应。

表 10—9　2000—2018 年钱塘江流域土地利用类型变化

		农田	森林	草地	河流 / 湖泊	湿地	建设用地
2000 年	面积（公顷）	887300	2995100	126800	90000	8700	68300
	比例（%）	21.24	71.70	3.04	2.15	0.21	1.64
2005 年	面积（公顷）	841400	2982300	129400	91800	9000	122400
	比例（%）	20.14	71.40	3.10	2.20	0.22	2.93
2010 年	面积（公顷）	826000	2978900	130700	91600	9000	140100
	比例（%）	19.77	71.32	3.13	2.19	0.22	3.35
2015 年	面积（公顷）	804400	2966300	128500	91000	8600	175800
	比例（%）	19.27	71.04	3.08	2.18	0.21	4.21
2018 年	面积（公顷）	772600	2974700	123000	93100	9400	202100
	比例（%）	18.50	71.22	2.94	2.23	0.23	4.84

	农田	森林	草地	河流／湖泊	湿地	建设用地
2000—2018 年面积变化	-114700	-20400	-3800	3100	700	133800
2000—2018 年面积变化率	-12.93	-0.68	-3.00	3.44	8.05	195.90

表 10—10 则从钱塘江流域各单项生态系统服务价值的角度出发，观察每项生态系统服务价值在 2000—2018 年的变化情况。在 9 项生态系统服务价值中，减少的有产品供给价值，减少了 0.93%；气候调节价值，减少了 0.13%；水流动调节价值，减少了 0.17%；土壤保持价值减少了 1.94%；病虫害防治价值，减少了 0.83%；文化服务价值，减少了 0.63%。增加的有水质净化价值，增加了 3.58%；空气净化价值，增加了 8.05%；固碳释氧价值 11.76%。产品供给价值减少主要是因为农田和森林面积的减少带来农产品产量和林产品产量的下降；气候调节价值和土壤保持价值减少是由于森林、草地面积的减少带来服务价值量的下降；病虫害防治价值减少是由森林面积的减少造成的；文化服务价值减少是由于森林、草地面积减少幅度较大。水质净化价值和空气净化价值增加是因为河流／湖泊和湿地面积有所增加，提高了生态系统服务量；固碳释氧价值是根据生态系统中净第一性生产力的含量计算出来的，净第一性生产力含量越高，固碳释氧价值就越高，通过 MODIS 数据提取可知，钱塘江流域的净第一性生产力从 2000 年到 2018 年增加了 11.5%。植被净初级生产力即净第一性生产力可以反映土地植被的生长发育状况，以反映地区生态环境的质量大小。钱塘江流域在农田、森林、草地面积发生减少的情况下，净第一性生产力总量却得到了提升，说明钱塘江流域在 2000—2018 年加强生态环境管理，积极培育森林、草地，通过更先进的农业技术等手段提高了农田、森林和草地的生长质量，使单位面积农田、森林、草地提供更高的生态系统服务价值。

表10—10 2000-2018年钱塘江流域各项生态系统服务价值变化 单位：亿元

年份	产品供给	气候调节	水流动调节	土壤保持	水质净化
2000	1962.2	997.41	2817.44	632.47	95.02
2005	1957.93	996.53	2814.67	626.86	96.96
2010	1936.31	995.5	2811.52	625.2	96.76
2015	1924.68	989.49	2797.5	621.11	96.01
2018	1934.52	996.16	2812.61	620.2	98.43
变化量	−27.68	−1.25	−4.83	−12.27	3.4
变化率	−1.41%	−0.13%	−0.17%	−1.94%	3.58%
年份	空气净化	病虫害防治	固碳释氧	文化服务	
2000	4.76	3.68	642.5	3145.24	
2005	4.93	3.66	647.58	3137.46	
2010	4.93	3.65	633.77	3135.23	
2015	4.71	3.64	705.62	3119.88	
2018	5.14	3.65	718.08	3125.49	
变化量	0.38	−0.03	75.58	−19.76	
变化率	8.05%	−0.83%	11.76%	−0.63%	

　　生态系统服务价值从价值是否通过市场机制得以实现的角度可以分为市场价值和非市场价值。产品供给包括农业产值、林业产值、渔业产值、水资源供给值、水电供给值、文化服务带来旅游收入总值，这些产值通过在市场上进行交换已转换成货币价值，提供产品供给服务的县域获得了相应的资金收入，因此可以不划入生态转移支付机制的补偿范围。需要特别说明的是，由于本书通过旅游收入核算文化服务价值，因此将文化服务划分为市场价值部分。气候调节、水流动调节、土壤保持、水质净化、空气净化、病虫害防治、固碳释氧等服务为人类生产生活提供了必要的环境条件和物质基础，却没有得到货币报酬。因此，有必要通过政策手段如生态转移支付的方式对这些服务进行付费，内部化这些服务的生态外部性。表10—11对钱塘江流域的9项服务从市场价值和非市场价

值的角度进行分类，并将属于非市场价值类型的服务列入生态转移支付范围。

表10—11　各项生态系统服务类型

	市场价值	非市场价值	是否列入生态转移支付范围
产品供给	√		
气候调节		√	是
水流动调节		√	是
土壤保持		√	是
水质净化		√	是
空气净化		√	是
病虫害防治		√	是
固碳释氧		√	是
文化服务	√		

　　钱塘江流域38个县域2000—2018年的生态系统服务非市场价值核算结果如表10—12所示。非市场价值即气候调节、水流动调节、土壤保持、水质净化、空气净化、病虫害防治、固碳释氧等产生的价值核算。2000年钱塘江流域提供的生态系统服务非市场价值共计5193.28亿元，2018年钱塘江流域提供的生态系统服务非市场价值共计5254.27亿元，比2000年略有增加，变化情况与生态系统服务价值变化情况相同，但是增加幅度比生态系统服务总价值大，为1.17%。分析其中的原因不难发现，提供产品供给服务的土地覆被类型为农田、森林和水域，农田面积和森林面积在2000—2018年都有不同程度的减少，尤其是农田，减少了12.93%，对生态系统服务价值产生的影响较大，而属于具有非市场价值的生态系统服务如水质净化、空气净化、固碳释氧等服务的价值有所上升，上升幅度比具有市场价值的服务价值减少幅度要大，所以生态系统服务非市场价值增加。

表 10—12 2000—2018 年钱塘江流域生态环境服务非市场价值 单位：亿元

县域	2000	2005	2010	2015	2018	县域	2000	2005	2010	2015	2018
滨江区	6.73	6.65	6.80	5.95	7.19	上城区	4.25	4.22	4.24	4.25	2.28
淳安县	776.50	776.97	774.03	781.96	782.23	遂昌县	267.75	265.37	264.41	266.18	270.72
常山县	121.52	121.51	120.98	121.87	121.55	桐庐县	241.64	244.97	243.54	245.27	243.70
东阳市	155.01	156.77	155.69	157.35	158.93	武义县	101.82	101.06	100.62	101.12	98.04
富阳区	224.97	224.68	224.03	225.21	226.49	婺城区	152.23	150.23	148.88	151.33	149.69
建德市	317.03	315.96	314.93	317.41	315.78	西湖区	21.60	22.71	22.66	21.70	23.54
江山市	228.46	227.16	225.68	228.23	227.91	萧山区	41.14	40.99	40.73	41.73	44.07
金东区	57.75	58.36	58.17	58.90	57.70	义乌市	99.49	98.70	97.81	98.10	106.27
缙云县	37.14	37.28	37.02	37.08	36.78	永康市	103.03	101.75	101.67	101.29	104.67
开化县	250.94	250.55	249.56	253.77	256.81	诸暨市	251.88	252.50	250.86	253.94	256.50
柯城区	59.56	58.58	58.66	59.56	62.23	黄山区	12.39	12.39	12.42	12.62	12.33
柯桥区	1.91	1.95	1.94	1.89	2.11	徽州区	47.85	47.84	47.84	48.50	47.62
兰溪市	119.84	119.46	118.48	120.99	121.41	绩溪县	79.32	79.27	78.95	79.43	79.35
临安区	302.16	302.21	302.50	306.28	305.79	宁国市	2.38	2.37	2.38	2.60	2.74
龙泉市	45.02	45.12	44.67	44.57	44.42	祁门县	17.02	17.36	17.35	17.57	17.15
龙游县	117.55	118.06	117.48	118.67	123.09	屯溪区	15.37	15.38	15.23	13.94	18.00
磐安县	49.81	49.60	49.30	49.68	51.36	歙县	250.78	250.75	250.06	252.81	252.25
浦江县	100.56	100.33	99.97	101.10	103.68	休宁县	237.41	238.24	237.72	240.35	241.78
衢江区	228.00	228.36	228.51	228.40	231.61	黟县	45.50	45.51	45.56	46.47	46.51

三、流域横向生态转移支付标准确定的优化与选择

首先，通过两种方法计算的钱塘江流域生态系统服务价值总变化量皆为正，即在 2000—2018 年钱塘江流域的生态环境质量是趋于好转的，主要是单位面积提供的生态系统服务有所上升，使得在城镇建设面积不断增加的情况下仍能保持生态系统服务的增长。其次，基于经济发展水平的当量因子法核算的生态系统服务价值低于基于产业发展水平核算的生态系

统服务价值，当量因子法可以反映全国的平均生态质量水平，而基于产业
发展水平核算每一项具体的生态系统服务更符合钱塘江流域的生态质量水
平和产业发展水平。通过对比发现，基于产业发展水平核算的单位面积生
态系统（仅包括农田、森林、草地、湿地、水域）服务价值从 2000 年的
2507.54 万元 / 平方千米增加到 2018 年的 2595.90 万元 / 平方千米，高于通
过基于经济发展水平核算的单位面积生态系统服务价值 697.42 万元 / 平方
千米（2000 年）和 767.30 万元 / 平方千米（2018 年），低于杨文杰等核算
的黄山市新安江水生态系统服务价值 4100 万元 / 平方千米。[①] 最后，基于
产业发展水平核算钱塘江流域生态系统服务价值可以有效识别流域范围内
38 个县域在过去 18 年间的生态系统服务变化情况，生态系统服务价值年
度变化值为正的有 13 个县域，可以作为转移支付资金来源；基于经济发
展水平核算钱塘江流域生态系统服务价值仅有上城区和武义县的生态系统
服务价值年度变化值为负，难以推进横向生态转移支付的进行。因此，需
要基于产业发展水平核算的生态系统服务非市场价值进行横向转移支付方
案设计。

第三节　流域横向生态转移支付的主客体关系构建

一、流域横向生态转移支付的主客体关系构建原则

流域横向生态转移支付主客体关系的构建原则是指在流域内部多个区
域中确定支出生态转移支付资金的主体和接受生态转移支付资金的客体的
原则。主客体划分原则旨在厘清钱塘江流域中产生生态系统服务正外部性
的地区和享受生态系统服务正外部性的地区，并通过转移支付资金内部

---

① 杨文杰、赵越、赵康平等：《流域水生态系统服务价值评估研究——以黄山市新安江为
例》，《中国环境管理》2018 年第 4 期。

化生态系统服务外部性。此处主要考虑两类分原则，即总量原则和增量原则。

总量原则是指根据某一时间点上各县域的流域生态系统服务价值供给量确定生态转移支付标准。生态系统服务水平高于流域内平均水平的地区给周围地区带来了生态环境的正外部性，同时付出了较高的生态保护成本，应得到较多的转移支付资金；生态系统服务水平低于流域内平均水平的地区享受了更多的生态系统服务，应当为生态系统服务的正外部性付费。因此，可以将高于流域内平均生态系统服务价值水平的地区界定为受偿区，接受生态转移支付资金；反之，将低于流域内平均生态系统服务价值水平的地区界定为补偿区，支付生态转移支付资金。

增量原则是指根据各县域的流域生态系统服务供给变化量确定生态转移支付标准。增量原则侧重于一段时间内提高的生态系统服务价值水平，或损害的生态系统服务价值水平。在生态系统服务变化的过程中，生态系统服务价值减少的地区应该为该地区减少的生态系统服务价值付费，生态系统服务价值增加地区应当对其增加的生态系统服务价值收费。肆意开发生态资源，以环境容量换取经济总量增长的地区，其生态系统服务价值减少，也会对周围地区产生生态环境的负外部性，应当通过生态转移支付对周围地区进行补偿。未对生态造成严重破坏的地区，其生态系统服务价值增加，应当对其进行经济补偿以弥补为维护生态系统承担的生态建设成本和限制工农业发展损失的机会成本。

总量原则和增量原则从不同的角度考虑如何通过生态系统服务价值确定横向转移支付资金支出方和接收方。对比两者可以发现，总量原则基于生态系统服务存量，而增量原则基于生态系统服务增量。横向生态转移支付应当注重转移支付效率，应当基于增量原则筹集和给予资金，以便激发各地区生态建设的积极性，提高生态转移支付资金利用效率。

二、流域横向生态转移支付的资金分配原则

（一）生态优势原则

生态优势原则是指根据各地区单位面积土地提供生态系统服务价值量的多少确定支付（获得）转移支付资金的优先顺序。单位面积生态系统服务量较高的地区，应优先获得转移支付资金；单位面积生态系统服务量较低的地区，应优先提供转移支付资金。依据生态优势优先进行补偿体现了横向生态转移支付的效率原则。在面积相同的条件下，生态系统服务量越高的地区说明能提供越高水平的生态系统服务，具有更加明显的生态优势，应当优先对其进行补偿，激励其能维持较高的生态系统服务水平。相反，在面积相同的条件下，生态系统服务量越低的地区说明能提供越少的生态系统服务，具有更加明显的生态劣势，应当优先提供资金为生态系统服务外部性付费。具有生态优势的地区得到生态补偿后，会产生示范效应，激励其他地区主动提供生态系统服务，协同其他具有生态优势的地区走一条依靠绿水青山致富的可持续发展之路。此外，质量越高的生态系统服务需要付出的生态保护努力越大，承担的保护成本更高，也理应优先获得补偿资金。

（二）经济优势原则

各地区的经济发展水平有所差异，经济优势原则是指由经济发展水平较高的地区优先付给经济发展水平较低的地区生态转移支付资金。基于经济优势原则进行生态转移支付体现了横向生态转移支付缩小地区经济发展差距的职能。首先，具有经济优势的地区具有足够的转移支付资金供给能力，转移支付资金占其 GDP 的比例较小，支付资金给当地财政带来的压力较小。其次，处于经济劣势的地区，财政收入相对来说较少，优先获得生态补偿资金利于提高当地公共服务水平。最后，经济发展处于劣势且应获

得生态转移支付资金的地区经济基础较薄弱，在获得了生态转移支付资金的情况下，有利于引导其走一条高质量的绿色发展道路。

（三）生态补偿优先级原则

生态补偿优先级提供了一种可以把生态系统服务价值与区域经济发展水平结合起来的方法，体现了可持续发展和公平性的思想。[①] 生态系统提供的服务非常复杂，生态系统服务价值的测算结果往往数值较大，以生态系统服务价值为标准进行转移支付时容易产生资金筹措困难等问题，通过生态补偿优先级可以筛选出对转移支付资金需求比较急迫的地区。一般来说，生态补偿优先级和对生态补偿资金的需求程度成正比，生态补偿优先级越高的地区应最优先得到补偿。但是该指数的适用也有一定的局限性，生态补偿优先级应用的前提是已完成生态系统服务价值测算和地区经济发展水平测算，生态转移支付中资金支付方和接收方、转移支付资金金额也已明确。

生态补偿优先级把生态系统服务非市场价值与当地经济发展水平的比值作为支付或获得转移支付资金顺序的依据。生态系统非市场价值指的是生态系统服务价值中在市场经济体系中不能实现市场价值的部分，如谢高地等对生态系统服务分类中的供给服务部分，供给服务中的食物生产服务和原材料生产服务可以在市场中实现货币价值，而调节服务、支持服务难以在市场中实现其货币价值。构建生态补偿优先级的计算公式为：

$$ECPS_i = VAL_i \Big/ ADN_i \qquad (10\text{—}6)$$

$ECPS_i$ 是地区 i 的生态补偿优先级，VAL_i 表示地区 i 的单位面积生态系统非市场价值，ADN_i 表示地区 i 的单位面积灯光 DN 值，此处将灯光 DN 值作为 GDP 的替代变量。生态补偿优先级越高表明在相同的经济发展

---

① 王女杰、刘建、吴大千等：《基于生态系统服务价值的区域生态补偿——以山东省为例》，《生态学报》2010 年第 23 期。

水平下，该地区提供越高的生态系统服务非市场价值，应该优先得到生态转移支付资金。反之，生态补偿优先级越低，表明该地区生态系统非市场价值越低且经济发展水平越高，提供同等生态系统服务非市场价值的情况下，向其他地区支付生态转移支付资金时产生经济压力越小，应率先支付生态转移支付资金。

三、流域横向生态转移支付的钱塘江（含新安江）方案

首先是生态转移支付主客体角色的确定。受限于土地利用遥感监测数据的可获得性，无法逐年计算生态系统服务价值，只获得了2000年、2005年、2010年、2015年、2018年的计算结果，因此可计算2000—2005年、2005—2010年、2010—2015年、2015—2018年四个时间内的生态系统服务年度变化均值。其次是计算2000—2018年的生态系统服务年度变化均值。正值表示县域应当支出的资金金额，负值表示县域应当接收的资金金额。

表10—13 钱塘江流域各县域每年应支出（获得）的生态转移支付资金

序号	县域	资金金额（万元）	序号	县域	资金金额（万元）	序号	县域	资金金额（万元）
1	滨江区	639	14	临安区	1656	27	义乌市	6113
2	淳安县	2955	15	龙泉市	-346	28	永康市	1947
3	常山县	-95	16	龙游县	4241	29	诸暨市	3166
4	东阳市	2484	17	磐安县	1336	30	黄山区	-120
5	富阳区	1188	18	浦江县	2416	31	徽州区	-409
6	建德市	-1165	19	衢江区	2871	32	绩溪县	-5
7	江山市	-380	20	上城区	-1642	33	宁国市	224
8	金东区	-421	21	遂昌县	2999	34	祁门县	-77
9	缙云县	-278	22	桐庐县	509	35	屯溪区	2668

序号	县域	资金金额（万元）	序号	县域	资金金额（万元）	序号	县域	资金金额（万元）
10	开化县	3947	23	武义县	−2913	36	歙县	543
11	柯城区	2221	24	婺城区	−1814	37	休宁县	2666
12	柯桥区	167	25	西湖区	1583	38	黟县	516
13	兰溪市	922	26	萧山区	2251			

（一）基于生态优势原则构建横向生态转移支付方案

补偿主体为应当付出转移支付资金的县域，补偿客体为应当接受转移支付资金的县域，生态系统服务价值为补偿客体的单位面积生态系统服务非市场价值，此处进行归一化处理，代表各县域生态系统服务质量。生态系统服务价值越高表明单位面积土地提供的生态系统服务非市场价值越高。按照生态系统服务价值由大到小的顺序排列，生态系统服务价值高的地区如淳安县、遂昌县、宁国市应优先得到转移支付资金，生态系统服务价值低的地区如金东区、婺城区应率先支付转移支付资金。生态系统服务价值低的地区首先付给生态系统服务价值高的地区转移支付资金，依次类推。按照生态优势进行横向生态转移支付时，位于浙江省境内的淳安县、遂昌县具有较高的接受补偿资金的优先性，其次是安徽省境内的宁国市。基于生态优势原则构建起来的横向生态转移支付方案如表10—14所示。

表10—14　钱塘江流域各县域横向生态转移支付方案 I

补偿主体	补偿客体	生态系统服务价值	补偿金额（万元）	补偿主体	补偿客体	生态系统服务价值	补偿金额（万元）
金东区	淳安县	1.00	2274	徽州区	诸暨市	0.63	1663
	淳安县	1.00	681	绩溪县	诸暨市	0.63	29
	遂昌县	0.83	2999	常山县	诸暨市	0.63	512
	宁国市	0.77	224	缙云县	诸暨市	0.63	962
	临安区	0.76	1656		龙游县	0.61	540

补偿主体	补偿客体	生态系统服务价值	补偿金额（万元）	补偿主体	补偿客体	生态系统服务价值	补偿金额（万元）
婺城区	磐安县	0.76	1336	江山市	龙游县	0.61	2054
	西湖区	0.75	1583	祁门县	龙游县	0.61	415
	桐庐县	0.75	509		龙游县	0.61	1232
	衢江区	0.74	817		黟县	0.59	516
武义县	衢江区	0.74	2054	上城区	萧山区	0.59	2251
	开化县	0.73	3947		柯城区	0.58	2221
	富阳区	0.70	1188		东阳市	0.58	2484
	歙县	0.67	543		永康市	0.57	167
	柯桥区	0.66	167	黄山区	永康市	0.57	650
	休宁县	0.66	2666	建德市	永康市	0.57	1129
	浦江县	0.66	2416		义乌市	0.54	5165
	滨江区	0.64	639	龙泉市	义乌市	0.54	949
	屯溪区	0.63	2121		兰溪市	0.52	922
徽州区	屯溪区	0.63	546				

（二）基于经济优势原则构建横向生态转移支付方案

此处以各县域的单位面积灯光 DN 值来表示经济发展水平，单位面积灯光 DN 值用 DN 表示，此处进行归一化处理。DN 值越高的地区经济发展水平越高，在发展经济方面具有比较优势，支付转移支付资金的能力越高；DN 值越低的地区经济发展水平越低，在发展经济方面不具有比较优势，越需要转移支付资金提高其财政收入水平。按照补偿客体 DN 值由小到大进行排序，DN 值较高的地区，如上城区、金东区、婺城区优先支出转移支付资金，对 DN 值较低的地区如遂昌县、宁国市、黟县进行补偿。基于经济优势原则构建的横向生态转移支付方案如表10—15所示。

表 10—15　钱塘江流域各县域横向生态转移支付方案 Ⅱ

补偿主体	补偿客体	DN	补偿金额（万元）	补偿主体	补偿客体	DN	补偿金额（万元）
上城区	遂昌县	0.17	2999	武义县	富阳区	0.41	1188
	宁国市	0.17	224		东阳市	0.43	2316
	黟县	0.19	516	缙云县	东阳市	0.43	168
	淳安县	0.20	2955		永康市	0.45	1334
	休宁县	0.20	2177	常山县	永康市	0.45	512
金东区	休宁县	0.20	490	建德市	永康市	0.45	101
	歙县	0.20	543		柯桥区	0.51	167
	临安区	0.22	1241		屯溪区	0.54	2668
婺城区	临安区	0.22	415		萧山区	0.57	2251
	开化县	0.22	3947		义乌市	0.61	1107
	磐安县	0.26	1336	徽州区	义乌市	0.61	2210
	衢江区	0.26	2871	江山市	义乌市	0.61	2054
	桐庐县	0.31	509	绩溪县	义乌市	0.61	29
	龙游县	0.31	727	黄山区	义乌市	0.61	650
武义县	龙游县	0.31	3514	祁门县	义乌市	0.61	63
	兰溪市	0.35	922		西湖区	0.77	352
	浦江县	0.36	2416	龙泉市	西湖区	0.77	1231
	柯城区	0.39	2221		滨江区	0.94	639
	诸暨市	0.41	3166				

（三）基于生态补偿优先级构建横向生态转移支付方案

经济发展水平相同的情况下，生态补偿优先级越高表明地区能提供的生态系统服务水平越高；生态系统服务水平相同的情况下，生态补偿优先级越高的地区表明经济发展水平越低。按照生态补偿优先级低的地区优先对生态补偿优先级高的地区支付资金的原则确定横向生态转移支付机制如表 10—16 所示。从表中可以看出，宁国市的生态补偿优先级最高，表明与其提供的生态系统服务相比，经济发展水平较低。紧随其后的是淳安县、遂昌县、临安区、歙县、休宁县、开化县、黟县，安徽省境内需要得到转移支付资金的县域具有较高的生态补偿优先级。一方面是因为这些县域单位面积土地提供的生态系统服务较多；另一方面是因为这些县域单位面积的经济总量较低，即在提供较多生态系统服务的同时，承担了较大的经济压力，因此应当对这些区域优先提供补偿资金。

表10—16 钱塘江流域各县域横向生态转移支付方案Ⅲ

补偿主体	补偿客体	生态补偿优先级	补偿金额（万元）	补偿主体	补偿客体	生态补偿优先级	补偿金额（万元）
上城区	宁国市	0.99	224	武义县	柯城区	0.27	2221
	淳安县	0.94	2955		柯桥区	0.25	167
	遂昌县	0.91	2999		东阳市	0.25	2149
	临安区	0.64	1656	缙云县	东阳市	0.25	335
	歙县	0.61	543		永康市	0.24	1167
	休宁县	0.61	494	常山县	永康市	0.24	512
金东区	休宁县	0.61	2172	徽州区	永康市	0.24	268
	开化县	0.60	101		屯溪区	0.23	1942
婺城区	开化县	0.60	3846		屯溪区	0.23	726
	黟县	0.58	516	建德市	萧山区	0.19	2251
	磐安县	0.54	1336		西湖区	0.18	1583
	衢江区	0.52	2871		义乌市	0.16	1734
	桐庐县	0.45	509	绩溪县	义乌市	0.16	29
	龙游县	0.36	727	江山市	义乌市	0.16	2054
武义县	龙游县	0.36	3514	黄山区	义乌市	0.16	650
	浦江县	0.33	2416	祁门县	义乌市	0.16	415
	富阳区	0.31	1188	龙泉市	义乌市	0.16	1231
	诸暨市	0.28	3166		滨江区	0.13	639
	兰溪市	0.27	922				

（四）流域横向生态转移支付钱塘江（含新安江）方案结果比较

流域内实施横向转移支付的前提是各地区具有明显的生态优势和经济优势差异，生态优势差异是进行横向生态转移支付的基础，经济优势的差异性为横向生态转移支付提供可能性，横向生态转移支付需要协调好区域内部的生态利益和经济利益。因此，分配转移支付资金时要兼顾公平与效率原则。一方面要充分考虑地区经济发展的差异性，使得提供优质生态系统服务而经济发展相对落后的地区优先得到转移支付资金；另一方面要注重生态转移支付资金与生态系统服务供给数量挂钩，提供的生态系统服务愈多，应得到越多的转移支付资金。

对比分析发现，按照生态优势原则设计横向生态转移支付方案时，一些财政收入水平较低的县域如黟县和龙游县排在应当接收转移支付资金的后面，即在资金不足的情况下，不会优先考虑支付给这些县域资金，黟县和龙游县将承担较大的财政压力，不利于横向转移支付财政均等化目标的实现。按照经济优势原则设计横向生态转移支付方案时，西湖区因经济发展水平较高，排在滨江区的后面，但是西湖区单位面积生态系统服务价值要高于滨江区，倘若按照此方案实施，容易造成对提供较高生态系统服务价值的地区激励不足。因此，从综合考虑横向转移支付追求激励生态保护和财政均等化的两个目标出发，生态补偿优先级原则较优。

总之，基于产业发展水平的生态系统服务价值可以更详细地核算钱塘江流域在研究区间内生态系统服务价值变化情况，进而分析出横向生态转移支付资金的支出方和接收方；基于产业发展水平核算的生态系统服务价值更能分清生态系统服务中已经实现货币价值化和未实现货币价值化的部分，从而确定更适宜的生态转移支付标准。从更小的尺度、更大的范围考虑转移支付主客体是有必要的，生态补偿优先级原则也更优。因此，在钱塘江流域生态转移支付中：（1）除了考虑水质因素作为资金补偿标准外，还可以选择生态系统服务价值作为横向生态转移支付的标准，以解决生态补偿实践中标准不全面的问题；（2）通过横向生态转移支付的方式，可以拓宽生态转移支付资金来源，增加生态转移支付资金金额；（3）从县域的层面实施横向生态转移支付，可以拓宽生态转移支付参与主体数量拓宽生态转移支付资金来源；（4）从县域出发推行生态转移支付制度要加强公众在流域生态转移支付中的参与度。

第十一章 垂直环境财政不平衡与流域补偿责任的分担机制设计

　　政府主导的生态补偿本质上是转移支付，流域上下游政府间的横向转移支付是绿色财税制度的重要创新。流域生态补偿框架离不开中央政府和上下游地方政府的共同参与。财政分权体制下垂直环境财政不平衡是调整生态补偿责任的关键。整体财权与环境事权的匹配是中国财税体制下央地环境治理模式的必然选择，深层次的原因在于地方政府有限财力会随着环境治理任务的改变而适时作出调整，新安江流域上下游政府"绝对公平"补偿背后是基于整体财权与环境事权相匹配的"相对公平"补偿，潮白河和滁河等跨界流域生态补偿的上下游责任分担机制没有充分体现这一匹配原则。增强流域补偿主体间的协作以进一步拓展补偿资金来源是流域生态补偿长效机制构建的重要途径。

第一节　流域生态补偿责任分担初探

　　中国快速的工业化和城镇化进程不可避免地带来了环境污染与生态退化。以水环境污染为例，早在 2007 年，中国七大水系中 Ⅰ—Ⅲ类水就仅占 59.5%，约有 21.7% 的水属于劣 Ⅴ 类，流域水环境治理迫在眉睫。其中，跨界流域水环境治理是国家层面亟须推进的一项重点工作。环境保护部 2008 年发布了《关于预防与处置跨省界水污染纠纷的指导意见》，要求各地区建立联防联治机制解决跨界水污染问题。2011 年，新安江流域正式建立国内首个跨省流域生态补偿机制试点。经过九年三轮试点，新安江流域水质环境不断优化，水源地综合效益不断提升；[①] 新安江流域的生态补偿、综合治理、生态保护为解决跨界流域水污染问题提供了解决方案，且具有典型的示范效应。[②] 2016 年，财政部等四部联合出台《关于加快建立流域上下游横向生态保护补偿机制的指导意见》，跨省界流域生态补偿机制迅速在全国范围内推开。截至 2021 年 5 月，已有 11 个跨省界流域建立了生态补偿机制。

全国第一个跨省界流域生态补偿——新安江流域生态补偿得到了中央政府的重点关注与财力支持。在首轮试点中，中央政府积极出资，按照《新安江流域水环境补偿协议》，中央财政每年出资 3 亿元，流域上、下游的安徽、浙江则各出资 1 亿元。在第二轮试点中，中央政府有意退出但地方政府仍努力要求中央政府维持上一轮出资，最终中央财政出资 3 亿元，保持原有水平，流域上、下游的安徽、浙江则各出资 2 亿元，出资水平有所提高。在第三轮试点中，中央政府转换角色，仅执行监督职能，地方政府间则需重新分配出资比例。在其他跨省界流域实施的生态补偿机制中，中央政府在机制实施的初期并未明确中央政府的出资比例，而是以事后奖励的形式参与。由此可见，上、下游地方政府间补偿责任如何分担的问题十分突出，中央和省级政府，上游和下级政府之间的博弈是常态。

① 彭玉婷：《新安江流域水源地生态补偿的综合效益评价》，《江淮论坛》2020 年第 5 期。
② 曾凡银：《新安江流域生态补偿制度的创新演进》，《理论建设》2020 年第 4 期。

各级地方政府补偿责任分担机制的研究并不多见，它往往内化在补偿标准之中。研究中提到的流域生态补偿责任在补偿主体之间的分担原则包括生态服务价值原则、水量分配原则、经济发展平衡原则以及流域保护利益外溢程度原则等，且一般会综合考虑多个因素作为补偿责任分担的依据。[1] 譬如，针对南水北调中线水源区生态补偿，有将分配水量所占调水量的比例、调入水量比重以及 GDP 比重均值等作为比例分担原则；针对闽江流域，有采用取水量比重、GDP 比重等作为比例分担原则。[2] 然而，所有这些原则与新安江流域的中央和省级政府责任分担机制不同，与其他跨省流域生态补偿机制的"事后奖励"也不尽相同。那么，如何设计补偿责任的分担机制以创新流域生态补偿的长效机制是关键，具体表现为理论上和实践中的补偿责任分担原则如何有效嫁接。

本质上，流域生态补偿是一种转移支付。虽然许多研究包括相关指导意见中强调流域生态补偿责任分担需要考虑上下游政府转移支付能力因素，但是大多数都默认实践中上下游政府在协商谈判时已充分考虑了自身财政能力。事实上，并非如此，上下游政府财政能力的差异并不直观，存在过度夸大或适度隐瞒地方政府转移支付资金安排能力的现象。创新流域生态补偿的长效机制需要深度挖掘和合理利用地方政府转移支付资金安排

① 白景锋：《跨流域调水水源地生态补偿测算与分配研究——以南水北调中线河南水源区为例》，《经济地理》2010 年第 4 期；王奕淇、李国平、延步青：《流域生态服务价值横向补偿分摊研究》，《资源科学》2019 年第 6 期；刘玉龙、徐凤冉、张春玲等：《流域生态补偿标准计算模型研究》，《中国水利》2006 年第 22 期；孔凡彬：《江西源头水资源涵养生态功能区生态补偿机制研究——以江西东江源区为例》，《经济地理》2010 年第 2 期；赵卉卉、向男、王明旭等：《东江流域跨省生态补偿模式构建》，《中国人口·资源与环境》2015 年第 5 期；王西琴、高佳、马淑芹等：《流域生态补偿分担模式研究：以九洲江流域为例》，《资源科学》2020 年第 2 期；孙开、孙琳：《流域生态补偿机制的标准设计与转移支付安排——基于资金供给视角的分析》，《财贸经济》2015 年第 12 期。

② 白景锋：《跨流域调水水源地生态补偿测算与分配研究——以南水北调中线河南水源区为例》，《经济地理》2010 年第 4 期；黎元生、胡熠：《闽江流域区际生态受益补偿标准探析》，《农业现代化研究》2007 年第 3 期。

能力。地方政府转移支付资金安排能力由转移支付资金规模决定，更多时候表现为结构短缺，这与地方政府财权与事权的不匹配高度关联。鉴于此，首先需要刻画环境治理中财权与事权的不匹配程度，包括整体财权与环境事权的匹配、环境财权与环境事权的匹配、环境财权与整体事权的匹配等多种组合；其次需要测度各省财权与事权的不匹配程度，尤其是整体财权与环境事权的关系；最后是进一步构建反映地方政府转移支付资金安排能力的流域生态补偿责任分担机制。

第二节　分权事实及其测度依据

一、财政体制变革中的财权与环境事权变迁

在计划经济时期，财权与事权都归中央，全国上下集中力量解决生产和生活上的重要问题。[①] 期间，环境保护基本建设于 1973 年被列入国家预算内基本建设投资计划，环境管理体制在探索中建立。自 1978 年起，为激发地方政府活力，中央放权让利给地方，地方政府拥有独立的预算制定权与一定的财政自主权，中国开始尝试财政包干制。财政包干制诱发了地方政府隐藏税源，中央财政收入比重下降，支出规模扩大，中央政府出现财政赤字。[②] 与此同时，中央与地方政府在有关环境保护支出责任的划分上依然实行"包干补助"制度，环境事权分权程度较高。[③] 总之，在这一阶段上，环境问题并不突出，政府对环境的关注也较少，中央政府对环境的统筹和监管能力较弱，地方政府粗放式的经济增长模式

---

① 杨志勇：《分税制改革中的中央和地方事权划分研究》，《经济社会体制比较》2015 年第 2 期。

② 楼继伟：《财政体制改革的历史与未来路径》，《财经》2012 年第 319 期。

③ 祁毓、卢洪友、徐彦坤：《中国环境分权体制改革研究：制度变迁、数量测算与效应评估》，《中国工业经济》2014 年第 1 期。

盛行。

1994 年，中国分税制财政管理体制改革改变了中央与地方政府间的收入分配关系，中央政府获得较改革前更高比例的税收收入。虽然分税制改革同时确立了事权与财权相结合的原则，但在后续的财政管理体制改革中，中央与地方间事权的划分基本不涉及，由此形成财权上移而事权下放的模式。在环境治理上，环境事权大部分也留在了地方政府，2003 年发布的《排污费征收标准管理办法》明确规定排污费收入按照 1∶9 的比例在中央与地方政府间分配，环境收入的分权程度与环境事权的分权程度均较高。然而，值得指出的是，地方政府环境收入远低于环境治理支出需求，地方政府需要统筹财政进行环境治理。随着财政分权程度下降，地方政府可支配的财政收入比重下降，地方政府在有限财权下的财政支出缺口会逐渐增大，环境治理的支出缺口也就增大；尤其对于税源单薄的落后地区，即使拥有财权，也往往无法筹集到与事权相匹配的财力。[1] 通过环保专项转移支付进行平衡是这一阶段上发挥中央环境监管职能和提升国家环境管理能力的重要方式。

2006 年，《中共中央关于构建社会主义和谐社会若干重大问题的决定》中指出"进一步明确中央和地方事权，健全财力与事权相匹配的财税体制"。2013 年，《中共中央关于全面深化改革若干重大问题的决定》再次强调明确事权，并指出建立事权与支出责任相适应的财税体制，2017 年，党的十九大报告指出"建立权责清晰、财力协调、区域均衡的中央和地方财政关系"。财权与事权相匹配、财力与事权相匹配、支出责任与事权相匹配这三项财政管理体制改革中的原则依发展现实被相继提出。[2] 财权、财力、支出责任与事权关系层层递进，央地政府间支出责任和事权的划分是

---

① 刘尚希、邢丽：《解决县乡财政困难要因地而异》，《中国改革》2005 年第 12 期。
② 贾康、梁季：《辨析分税制之争：配套改革取向下的全面审视》，《财政研究》2013 年第 12 期。

重点。中央与地方政府间支出责任和事权的划分是政府间财政关系改革的一个切入点。[①] 现实中，中央政府加强了对地方政府环境的监管监测，将环境质量纳入了地方政府的政绩考核评价，对地方政府及官员实施了问责及一票否决制，加强了对地区间环境问题的统筹协调，加强了转移支付在环境治理中的作用，但环境事权和支出责任依然呈现下放趋势，财权与环境事权的不匹配依然在扩大。

二、环境治理中财权与事权不匹配的测度依据

环境治理中的财权与事权不匹配的测度可以参考垂直财政不平衡指标来设计指标。财政体制下财权与事权不匹配的测度方法有很多，垂直财政不平衡（VFI）是衡量财权与事权不匹配程度的重要指标。有研究直接采用分权指标测度垂直财政不平衡，即传统方法如科林斯（Collins, 2002）提出的垂直财政不平衡 =（自有收入 / 自有目的支出），亨特（Hunter, 1977）提出的垂直财政不平衡 =1–［（税收分享 + 转移支付）/ 下级政府总支出］，埃罗（Eyraud, 2013）定义的垂直财政不平衡 =1–（下级政府自有收入 / 下级政府自有支出）等；也有研究从对转移支付的依赖程度测度垂直财政不平衡，如伯德等（Bird, et al., 2004）采纳的垂直财政不平衡 =1–（转移支付 / 下地方政府总支出）；也有研究提出新的测度指标，如埃罗（2013）指出，若垂直财政不平衡依赖于收支分权不匹配，则垂直财政不平衡 =1–（收入分权 / 支出分权）×（1– 赤字 / 政府支出）。[②]

---

① 史兴旺、焦建国：《政府间财权、财力与事权关系研究述评》，《经济研究参考》2018 年第 43 期。

② Collins, D., "The 2000 Reform of Intergovernmental Fiscal Arrangements in Australia, in International Symposium on Fiscal Imbalance：A Report", *Canada: Commission on Fiscal Imbalance*, 2002; Hunter, J., *Federalism and Fiscal Balance*, Canberra：ANU Press, 1977; Eyraud, L. & L. Lusinyan, "Vertical Fiscal Imbalance and Fiscal Performance in Advanced Economies", *Journal of Monetary Economics*, Vol.60, No. 5（2013）, pp. 571–587.

财政分权经常采用的指标包括"收入指标""支出指标""财政自主度指标"，收入指标与支出指标可以用地方财政收入（支出）占整个国家或中央财政收入（支出）的比重来描述，财政自主度则表示地方政府自有收入占本级政府总支出的比重。[①]然而，单一指标往往反映了财政分权的某一方面特征，众多学者纷纷采取综合指标，以求更全面地反映财政分权。[②]就环境事权分权测度而言，构建单一普适的环境事权分权指标非常困难。有学者用财政分权替代环境分权以刻画地方政府的行为逻辑和结果。[③]祁毓等（2014）认为政府间的环境事权划分是渐进的动态变迁过程，只有刻画出环境事权划分变化的直接指标才能挖掘和运用到有效信息，故他们重点关注了环境行政服务与管理、环境监测权、环境监管权三个方面，并结合了环保机构及人员设置等。这一方法得到了较为广泛的应用。[④]

第三节　垂直环境财政不平衡的测度与比较

一、垂直环境财政不平衡

垂直财政不平衡刻画的是财权与事权的不匹配，环境治理中的财权与

---

① 陈硕、高琳：《央地关系：财政分权度量及作用机制再评估》，《管理世界》2012 年第 6 期。

② 张晏、龚六堂：《分税制改革、财政分权与中国经济增长》，《经济学（季刊）》2005 年第 4 期；沈坤荣、付文林：《中国的财政分权制度与地区经济增长》，《管理世界》2005 年第 1 期；龚锋、雷欣：《中国式财政分权的数量测度》，《统计研究》2010 年第 10 期；孙开：《中国财政分权的多维测度与空间分异》，《财经问题研究》2014 年第 10 期。

③ 傅勇：《财政分权、政府治理与非经济性公共物品供给》，《经济研究》2010 年第 8 期；张克中、王娟、崔小勇：《财政分权与环境污染：碳排放的视角》，《中国工业经济》2011 年第 10 期。

④ 白俊红、聂亮：《环境分权是否真的加剧了雾霾污染？》，《中国人口·资源与环境》2017 年第 12 期；李国祥、张伟：《环境分权、环境规制与工业污染治理效率》，《当代经济科学》2019 年第 3 期；陆凤芝、杨浩昌：《环境分权、地方政府竞争与中国生态环境污染》，《产业经济研究》2019 年第 4 期；秦天、彭珏、邓宗兵等：《环境分权、环境规制对农业面源污染的影响》，《中国人口·资源与环境》2021 年第 2 期。

事权的不匹配可以借鉴使用此概念，即垂直环境财政不平衡（VEI）。垂直环境财政不平衡的具体设计需要考虑以下两个方面：

一方面，整体财权与环境事权之间进行匹配更加合理。一般提到的地方政府的财权与事权均指总体上的财权与事权，环境治理中则有环境财权与环境事权之分。地方政府与环境相关的直接财政收入主要为排污费收入或环境税收入。1982年，国务院发布《征收排污费暂行办法》，中国排污收费制度正式建立。2003年，《排污费征收标准管理办法》将排污费收入的九成划给地方政府。随着《中华人民共和国环境保护税法》的正式实施，我国不再征收排污费，但根据《国务院关于环境保护税收入归属问题的通知》，环境税全部作为地方收入环境保护税收入，中央不参与分成。即便如此，地方政府的环境保护支出占总环境保护支出的比重也一直处于较高水平，地方的环境收入远不能满足其环境支出，且支出缺口规模呈逐年上涨趋势，地方政府需要统筹整体财政收入应对环境支出。因此，垂直环境财政不平衡指标虽然关注环境治理中的财权与事权，但在测度时需要考虑地方政府行为的特殊性，需要用整体财权来替代环境财权。

另一方面，需要利用收支分权指标测度环境治理中财权与事权的不匹配。传统方法对垂直财政不平衡进行的测度均是基于政府间收入—支出的不匹配，包括运用再平衡方法，即利用政府间转移支付等对垂直财政不平衡进行测度。[①]在考虑整体财权与环境事权的匹配时，由于政府的财政收入包含内容广泛，且受经济发展水平、税收结构等众多因素影响，财政收入不能直接与环境支出进行比较，需要考虑收入—支出的分类事实。因此，埃罗（2013）基于收支分权指标的构建方法更适合环境治理的情形。具体的，支出分权需要使用环境事权分权进行替代。虽然环境支出是表征环境责任

---

① 李永友、张帆：《垂直财政不平衡的形成机制与激励效应》，《管理世界》2019年第7期；Sharma, C., "Vertical Fiscal Imbalance and Vertical Fiscal Gap: A Study in Sorting the Semantics", *MPRA Paper*, No. 237（2006）.

及事权的重要指标，但无论是财政收入还是环境支出均是财政上的刻画，以地方政府的环境治理行为与策略互动来刻画环境事权分权都是一类改进。

由此有，垂直环境财政不平衡指标设定如下：

垂直环境财政不平衡 =1-（收入分权 / 环境事权分权）（1- 环境支出缺口 / 政府环境支出）　　　　　　　　　　　　　　　　　（11—1）

二、指标构建与数据说明

参考大多数文献做法，收入分权指标的测度以地方财政收入占整个国家财政收入的比重来描述，同时以 GDP 缩减指数做平减。考虑到从环境治理的某一方面进行环境分权测度不能反映整体的环境事权分权情况，环境事权分权将基于作为环境治理事前手段的环评审批与作为环境治理事后手段的环境监管来构造综合指数。其中，环评审批分权度指地方本级审批的环境影响报告书数量与中央本级审批的环境影响报告书数量的比值，环境监测分权度指地方本级环保监测人员数与中央本级环保监测人员数的比值，两者均利用 GDP 缩减指数进行平减。当然，环境事权分权综合指数需要借助一定的指标加总方法。

指标加总方法多样，但往往基于复杂技术获得的组合指标不具备明确的经济含义，简单直观和含义明确的加总方法更适合基于综合指数进行后续研究。[1] 这就需要，首先，将环评审批分权度指数与环境监测分权度指数进行线性标准化处理以消除量纲影响；其次，采取了加权求和法、加权乘积法、加权重置理想法等将标准化后的指数加总成组合指标；最后根据组合指标的信息损失量最小原则，最终确定采用加权乘积法对环评审批分权度与环境监测分权度进行综合。各类财政分权测度的指标构建如表 11—1 所示。

---

① 龚锋、雷欣：《中国式财政分权的数量测度》，《统计研究》2010 年第 10 期。

表 11—1　各类分权的指标构建

指标	公式	变量含义
环境财政不平衡（VEI）	$VEI_{it} = 1 - (FD_{it} / ED_{it})$ $\times [1 - (GAP_{it} / LEFE_{it})]$	LFI_{it}、$LEFE_{it}$ 分别是指地方政府的预算内财政收入、环境治理支出额；NFI_{it}、$NEFE_{it}$ 分别是指全国的财政收入、环境治理支出额；$LEIA_{it}$、$NEIA_{it}$ 分别是指地方和中央审批的环境影响报告书数量，$LEMSL_{it}$、$NEMSL_{it}$ 分别是指地方和中央环保监测人员数；GAP_{it} 表示地方政府环境支出与环境收入之间的差额
收入分权（FD）	$FD_{it} = (LFI_{it} / NFI_{it})$ $\times [1 - (GDP_{it} / GDP_t)]$	
环评审批分权度（EIAI）	$EIAI_{it} = (LEIA_{it} / NEIA_{it})$ $\times [1 - (GDP_{it} / GDP_t)]$	
环境监测分权度（EMSLI）	$EMSLI_{it} = (LEMSL_{it} / NEMSL_{it})$ $\times [1 - (GDP_{it} / GDP_t)]$	
环境事权分权综合指数（ED）	$ED_{it} = \sqrt{EIAI_{it} \times EMSLI_{it}}$	

与此同时，全国预算内财政收入和地方政府预算内财政收入数据来源于《中国财政年鉴》，环境治理支出、环评审批的环境影响报告书和环保检测人员数据来源于《中国环境年鉴》，排污费数据来源于中华人民共和国生态环境部网站及《中国环境年鉴》，GDP 等其他相关数据来源于《中国统计年鉴》。囿于环境监测等数据的可得性，各类指标数据收集和测算至 2015 年。

三、测度结果

垂直环境财政不平衡的测算结果越高表明环境治理中财权与事权的不匹配程度越高，2003—2015 年垂直环境财政不平衡年均值高于 0.9，环境治理中整体财权与环境事权的不匹配程度已处于较高水平。垂直环境财政不平衡虽呈现出明显的波动，但 2005 年后的上升趋势明显，如图 11—1 所示。尤其是 2008 年之后，随着环境质量被逐步纳入地方政府的政绩考核评价体系，地方政府承担的环境事权迅速扩大而财政收入分权在这期间的波动却保持稳定。

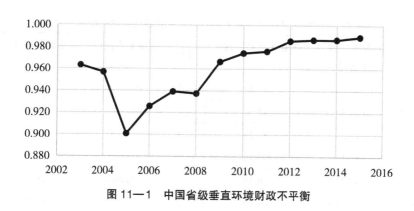

图 11—1　中国省级垂直环境财政不平衡

中国省级政府在环境治理中整体财权与环境事权的不匹配程度偏高但省际差异并不十分明显,如图 11—2 的垂直环境财政不平衡所示。这很大程度上是由于省级政府环境支出缺口占环境总支出的比重过高。从表 11—2可以看出,最高的江苏省环境支出缺口达 470.345 亿元,而最低的青海省的环境支出缺口仅 16.743 亿元。各省的环境支出缺口分别占总环境支出的比重较高,最高可达 99.3%,最低也达到了 86.54%。由垂直环境财政不平衡的测算公式可知,环境支出缺口占总环境支出的比重越高则(收入分权 /环境事权分权)(1- 环境支出缺口 / 政府环境支出)的值越低,最终导致测算所得的垂直环境财政不平衡的值越高。

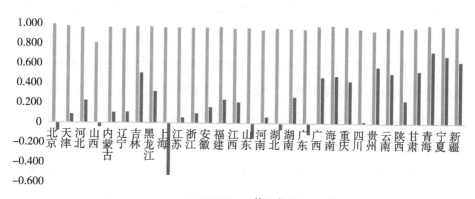

图 11—2　中国省际垂直环境财政不平衡及其修正指标

表11—2　中国省级政府环境支出缺口及其占总环境支出的比重（年均值）

省份	环境支出缺口（亿元）	环境支出缺口占比（%）	省份	环境支出缺口（亿元）	环境支出缺口占比（%）
北京	243.682	99.30	河南	143.745	93.82
天津	109.802	97.34	湖北	144.432	96.47
河北	271.267	95.29	湖南	135.430	94.11
山西	153.168	86.54	广东	298.025	95.62
内蒙古	239.322	96.25	广西	120.804	96.51
辽宁	228.729	94.75	海南	17.873	97.52
吉林	69.204	95.05	重庆	110.536	96.18
黑龙江	117.396	96.49	四川	124.990	95.54
上海	138.138	97.95	贵州	48.832	86.62
江苏	470.345	96.10	云南	78.885	95.22
浙江	273.289	96.08	陕西	118.859	95.08
安徽	194.886	96.46	甘肃	63.161	94.29
福建	127.409	96.36	青海	16.743	96.98
江西	120.197	94.64	宁夏	39.761	95.80
山东	458.421	96.93	新疆	127.908	95.63

　　若不考虑环境支出缺口的影响，仅考虑分权因素，中国省级政府在环境治理中财权与事权的不匹配程度指标值会明显变小。基于修正的垂直环境财政不平衡指标，即修正的垂直环境财政不平衡 = 1– 收入分权 / 环境事权分权，结果如图11—3所示。比较来看，修正的垂直环境财政不平衡明显低于垂直环境财政不平衡，2008年之前呈现较大波动，且在2005年与2008年分别出现负值。负值表示收入分权程度高于环境事权分权程度，而2008年之后则呈现出显著的上升趋势。此时，修正的垂直环境财政不平衡在省际间呈现出了明显的差异（如图11—2中修正后的VEI）。这便更加印证了环境支出缺口导致环境治理中财权与事权不匹配的重要作用。

　　总之，地方政府环境支出缺口越大，其在环境治理中进一步的支付能力越差,严重的环境支出缺口已成为制约地方政府环境治理的主要因素。选择考虑环境支出缺口的指标对环境治理中整体财权与环境事权的不匹配程度进行衡量有助于反映地方政府在环境治理中既有分权体制下面临的困境。

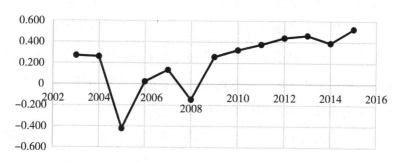

图 11—3 不考虑环境支出缺口影响的中国省级垂直环境财政不平衡

第四节 垂直环境财政不平衡视角下的流域生态补偿责任分担

流域生态补偿实质上是一种转移支付,但与中央对国家重点生态功能区的一般性转移支付不同,跨省流域生态补偿是区域间政府的横向转移支付。区域地方政府的转移支付能力是其承担流域生态补偿责任的主要约束,是划分跨省流域生态补偿责任时必须考虑的重要因素。与此同时,还需要兼顾地区经济发展差异以及生态价值原则。一方面,地区的财政转移支付能力与该地区的经济发展状况具有紧密联系,地区的财政转移支付能力间接地反映了该地区的经济发展状况;另一方面,以生态价值为依据衡量流域生态补偿标准与以地方政府财政转移支付能力为原则划分补偿责任完全相容。

一、补偿责任分担机制设计

合理分担流域生态补偿责任能够激励责任主体有效承担生态保护以及

生态补偿责任。垂直环境财政不平衡视角下的流域生态补偿责任分担需要区分中央和地方政府的差异化补偿责任。

（一）中央政府的补偿责任

在流域生态补偿实践中，不同的生态补偿阶段，中央政府所扮演的角色不同，其承担的补偿责任亦有所差异。首先，在流域生态补偿的初始阶段，中央政府主要起到引导实践的作用。在第一阶段上，作为主要污染主体的企业、居民等由于缺乏激励而不会主动进行流域治理，政府则成为流域治理的主要主体。由于流域的特殊性，上游政府以牺牲经济发展换取流域水质改善，下游政府则免费享受优质水质，这使得上游政府在流域水环境治理上缺乏激励。为使流域水环境能够得到有效治理，中央极力推进以地方生态补偿为主，国家财政给予支持的流域生态补偿机制的实践。其次，在流域生态补偿的发展阶段，中央政府主要起到保障实践运行的作用。在第二阶段，流域治理的目标主要在于水生态的修复与保护，同时地方政府需要通过鼓励与支持行政区内企业的绿色生产与生态创新行为、引领消费者的绿色消费行为等促进经济增长方式向绿色化和生态化转变。因此，这一阶段是促使流域生态补偿机制实现长效的重要阶段，地方政府的生态补偿支出责任加重，中央政府保障流域生态补偿机制的运行必须延续第一阶段的生态补偿支出责任。最后，在流域生态补偿的第三阶段，中央政府主要起到监督实践效果的作用。流域生态补偿机制运行趋于成熟，流域治理目标由改善水质、恢复生态向维持流域水生态转变，中央政府在流域生态补偿实践中的作用也由引导、财政保障向监督机制运行及验收机制效果转变。所以，在这一阶段，中央政府可以从流域生态补偿的支出责任中撤出，主要通过行政、考核等手段参与流域生态补偿机制的运行，而流域生态补偿的支出责任则全部需要由地方政府来承担。

（二）地方政府的补偿责任

不管是在新安江流域，还是在随后的九洲江、汀江—韩江、东江流域等，大多数流域上下游政府均承担相同的补偿责任，然此类实践缺乏理论依据，然垂直环境财政不平衡恰能为上下游省级政府间的补偿支出责任划分提供理论支撑。实践中，由于环境治理中财权与事权的不匹配往往表现为地方政府事权高于财权，其不匹配程度越高则说明地方政府筹集到与环境治理事权相匹配的财政收入的能力越弱，或环境治理的支出缺口规模越大。因此，上下游地方政府的财权与事权不匹配程度可以不同，相同的补偿资金对他们产生的环境治理激励也会有所差异。

（三）补偿责任分担比重的确定

可以考虑将财政收入分权指数作为中央政府流域生态补偿责任划分中的最低出资的调整系数，将环境治理中财权与事权的不匹配程度测度指标作为流域生态补偿中上下游政府补偿支出责任划分的调整系数。由此有：

$$C_{cen} = C \times (1 - II) \tag{11—2}$$

$$C_{up} = (C - C_{cen}) \times \frac{VEI_{down}}{VEI_{up} + VEI_{down}} \tag{11—3}$$

$$C_{down} = (C - C_{cen}) \times \frac{VEI_{up}}{VEI_{up} + VEI_{down}} \tag{11—4}$$

式（11—2）—式（11—4）中，C、C_{ecn}、C_{up}、C_{down} 分别表示流域生态补偿总支出、中央政府承担的补偿支出以及流域上、下游政府的补偿支出，II 表示财政收入分权指标。由于流域生态补偿涉及中央以及上下游政府等多个主体，II 需取补偿责任主体中省级政府的财政收入分权指标的平均值。VEI_{up}、VEI_{down} 分别衡量上下游流域环境治理中财权与事权的不平衡指标，上游政府承担下游政府事权的相对不平衡，下游政府承担上游政府财权的相对不平衡。

二、案例：新安江流域生态补偿责任分担机制的再设计

新安江干流总长 359 千米，安徽境内 242.3 千米，是安徽省内仅次于长江、淮河的第三大水系，同时也是浙江省最大的入境河流。为保护千岛湖的优质水资源，解决好新安江上下游发展与保护的矛盾，在国家财政部、环保部牵头下，浙江、安徽两省经过多次多轮沟通和协商，于 2012 年正式实施新安江流域上下游横向生态补偿试点，成为全国首个跨省流域水环境补偿试点。新安江流域生态补偿试点已实践三轮：在首轮试点期（2012—2014 年）内，中央财政每年补助安徽 3 亿元，浙江、安徽每年各安排 1 亿元，三年共 15 亿元，主要用于安徽境内新安江流域产业结构调整和产业布局优化、流域综合治理、水污染防治、生态保护和建设等方面。在第二轮试点期（2015—2017 年）内，中央财政每年仍补助 3 亿元，浙江、安徽的年度补偿资金分别由 1 亿元增加到 2 亿元，两省新增的各 1 亿元补偿资金主要用于两省交界区域的污水和垃圾（特别是农村污水和垃圾）治理。在第三轮试点期（2018—2020 年）内，中央财政不再进行补助，浙江、安徽仍每年各出资 2 亿元，并且在流域生态补偿机制的基础上，两省积极采取工程、经济、科技等措施，加快形成绿色生产方式和生活方式，共同推进全流域生态环境保护与经济社会协调可持续发展。新安江流域上下游生态补偿的三轮试点成效显著。不仅生态环境得到改善，而且其对流域经济水平、人民生活质量以及受偿区县减贫均具有显著的促进作用。①

然而，在新安江流域生态补偿试点的初期，补偿标准系基于内部协商而来。第二轮和第三轮试点则以首轮试点为基础进行调整。上下游政府间的"对赌"性质明显，且未将政府间的财政支付能力考虑进去。这使得新

---

① 娜仁、陈艺、万伦来等：《中国典型流域生态补偿财政支出的减贫效应研究》，《财政研究》2020 年第 5 期。

安江流域补偿标准及补偿责任在补偿主体间的分担无法直接复制，新安江流域省间及省内的生态补偿标准及补偿责任的分担机制有待进一步完善。以环境治理中财权与事权的不匹配程度调整新安江流域生态补偿中上下游政府补偿支出责任或具有重要的应用价值。

在新安江流域，假设每年总补偿资金保持与试点期相同，从财权与事权相匹配的角度测算补偿主体间的资金分担需要以财政分权指数计算中央政府在流域生态补偿责任中的出资比例，需要采用垂直环境财政不平衡对新安江流域上下游的安徽与浙江所需承担的补偿责任资金进行测算，结果如表11—3所示。从财权与事权相匹配的视角看，第一期试点测算所得的各补偿主体分担到的补偿资金与实践中各补偿主体支付的补偿资金相差不大，在第二期试点测算所得的各补偿主体分担到的补偿资金中，中央政府应承担更多。上、下游补偿主体所分担的补偿金额差异不大，大体维持在1:1的水平上，这主要是与各补偿主体的环境支出缺口较大有关。

表11—3 新安江流域上下游省级政府间生态补偿责任划分 单位：亿元

年份	中央政府		安徽省		浙江省	
	实际值	测算值	实际值	测算值	实际值	测算值
2012	3	3.20	1	0.90	1	0.91
2013	3	3.20	1	0.89	1	0.91
2014	3	3.19	1	0.90	1	0.91
2015	3	4.17	2	1.41	2	1.42

三、与潮白河和滁河流域的比较

潮白河流域的生态补偿首轮协议自2018年开始。流域补偿协议约定，下游的北京市每年出资3亿元，上游的河北省配套出资1亿元。虽然协议未明确指出该责任划分的具体依据，但相较于河北省，北京市经济发展状况较好、财政资金支付能力更强，这在一定程度上体现了经济发展原则。
滁河流域的生态补偿首轮补偿协议自 2019 年开始。流域补偿协议约定到
2020 年年底前，安徽、江苏两省以滁州市域内的陈浅断面水质为依据，实
施"谁超标谁补偿，谁达标谁收益"的双向补偿机制。具体的，若陈浅断
面年度水质达到Ⅱ类或以上时，江苏补偿安徽 4000 万元，年度水质达到
Ⅲ类时，江苏补偿安徽 2000 万元；反之，若年度水质为Ⅳ类时，安徽补
偿江苏 2000 万元，年度水质为Ⅴ类及以下时，安徽补偿江苏 3000 万元。
在滁河流域生态补偿实践中，上下游补偿主体所分担的补偿责任依据水质
结果而存在差异；水质越好，上游为下游提供的水生态价值越高，下游的
补偿责任越大，反之则反，这体现了生态价值原则。总之，不同流域生态
补偿的责任分担可以分类进行量化研究，但囿于数据可得性，暂无法测算
基于财权与事权相匹配视角下潮白河流域以及滁河流域生态补偿的政府主
责任。基于图 11—2 中已测得的垂直环境财政不平衡水平，现阶段两流域
上下游政府间的垂直环境财政不平衡相差不大，上下游政府间基于垂直环
境财政不平衡的生态补偿责任分担责任则应相当。

　　鉴于此，跨界流域生态补偿的政策创新可以从以下几方面展开：

　　（1）分权体制下，环境治理领域同样存在财权与事权不匹配事实，而
测度其不匹配程度时，采用整体财权与环境事权的匹配是必然要求。对省
级环境治理中整体财权与环境事权不匹配程度的测算发现，中央政府的
"大整体财权弱环境事权"与地方政府的"弱整体财权与大环境事权"矛
盾突出。地方政府的环境事权不断扩大，随之而来的环境支出需求不断扩
大，当地方政府在环境领域取得的收入过少时，地方政府必须通过地方财
政统筹环境支出，也即地方政府有限财力随着环境治理任务的改变而适时
作出调整。

　　（2）流域生态补偿的责任分担需要考虑地方政府的财政支付能力，可
以依据整体财权与环境事权相匹配的原则进行划分。据测算，新安江流域

下游补偿主体（浙江）应较上游补偿主体（安徽）承担更多的补偿资金安排。这虽然使得浙江需要提供的补偿资金有所增加，但对财政资金安排能力相对较弱的安徽来说，补偿对其产生的激励作用会增强。与此同时，浙江需要增加的补偿资金额度并不大。随着财政资金安排能力的改变，流域上下游生态补偿主体需要提供的补偿资金额度是动态变化的。

（3）流域生态补偿主体需要进一步拓展补偿资金来源。流域生态补偿主体一般既要协调与上游的补偿责任分担，又要统筹省内的流域生态补偿责任。因此，一方面需要安排水资源与环境相关的收入，如环境税、水权以及排污权交易费、水价以及水电收入等，用于生态补偿；另一方面需要引入破坏者恢复模式，打破一味地以政府为补偿主体的模式，让企业、居民等主体尽快承担起相应的生态补偿责任。

（4）创新跨省流域生态补偿长效机制。依据整体财权与环境事权相匹配原则划分的补偿责任会随财政资金安排能力的改变而动态变化，下游政府则有更强的激励采用多种补偿方式促进上游政府财政资金安排能力的提高。譬如，从全流域生态系统服务价值实现的角度出发，流域下游的经济体可以以技术、人才支持等形式补偿流域上游主体，促进其尽快实现产业生态化；在流域生态阈值内协调考虑产业的合理布局，促进流域上游主体尽快实现生态产业化；增强流域跨界断面水质的监测，促进流域下游补偿主体履行其监督职能，保障跨省流域生态补偿中的激励与约束机制有效发挥作用。

第十二章　单区域环境动态随机一般均衡模型的构建及政策设计

环境财税政策组合的有效性以及能否实现多重政策目标需要在一般均衡框架下检验。以环境税和生态转移支付政策组合为基础构建起来的四部门动态随机一般均衡模型能在揭示环境财税政策作用机理的同时明确各类政策对产出、环境和社会总福利的综合影响。环境税天然地具有污染减排功能，但环境税（地方税）不能很好地调动中央环保支出的积极性，而且"费改税"平移制度设计下的环境税规模不足以弥补地方环境治理财力缺口，故需要纵向生态转移支付。生态转移支付能有效地拉动产出，但转移支付的扩张偏向会弱化或扭转其环境治理的初衷，故需阶段性地突显其绿色偏向。环境税（共享税）和纵向生态转移支付的耦合能够实现社会总福利的最大化，"政策锁定"效应明显，强度减排政策能够使环保支出的环境绩效由负转正且能极大地拓展两类政策组合的选择空间。

第一节　环境税征收与生态转移支付

环境和气候变化问题是工业化和城镇化进程中我国政府必须攻坚克难的时代命题。环境与经济增长相互影响，政府作用贯穿始终，环境与经济的双赢离不开政府治理。[①] 环境税是政府解决环境外部性的传统手段，基本思想是外部性内部化，是一种特定的庇古税。环境税的研究一开始重点关注污染税的最优税率问题，即企业生产活动对环境造成的边际社会损害及污染减排的边际社会收益到底是多少。当气候变化问题愈演愈烈时，碳税等环境相关税收的最优税率讨论也成为环境税研究不可或缺的一部分。[②] 在环境税"双重红利"阶段，相关研究重点关注环境和社会效应是否可以兼得，即环境质量和社会福利是否可以同时得到改善？[③] 在增长理论框架下，环境税的外生冲击影响也尝试被估计和模拟。[④] 不论最优环境税或环境税"双重红利"是否存在以及存在的条件和机制如何不同，环境税都已经在众多国家付诸实践并已经或可以取得相应成效。[⑤]

中国环境税的出台经历了从环境相关税收到独立型环境税的理论和实践探索过程。区别于基于环境外部性内部化的税制设计，我国税制中可纳入环境税制的主要有七个税种：资源税、消费税、城市维护建设税、耕地占用税、城镇土地使用税、车船使用税和固定资产投资方向调节税（现已暂停征收），其中环境相关消费税不包括化妆品、护肤护发品和贵重首

---

① 陈诗一、林伯强：《中国能源环境与气候变化经济学研究现状及展望——首届中国能源环境与气候变化经济学者论坛综述》，《经济研究》2019 年第 7 期。

② Wesseh, P. & B. Lin, "Optimal Carbon Taxes for China and Implications for Power Generation, Welfare, and the Environment", *Energy Policy*, Vol. 118（2018），pp. 1–8；陈诗一：《边际减排成本与中国环境税改革》，《中国社会科学》2011 年第 3 期。

③ 范庆泉、周县华、张同斌：《动态环境税外部性、污染累积路径与长期经济增长——兼论环境税的开征时点选择问题》，《经济研究》2016 年第 8 期；陆旸：《中国的绿色政策与就业：存在双重红利吗？》，《经济研究》2011 年第 7 期。

④ 刘凤良、吕志华：《经济增长框架下的最优环境税及其配套政策研究——基于中国数据的模拟运算》，《管理世界》2009 年第 6 期。

⑤ Bovenberg, A. & R. de Mooij, "Environmental Levies and Distortionary Taxation", *The American Economic Review*, Vol. 84, No. 4（1994），pp. 1085–1089; Bovenberg, A. & R. de Mooij, "Environmental Tax Reform and Endogenous Growth", *Journal of Public Economics*, Vol. 63, No.2（1997），pp. 207–237; Liu, A., "Tax Evasion and Optimal Environmental Taxes", *Journal of Environmental Economics and Management*, Vol. 66, No. 3（2013），pp. 656–670；秦昌波、王金南、葛察忠等：《征收环境税对经济和污染排放的影响》，《中国人口·资源与环境》2015 年第 1 期。

饰等产品的消费税。①环境相关税收也被认为包括交通燃料税、其他燃料税、机动车辆税、电力税、自然资源税（费）、其他环境产品税、污染收费、附加税（城市维护建设税）八大类。②其中，资源税的征收始于1984年，1994年的分税制改革对消费税的相关条目进行了重点调整且涉及环境因素。然而，早期的环境相关税收并不直接以环境保护为目标，需要有独立型环境税，即需创立一个与资源税、消费税、增值税等平行并立的新税种。

中国独立型环境税研究可以追溯到1994年分税制改革。为了响应联合国21世纪应对气候变化的决议，需要对"环境污染处理、开发利用清洁能源、废物综合利用和自然保护等社会公益性项目"给予税收优惠。2007年6月，《国务院关于印发节能减排综合性工作方案的通知》明确提出"研究开征环境税"。2009年1月1日起，燃油税的开征标志着环境税改革迈出了重要一步。2016年12月25日，《中华人民共和国环境保护税法》在十二届全国人大常委会第二十五次会议上获表决通过。2018年1月1日，中国独立型环境税正式面世并开始征收。中国独立型环境税可以包括污染排放税目、特定污染产品税目、生态保护税目和碳排放税目，然现行的独立型环境税总体上以"税负平移"原则为基准对排污收费制度进行"费改税"平移。③

制度平移设计在最大限度范围内保证了经济下行压力中企业竞争的成本优势，但它并不能弥补环境治理财力缺口。因此，相较于学界普遍认为

① 贾康、王桂娟：《改进完善我国环境税制的探讨》，《税务研究》2000年第9期。
② 吴健、陈青：《环境保护税：中国税制绿色化的新进程》，《环境保护》2017年第1期；吴健、毛钰娇、王晓霞：《中国环境税收的规模与结构及其国际比较》，《管理世界》2013年第4期；吴健、陈青：《环境保护税：中国税制绿色化的新进程》，《环境保护》2017年第Z1期；吴健、毛钰娇、王晓霞：《中国环境税收的规模与结构及其国际比较》，《管理世界》2013年第4期。
③ 王金南、葛察忠、高树婷等：《中国独立型环境税方案设计研究》，《中国人口·资源与环境》2009年第2期。

的环境税应作为中央和地方政府的共享税,《国务院关于环境保护税收入
归属问题的通知》明确将环境税全部作为地方收入。[①] 然而,将环境税作
为地方税的制度安排依然无法实现"补缺口"的初衷,集中表现为环境相
关收支盈余与地方财政收支持续赤字。由于独立型环境税的征收时间较晚,
环境相关税收需要率先被估计。在贾康和王桂娟(2000)所定义的七类环
境相关税收中,资源税和城市维护建设税系中央和地方共享税,中央政府
的环境相关税收收入系这两类税种中央所得与环境相关消费税的加总。地
方政府的环境相关税收收入包括城镇土地使用税、车船税、耕地占用税以
及资源税和城市维护建设税的地方所得。环境相关消费税的估算是环境相
关税收收入估算的关键,它一般包括成品油、乘用车、摩托车、鞭炮焰
火、木制一次性筷子、实木地板、电池和涂料这八个税目。[②] 鉴于《中国
税务年鉴》数据可得性,包括汽油、柴油、小轿车、越野车、小客车、摩
托车、汽车轮胎和鞭炮焰火八项内容的国内环境相关消费税从 2000 年的
252 亿元增加到 2005 年的 483 亿元,估计结果与苏明和许文(2011)基本
一致。国内环境相关消费税和国内消费税高度线性相关,两者的线性拟合
结果为:国内环境相关消费税 $=0.3054 \times$ 国内消费税 -13.946($R^2=0.9894$)。
基于此可以填补 2007—2017 年国内环境相关消费税,进而可以得到中央—
地方财政收支差额和环境相关税收收支差额、中央—地方环境相关税收收
入之比和环保支出之比,如图 12—1 和图 12—2 所示。

从图 12—1 可以发现:(1)中央财政收支略有结余但地方财政收支持
续赤字;(2)地方环境相关收支盈余高于中央;(3)地方环境相关收支盈
余对于弥补地方财政赤字也是杯水车薪。因此,环境税(地方税)"补缺口"

[①]　苏明、许文:《中国环境税改革问题研究》,《财政研究》2011 年第 2 期;王金南、葛察
忠、高树婷等:《中国独立型环境税方案设计研究》,《中国人口·资源与环境》2009 年第 2 期。

[②]　于海峰、赵丽萍:《关于我国环境相关税收的宏观分析与微观判断》,《财政科学》2016
年第 5 期。

的效果可能没有那么好。图 12—2 表明：（1）若以环保支出代表环境事权，中央环境事权约为地方的 4.89%；（2）若以环境相关税收收入代表环境财权，中央环境财权约为地方的 35.68%；因此，中央和地方的环境事权和财权不匹配存在结构性难题，基于既"补缺口"又匹配环境事权的原则，地方应该拥有更多的环境财权，中央需要对地方进行生态转移支付。由此有，（1）在学界普遍认为应该是共享税的情况下将环境税界定为地方税到底好不好？（2）环境相关税收与"补缺口"的初衷相距甚远，生态转移支付有用吗？（3）地方抑或共享的环境税与"补缺口"的生态转移支付怎么组合更好？具体来说，地方政府具有明显的扩张偏向，地方政府支出"重基础建设、轻人力资本投资和公共服务"（方红生和张军，2009a，2009b；傅勇和张晏，2007），[①]独立型环境税的不同制度安排对环保支出和公共投资的冲击需要深入研究，即"专款专用"的环境税、地方税或共享税在分权体制下将产生怎样的环境和社会影响？与此同时，地方政府持续扩大的财政收支赤字极大地约束着地方环保支出，独立型环境税的地方税安排能够适当地补充地方政府财力缺口但缺少调动中央环境相关税收用于环保支出的内在动力，那么将"地方税"改为"共享税"的制度变革设想和增加中央对地方的生态转移支付能实现环境保护和社会福利的"双重红利"吗？

因此，需要讨论独立型环境税、独立型环境税的不同制度安排以及它与生态转移支付之间的耦合关系。独立型环境税的制度安排可以有地方税和共享税之分。为了调动中央环境相关税收用于环保支出的积极性并提高环境政策体系的运行效率，重点讨论共享税与生态转移支付的耦合

---

① 方红生、张军：《中国地方政府竞争、预算软约束与扩张偏向的财政行为》，《经济研究》2009a 年第 12 期；方红生、张军：《中国地方政府扩张偏向的财政行为：观察与解释》，《经济学（季刊）》2009b 年第 3 期；傅勇、张晏：《中国式分权与财政支出结构偏向：为增长而竞争的代价》，《管理世界》2007 年第 3 期。

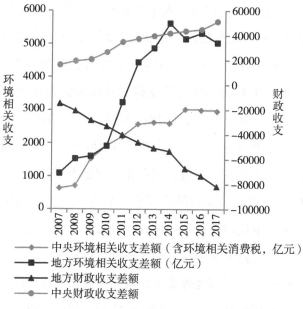

图 12—1 中央—地方政府环境相关收支差额情况

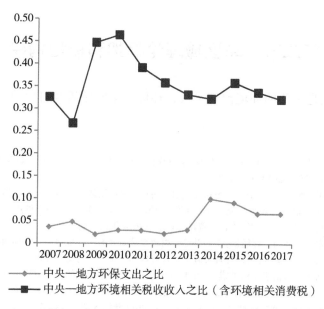

图 12—2 中央—地方政府环保支出之比和环境相关税收收入之比情况

关系。共享税的设置与财政分权水平密切相关，这也是环境分权的内在
要求。^①事实上，具有良好财政收支状况和环境相关收支状况的中央政府
在推出环境税的同时修订完善了《中央对地方重点生态功能区转移支付办
法》等。国家重点生态功能区转移支付具有标准的弥补地方财政收支缺
口的意义，而且中央对地方生态功能区财政转移支付有助于增强功能区政
府的基本公共服务供给能力。^②将前端惩罚财政政策（如环境税）和后端
奖励财政政策（如生态转移支付）耦合在一起是重要趋势。^③但是，我国
独立型环境税和生态转移支付的研究相对较少且在定性讨论环境税的政
策组合时往往缺少定量研究；在定量研究时又缺少对环境税配套政策的具
体化，有文献在开放框架下定量讨论了环境税和补贴、研发补贴和规制政
策、碳税和碳排放权交易制度等关系，但相关研究都在中国独立型环境税
开征之前，缺少对环境税政策出台"补缺口"初衷的讨论以及另一"补缺口"
财政手段——生态转移支付的联合研究。^④

第二节　单区域理论框架和模型构建

环境税是重要的环境治理手段，环境污染问题研究可以兼具微观基础

---

① 祁毓、卢洪友、徐彦坤：《中国环境分权体制改革研究：制度变迁、数量测算与效应评估》，《中国工业经济》2014年第1期。
② 伏润民、缪小林：《中国生态功能区财政转移支付制度体系重构——基于拓展的能值模型衡量的生态外溢价值》，《经济研究》2015年第3期；李国平、李潇：《国家重点生态功能区转移支付资金分配机制研究》，《中国人口·资源与环境》2014年第5期。
③ 卢洪友、杜亦譞、祁毓：《生态补偿的财政政策研究》，《环境保护》2014年第5期。
④ 何欢浪、岳咬兴：《策略性环境政策：环境税和减排补贴的比较分析》，《财经研究》2009年第2期；吴力波、钱浩祺、汤维祺：《基于动态边际减排成本模拟的碳排放权交易与碳税选择机制》，《经济研究》2014年第9期；邢斐、何欢浪：《贸易自由化、纵向关联市场与战略性环境政策——环境税对发展绿色贸易的意义》，《经济研究》2011年第5期；王林辉、王辉、董直庆：《经济增长和环境质量相容性政策条件——环境技术进步方向视角下的政策偏向效应检验》，《管理世界》2020年第3期。

和宏观视角。[①] 相较于局部均衡分析方法和可计算一般均衡模型，动态随机一般均衡模型更善于克服卢卡斯批判和刻画财政政策的长期动态传导机制。传统的动态随机一般均衡模型一般包括家庭、厂商、政府和金融部门。在考察环境问题时，金融部门会被环境部门替代。[②] 在考察环境治理的中央和地方政府关系时，多级政府结构也可被引入。[③]

一、包含环境部门的四部门动态随机一般均衡模型

（一）考虑环境的四部门一般均衡分析

生态系统的环境部门与经济系统的厂商部门通过污染排放及损害关联，会影响环境质量而环境污染也会带来生产的损失，该关系的内在成因之一是清洁厂商和污染厂商之间的竞合。同时，环境部门也会影响家庭部门，主要通过进入效用函数影响居民决策。多级政府主要考察中央和地方两级，它们根据各自的目标决策。中央政府追求公共福利最大化而地方政府偏重经济增长。[④] 政府的收入来自宏观税负，税收流向地方政府的一般称为地方税，流向中央政府的一般称为中央税，兼而有之的则称为共享

---

① 杨柳勇、张泽野、郑建明：《中央环保督察能否促进企业环保投资？——基于中国上市公司的实证分析》，《浙江大学学报（人文社会科学版）》2021 年第 3 期；陆旸：《从开放宏观的视角看环境污染问题：一个综述》，《经济研究》2012 年第 2 期；金祥荣、谭立力：《环境政策差异与区域产业转移——一个新经济地理学视角的理论分析》，《浙江大学学报（人文社会科学版）》2012 年第 5 期；谢剑、王金南、葛察忠：《面向市场经济的环境与资源保护政策》，《环境保护》1999 年第 11 期。

② Angelopoulos, K., G. Economides & A. Philippopoulos, "What is the Best Environmental Policy?Taxes, Permits and Rules under Economic and Environmental Uncertainty", *Social Science Electronic Publishing*, No. 3（2010）; Fischer, C. & M. Springborn, "Emissions Targets and the Real Business Cycle: Intensity Targets versus Caps or Taxes", *Journal of Environmental Economics and Management*, Vol. 62, No. 3（2011）, pp. 352-366; Heutel, G., "How should Environmental Policy Respond to Business Cycles? Optimal Policy under Persistent Productivity Shocks", *Review of Economic Dynamics*, Vol. 15, No. 2（2012）, pp. 244-264.

③ 朱军、许志伟：《财政分权、地区间竞争与中国经济波动》，《经济研究》2018 年第 1 期。

④ 张琦、郑瑶、孔东民：《地区环境治理压力、高管经历与企业环保投资——一项基于〈环境空气质量标准（2012）〉的准自然实验》，《经济研究》2019 年第 6 期。

税。这是分税制的必然要求，也是分权体制下研究财税政策的必然选择。就支出而言，中央政府考虑对家庭的转移支付，对环境的环保支出，对厂商的公共投资。同理，地方政府也有其对家庭的转移支付，对环境的环保支出，对厂商的公共投资。四部门一般均衡过程如图12—3所示。

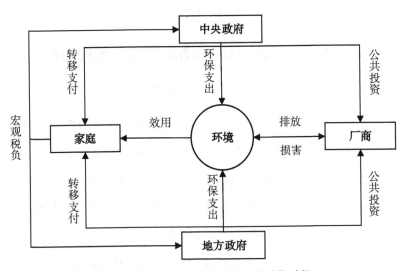

图12—3　考虑环境的四部门一般均衡过程

（二）生产部门

假设厂商同质，代表性厂商租赁私人资本 K 和雇佣劳动 L 进行生产；政府提供基础设施等公共投资，公共资本 Z 能够增加企业产出；环境污染会影响厂商的产出，减损函数 Θ 是关于环境污染（E）的函数。[①] 因此，在技术水平 A_t 下 C-D 函数形式刻画的厂商生产函数为：

$$Y_t = [1 - \Theta(E_t)]A_t K_t^{\alpha} L_t^{1-\alpha} Z_t^{\gamma} \qquad (12—1)$$

式（12—1）中，A_t 为中性技术冲击，服从一阶自回归过程，其可持

---

① Nordhaus, W., *A Question of Balance: Weighing the Options on Global Warming Policies*, Yale University Press, 2008.

续系数为 θ_1。参考诺德豪斯（2008）在 DICE—2007 模型中对二氧化碳排放减损产出的设定，减损函数设为：

$$\Theta(E_t) = d_0 + d_1 E_t + d_2 E_t^2 \qquad （12—2）$$

式（12—2）中，E_t 为 t 期的环境污染存量，反映当期的环境水平。一般而言，环境水平由三方面因素决定：一是历史污染存量及环境自净能力；二是厂商生产排放；三是政府治理效果。[①] 借鉴豪特尔（2012）的设定，其表达方程为：

$$E_t = (1-\eta)E_{t-1} + EM_{t-1} - \psi G_{t-1} \qquad （12—3）$$

式（12—3）中，η 为环境自净能力；EM_{t-1} 为 $t-1$ 期的污染排放量。参考豪特尔（2012）的设定，污染排放量与产出之间的关系为 $EM_t = \rho Y_t$，ρ 为污染排放强度。G_{t-1} 为 $t-1$ 期政府环保支出，由中央环保支出 $g^0_{e,t}$ 和地方环保支出 $g^1_{e,t}$ 组成。参考朱军和许志伟（2018）的设定，$G_t = (g^1_{e,t})^{\phi_e}(g^0_{e,t})^{1-\phi_e}$，其中 $\phi_e \in (0,1)$；ψ 为政府环保支出的改善效率；同理，公共资本 Z_t 由中央政府生产性公共投资 $g^0_{p,t}$ 和地方政府生产性公共投资 $g^1_{p,t}$ 组成，有 $Z_t = (g^1_{p,t})^{\phi_p}(g^0_{p,t})^{1-\phi_p}$，其中 $\phi_p \in (0,1)$。α 和 γ 分别为私人资本和公共资本的产出弹性。

根据利润最大化原则，厂商决定租赁私人资本和雇佣劳动力的数量，其行为方程为：

$$\max_{(K_t, L_t)} \Pi_t = Y_t - W_t L_t - R_t K_t \qquad （12—4）$$

其一阶条件为：

$$R_t = \alpha[1-\Theta(E_t)]A_t K_t^{\alpha-1} L_t^{1-\alpha} Z_t^{\gamma} \qquad （12—5）$$

$$W_t = (1-\alpha)[1-\Theta(E_t)]A_t K_t^{\alpha} L_t^{-\alpha} Z_t^{\gamma} \qquad （12—6）$$

---

① 马捷：《财政分权下生态补偿制度绩效的均衡分析——环保支出冲击视角》，硕士学位论文，浙江理工大学，2020 年。

（三）家庭部门

假定代表性家庭也是同质的，其偏好可由以下效用函数给出（范庆泉等，2016）：

$$U_t = \ln C_t + \varphi_1 \ln(1-L_t) + \varphi_2 \ln Q_t \qquad （12—7）$$

式（12—7）中，C_t 为 t 期的家庭消费，L_t 为 t 期的劳动投入。若将总时间标准化为 1，则闲暇为 $1-L_t$。假设环境质量 Q_t 也将影响消费者的效用，环境质量 $Q_t = Q_0 - E_t$，其中 Q_0 为初期环境质量状况且 $Q_0 > E_t$。[1] φ_1、φ_2 是家庭对闲暇和环境质量的主观权重，刻画家庭消费的替代弹性。其家庭效用最大化目标函数可表述为：

$$\max_{(C_t, K_t, L_t)} E_t \sum_{t=0}^{\infty} \beta^t [\ln C_t + \varphi_1 \ln(1-L_t) + \varphi_2 \ln Q_t] \qquad （12—8）$$

家庭面临的预算约束方程设定为：

$$C_t + I_t = (1-\tau_t)(W_t L_t + R_t K_t) + tr_t^1 + tr_t^0 \qquad （12—9）$$

式（12—9）中包含宏观税负水平 τ 以及中央和地方政府对家庭的转移支付（tr_t^0 和 tr_t^1）。资本积累过程设定为：

$$K_{t+1} = (1-\delta)K_t + I_t \qquad （12—10）$$

消费者效用最大化的一阶条件为：

$$\frac{\varphi_1}{1-L_t} = \frac{1}{C_t}(1-\tau_t)W_t \qquad （12—11）$$

$$\frac{C_t}{C_{t-1}} = \beta[1-\delta + (1-\tau_t)R_t] \qquad （12—12）$$

（四）政府部门

鉴于中国税制高度集权且全国统一的特征，中央政府决定宏观税负水

---

[1]　范庆泉、周县华、张同斌：《动态环境税外部性、污染累积路径与长期经济增长——兼论环境税的开征时点选择问题》，《经济研究》2016 年第 8 期；黄茂兴、林寿富：《污染损害、环境管理与经济可持续增长——基于五部门内生经济增长模型的分析》，《经济研究》2013 年第 12 期。

平 τ 和分权水平 v。政府税收来源于整个经济的收入税，每个时期宏观税负的 $1-v_t$ 由地方政府留存。政府的财政支出包括公共投资 g_p、环保支出 g_e 以及对家庭的转移支付 tr_t 三个部分。于是有中央和地方政府的预算平衡方程：[1]

$$v_t\tau_t(W_tL_t+R_tK_t)=g_{p,t}^0+g_{e,t}^0+tr_t^0 \qquad （12—13）$$

$$(1-v_t)\tau_t(W_tL_t+R_tK_t)=g_{p,t}^1+g_{e,t}^1+tr_t^1 \qquad （12—14）$$

（五）外生冲击

整体经济面临技术水平 A_t、税率 τ_t、分权水平 v_t、财政变量 $g_{p,t}^0$、$g_{e,t}^0$、$g_{p,t}^1$、$g_{e,t}^1$ 等的不确定性。具体地讲，假设这些随机冲击均以对数形式服从 AR（1）过程，其可持续系数为 $\{\theta_i\}_{i\in(1,2,3,4,5,6,7)}$，外生冲击项分别为 $\{\varepsilon_i\}_{i\in(1,2,3,4,5,6,7)}$。

（六）一般均衡和动力系统

整体经济的一般均衡需要满足以下条件：一是家庭和厂商各自最大化目标函数；二是各类市场出清；三是经济的资源约束条件成立，资源约束设为：

$$C_t+I_t+g_{p,t}^0+g_{e,t}^0+g_{p,t}^1+g_{e,t}^1=Y_t \qquad （12—15）$$

式（12—1）—式（12—15）刻画了整体经济模型的动力系统。

二、嵌套纵向生态转移支付或环境税的四部门动态随机一般均衡模型

（一）嵌套纵向生态转移支付的一般均衡分析

由于地方政府承担着大部分的环境事权，在持续扩大的地方财政赤字

---

① 朱军、许志伟：《财政分权、地区间竞争与中国经济波动》，《经济研究》2018 年第 1 期。

背景下，中央政府需要对地方政府进行转移支付，而且是专项的转移支付。[①] 一般性转移支付用以均衡财力，弥补地方政府的机会成本和公共福利，专项转移支付必须服务于生态保护用途，生态转移支付则兼而有之。[②] 当存在纵向生态转移支付时，中央政府的转移支付、环保支出和公共投资规模会发生变化，地方政府的转移支付、环保支出和公共投资规模也会发生变化，如图12—4所示。

（二）嵌套纵向生态转移支付

当中央政府对地方政府进行纵向生态转移支付 vtr 时，两级政府的预算约束可以调整为：

$$v_t\tau_t(W_tL_t + R_tK_t) = g_{p,t}^0 + g_{e,t}^0 + tr_t^0 + vtr_t \qquad （12—16）$$

$$(1-v_t)\tau_t(W_tL_t + R_tK_t) + vtr_t = g_{p,t}^1 + g_{e,t}^1 + tr_t^1 \qquad （12—17）$$

从式（12—16）和式（12—17）可以看出，纵向生态转移支付对中央政府而言是支出，对地方政府而言是收入。同时，地方政府的公共投资支出和环保支出不仅受到上期支出的影响，而且也受纵向生态转移支付的影响。因此，纵向生态转移支付对地方公共投资和地方环保支出的随机冲击可以调整为：

$$\ln g_{p,t}^1 = (1-\theta_6)\ln \overline{g}_p^1 + \theta_6 \ln g_{p,t-1}^1 + \mu_1 vtr_t + \varepsilon_{6,t} \qquad （12—18）$$

$$\ln g_{e,t}^1 = (1-\theta_7)\ln \overline{g}_e^1 + \theta_7 \ln g_{e,t-1}^1 + \mu_2 vtr_t + \varepsilon_{7,t} \qquad （12—19）$$

其中，$\overline{g}$ 为稳态时的政府支出，参数 μ_1 和 μ_2 分别为纵向生态转移支付中公共投资和环保支出所占比例，剩余部分用于对家庭的转移支付。另外，纵向生态转移支付 vtr_t 的对数服从可持续系数为 θ_8、随机扰动项为 ε_8 的一

---

① 吕冰洋、毛捷、马光荣：《分税与转移支付结构：专项转移支付为什么越来越多？》，《管理世界》2018年第4期。

② 卢洪友、杜亦譞、祁毓：《生态补偿的财政政策研究》，《环境保护》2014年第5期。

阶自回归过程。相应地，也存在纵向生态转移支付对中央公共投资和环保支出的类似冲击。

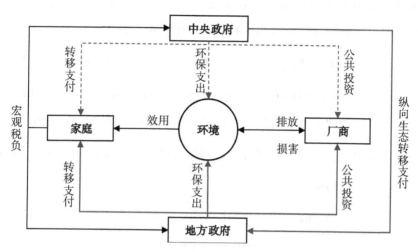

图12—4　嵌套纵向生态转移支付的一般均衡过程

（三）嵌套环境税（地方税）

在考察独立型环境税的影响时，可暂不考虑中央政府的纵向生态转移支付。根据原排污费征收使用管理条例和国务院对环境税归属问题的通知，环境税（地方税）应专门用于环境保护和补偿环境污染受损者。这就是说，在图12—5中，地方政府的环境税所得会影响地方政府对家庭部门的转移支付，因为居民承受了环境污染的损失，希望得到生态补偿金。同时，它也会影响到地方政府的环保支出。

此时，厂商利润最大化决策方程调整为：

$$\max_{(K_t,\ L_t)} \Pi_t = Y_t - W_t L_t - R_t K_t - \tau_{e,t} EM_t \tag{12—20}$$

由于污染排放 $EM_t = \rho Y_t$，厂商生产决策的一阶条件修正为：

$$R_t = (1 - \tau_{e,t}\rho)\alpha Y_t / K_t \tag{12—21}$$

$$W_t = (1 - \tau_{e,t}\rho)(1-\alpha)Y_t / L_t \tag{12—22}$$

环境税 $\tau_{e,t}$ 的征收对象是污染排放 EM_t，也服从一阶自回归过程，对数形式的可持续系数为 θ_9。鉴于环境税应专门用于环境保护或补偿环境污染受损者，环境税（地方税）会对家庭部门和地方政府环保支出产生影响。因此，地方政府的预算平衡约束和财政支出决策调整为：

$$(1-\nu_t)\tau_t(W_tL_t+R_tK_t)+\tau_{e,t}EM_t=g_{p,t}^1+g_{e,t}^1+tr_t^1+tr_{e,t}^1 \quad （12—23）$$

$$\ln g_{e,t}^1=(1-\theta_7)\ln \overline{g_e}^1+\theta_7\ln g_{e,t-1}^1+\mu_3\tau_{e,t}EM_t+\varepsilon_{7,t} \quad （12—24）$$

其中，μ_3 为地方政府将征收的环境税用于环境治理的分配比例。$tr_{e,t}^1$ 为地方政府对家庭受环境损害的补偿，即生态补偿金，且 $tr_{e,t}^1=(1-\mu_3)\tau_{e,t}EM_t$。最后，家庭预算约束变为：

$$C_t+I_t=(1-\tau_t)(W_tL_t+R_tK_t)+tr_t^1+tr_t^0+tr_{e,t}^1 \quad （12—25）$$

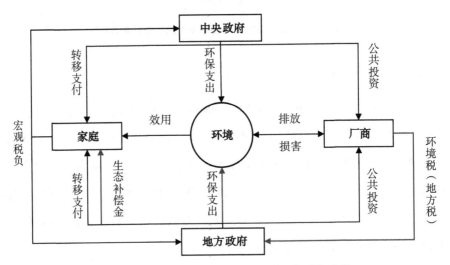

图 12—5　嵌套环境税（地方税）的一般均衡过程

（四）嵌套环境税（共享税）

根据《中华人民共和国环境保护税法》规定，环境税既对陆地排放收税，又对海洋排放收税，其第二十二条规定"纳税人从事海洋工程向中华人民共和国管辖海域排放应税大气污染物、水污染物或者固体废物，申报缴纳环境保护税的具体办法，由国务院税务主管部门会同国务院海洋主管部门规定"。嵌套环境税（共享税）的一般均衡过程如图12—6所示。

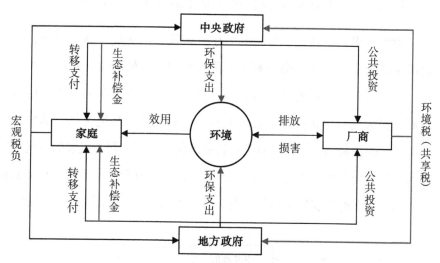

图12—6　嵌套环境税（共享税）的一般均衡过程

假设环境税（共享税）的分成比例参照财政分权水平，此时厂商的一阶条件同式（12—21）和式（12—22），政府预算平衡约束和财政支出决策调整如下：

$$\nu_t \tau_t (W_t L_t + R_t K_t) + \nu_t \tau_{e,t} EM_t = g_{p,t}^0 + g_{e,t}^0 + tr_t^0 + tr_{e,t}^0 \quad (12—26)$$

$$(1-\nu_t)\tau_t (W_t L_t + R_t K_t) + (1-\nu_t)\tau_{e,t} EM_t = g_{p,t}^1 + g_{e,t}^1 + tr_t^1 + tr_{e,t}^1 \quad (12—27)$$

$$\ln g_{e,t}^1 = (1-\theta_7)\ln \overline{g}_e^1 + \theta_7 \ln g_{e,t-1}^1 + \mu_3 (1-\nu_t)\tau_{e,t} EM_t + \varepsilon_{7,t} \quad (12—28)$$

$$\ln g_{e,t}^0 = (1-\theta_5)\ln \overline{g}_e^0 + \theta_5 \ln g_{e,t-1}^0 + \mu_4 \nu_t \tau_{e,t} EM_t + \varepsilon_{5,t} \quad (12—29)$$

式（12—26）—式（12—29）中，$tr_{e,t}^0$、$tr_{e,t}^1$ 分别为中央和地方政府对家庭受环境损害的补偿，且 $tr_{e,t}^0 = (1-\mu_3)\nu_t \tau_{e,t} EM_t$、$tr_{e,t}^1 = (1-\mu_4)(1-\nu_t)\tau_{e,t} EM_t$。$\mu_3$、$\mu_4$ 分别为地方和中央政府对从企业征收的环境税用于环保支出的分配比例。环境税在中央和地方的分成比例参照宏观税负的分权水平。与此同时，家庭预算约束变为：

$$C_t + I_t = (1-\tau_t)(W_t L_t + R_t K_t) + tr_t^1 + tr_t^0 + tr_{e,t}^1 + tr_{e,t}^0 \qquad (12—30)$$

（五）嵌套生态转移支付和环境税（共享税）的政策组合

环境税自出台后就面临着"收入中性假说"的挑战，新的税种将加重厂商的生产成本，造成社会福利的损失。纵向生态转移支付制度作为一种补偿，或可增加地方政府的财政收入，降低地方环保支出的压力，使得地方政府有更大的自由选择以增加公共投资，进而弥补环境税的"非收入中性"所导致的福利损失。将纵向生态转移支付和以共享税为代表的环境税同时纳入一般均衡分析框架更符合经济现实，同时也有利于考察两种环境财税政策共同作用下的宏观经济运行状况和社会福利变化，如图12—7所示。

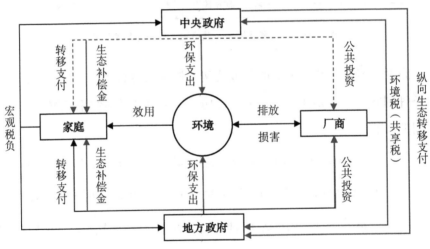

图12—7　嵌套政策组合的一般均衡过程

由于引入环境税，厂商的利润函数发生变化，其决策的一阶条件同式（12—21）和式（12—22）。政府部门的预算平衡约束则调整为：

$$v_t \tau_t (W_t L_t + R_t K_t) + v_t \tau_{e,t} EM_t = g_{p,t}^0 + g_{e,t}^0 + v tr_t + tr_t^0 + tr_{e,t}^0 \qquad (12—31)$$

$$(1-v_t)\tau_t(W_t L_t + R_t K_t) + v tr_t + (1-v_t)\tau_{e,t} EM_t = g_{p,t}^1 + g_{e,t}^1 + tr_t^1 + tr_{e,t}^1 \qquad (12—32)$$

环境税收入将由中央和地方政府专门用于环保支出和补偿受污染损害的家庭；纵向生态转移支付则由地方政府部分用于环保支出，余下部分用于对家庭的转移支付和公共投资。此时，财政支出决策调整为：

$$\ln g_{p,t}^1 = (1-\theta_6)\ln \overline{g}_p^1 + \theta_6 \ln g_{p,t-1}^1 + \mu_1 vtr_t + \varepsilon_{6,t} \qquad （12—33）$$

$$\ln g_{e,t}^1 = (1-\theta_7)\ln \overline{g}_e^1 + \theta_7 \ln g_{e,t-1}^1 + \mu_2 vtr_t + \mu_3(1-\nu_t)\tau_{e,t}EM_t + \varepsilon_{7,t} （12—34）$$

$$\ln g_{p,t}^0 = (1-\theta_4)\ln \overline{g}_p^0 + \theta_4 \ln g_{p,t-1}^0 - \mu_1 vtr_t + \varepsilon_{4,t} \qquad （12—35）$$

$$\ln g_{e,t}^0 = (1-\theta_5)\ln \overline{g}_e^0 + \theta_5 \ln g_{e,t-1}^0 - \mu_2 vtr_t + \mu_4 \nu_t \tau_{e,t}EM_t + \varepsilon_{5,t} （12—36）$$

家庭部门预算约束同式（12—30）。

第三节　参数校准、估计、稳态与仿真模拟

经济系统的参数反映特定经济体的基本事实，且直接影响整个经济的均衡状态和随机冲击的动态效果。采用合理的结构性参数有助于提升模型的拟合优度。鉴于研究问题的特殊性，有一些参数直接根据文献进行校准，有一些参数则根据全国或分省数据在数据可得年份上进行估计。

一、参数校准

依赖于个体的主观跨期偏好贴现因子 β、私人资本产出弹性 α 和资本折旧率 δ 在相关研究中基本一致，可分别校准为 0.99、0.5 和 0.1。[①] 闲暇对消费替代弹性 φ_1 为经济主体关于消费和闲暇所带来效用的主观权重，可

① 范庆泉、周县华、张同斌：《动态环境税外部性、污染累积路径与长期经济增长——兼论环境税的开征时点选择问题》，《经济研究》2016 年第 8 期；黄赜琳、朱保华：《中国的实际经济周期与税收政策效应》，《经济研究》2015 年第 3 期；王文甫、王子成：《积极财政政策与净出口：挤入还是挤出？——基于中国的经验与解释》，《管理世界》2012 年第 10 期；吴化斌、许志伟、胡永刚等：《消息冲击下的财政政策及其宏观影响》，《管理世界》2011 年第 9 期；陈昆亭、龚六堂：《粘滞价格模型以及对中国经济的数值模拟——对基本 RBC 模型的改进》，《数量经济技术经济研究》2006 年第 8 期。

校准为 0.87。[①] 环境质量的消费替代弹性 φ_2 可校准为区间均值 0.5。[②] 公共资本产出弹性 γ 可校准为 0.1。[③] 技术进步冲击的可持续系数 θ_1 大多取值在 0.64 到 0.995 之间，可校准为 0.8722。[④] 对于两个重要参数 ϕ_p 和 ϕ_e，前者刻画中央公共投资和地方公共投资在总生产性公共投资中的相对权重，后者反映中央环保支出和地方环保支出的相对权重。地方政府相对于中央政府更了解地方经济，能够将财政资金投入到更有效领域，进而促进经济总产出更快增长，因此将参数 ϕ_p 校准为 0.75，以突显地方公共投资的相对重要性。[⑤] 同理，地方政府更了解地方环境问题的症结所在，在环境治理上具有成本优势和信息优势，因此将参数 ϕ_e 也校准为 0.75。环境与经济的交互呈现高度复杂的动态不确定性。以碳排放为例，减损函数中的参数 d_0、d_1、d_2 可分别校准为 1.4×10^{-3}、-6.7×10^{-6}、1.46×10^{-8}。[⑥] 环境自净能力 η 可校准为 0.1，环境改善效率 ψ 可校准为 0.35。[⑦] 初始时期环境质量状况 Q_0 只影响居民效用水平而不影响整体结果，可校准为 90.7893，此时污染排放强度最大。

---

① 王文甫、王子成：《积极财政政策与净出口：挤入还是挤出？——基于中国的经验与解释》，《管理世界》2012 年第 10 期。

② 范庆泉、周县华、张同斌：《动态环境税外部性、污染累积路径与长期经济增长——兼论环境税的开征时点选择问题》，《经济研究》2016 年第 8 期；刘凤良、吕志华：《经济增长框架下的最优环境税及其配套政策研究——基于中国数据的模拟运算》，《管理世界》2009 年第 6 期。

③ 饶晓辉、刘方：《政府生产性支出与中国的实际经济波动》，《经济研究》2014 年第 11 期。

④ 郭长林：《财政政策扩张、异质性企业与中国城镇就业》，《经济研究》2018 年第 5 期。

⑤ 朱军、许志伟：《财政分权、地区间竞争与中国经济波动》，《经济研究》2018 年第 1 期。

⑥ Heutel, G., "How should Environmental Policy Respond to Business Cycles? Optimal Policy under Persistent Productivity Shocks", *Review of Economic Dynamics*, Vol. 15, No. 2 (2012), pp. 244–264; Nordhaus, W. D., "To Slow or Not to Slow: The Economics of the Greenhouse Effect", *The Economic Journal*, Vol. 101, No. 407 (1991), pp. 920–937.

⑦ Angelopoulos, K., G. Economides & A. Philippopoulos, "What is the Best Environmental Policy?Taxes, Permits and Rules under Economic and Environmental Uncertainty", *Social Science Electronic Publishing*, No. 3 (2010); Heutel, G., "How should Environmental Policy Respond to Business Cycles? Optimal Policy under Persistent Productivity Shocks", *Review of Economic Dynamics*, Vol. 15, No. 2 (2012), pp. 244–264.

二、参数估计

税率 τ 根据 1978—2017 年的税收收入占名义 GDP 比重的均值估算，取为 0.1。[1] 分权水平 v 根据 1994—2017 年中央税收收入占总税收收入比重的均值估算，取为 0.54。[2] 根据 $EM_t=\rho Y_t$ 的设定估计污染物排放系数 ρ，其估计值为 5.2。使用 2000—2017 年 30 个省（自治区、直辖市，不包括港澳台，而且西藏数据不可得）的二氧化碳排放量和 GDP 数据估计污染排放强度。分省二氧化碳排放数据根据不同化石能源消耗量及其碳排放转换因子估算得到。能源类型包括原煤、焦炭、原油、燃料油、汽油、柴油、煤油、天然气八种，数据来自《中国能源统计年鉴》。根据八种能源数据估算的二氧化碳排放强度会低估，用二氧化碳排放指代环境污染更是低估，因此在后续仿真模拟中会对污染物排放系数 ρ 进行敏感性检验。当然，这样处理的另一层原因是有相对成熟的二氧化碳减损函数。GDP 数据来自《中国统计年鉴》并以 1978 年为基期进行平减。

用 1978—2017 年中国 31 个省（自治区、直辖市，不包括港澳台，下同）的预算内固定资产投资作为地方公共投资 g_p^1。2004—2017 年数据来自《中国统计年鉴》，1978—2003 年数据系估算得到。具体来说，1993—2003 年数据根据各省基本建设投资和更新改造投资中来源于预算内资金的数据加总获得；1978—1992 年数据首先利用已有预算内固定资产投资数据求取其占一般公共预算支出的平均比重，然后根据历年一般公共预算支出进行估算。[3] 中央公共投资 g_p^0 的数据为国家预算内固定资产投资与各省地方公共投资加总的差额，国家预算内固定资产投资 1983—2017 年数据直

---

①　吴化斌、许志伟、胡永刚等：《消息冲击下的财政政策及其宏观影响》，《管理世界》2011 年第 9 期。

②　徐永胜、乔宝云：《财政分权度的衡量：理论及中国 1985—2007 年的经验分析》，《经济研究》2012 年第 10 期。

③　朱军、姚军：《中国公共资本存量的再估计及其应用——动态一般均衡的视角》，《经济学（季刊）》2017 年第 4 期。

接来自《中国统计年鉴》。1978—1982 年采用基本建设投资和更新改造投资中国家预算内投资部分加总以获得公共投资数据。地方公共投资可持续系数利用省际面板数据进行向量自回归，估计值为 0.9829。中央公共投资可持续系数通过一阶自回归模型进行估计，估计值为 0.9506。[①]

根据中央和地方 31 个省（自治区、直辖市）2007—2017 年的环保支出数据估计中央和地方政府环保支出 $g_{e,t}$ 的可持续系数。自回归模型估计结果显示，中央环保支出可持续系数为 0.7164，地方环保支出可持续系数为 0.8887。鉴于数据的可得性，使用《中国统计年鉴》1999—2016 年国内增值税、国内消费税、营业税、企业所得税、个人所得税、关税 6 个税种的税收数据对宏观税率的可持续系数进行估计，一阶自回归的估计结果为 0.9451。与此同时，使用 1978—2017 年中国 31 个省（自治区、直辖市）的地方税收收入数据求取其占总税收收入的比值，然后利用 1 减去这一比值估计财政分权水平 v。数据来自国家统计局、《中国统计年鉴》《四川统计年鉴》和《新疆统计年鉴》。据估计，财政分权水平可持续系数为 0.9504。

考虑到生态转移支付同时包含专项转移支付和一般性转移支付，且模型假设纵向生态转移支付是对地方政府的足额补贴，即完全弥补地方的财力缺口并实现收支平衡。因此，使用地方财政收入中的中央补助收入表示纵向生态转移支付，中央补助收入数据来自《中国财政年鉴》，1994—2014 年的省际面板数据估计表明纵向生态转移支付 vtr_t 的可持续系数为 0.9625。鉴于环境税源于排污收费的"费改税"平移和数据的可得性（碳税制度尚未出台），以 2000—2015 年排污费占名义 GDP 比重的平均值估计环境税 $\tau_{e,t}$，取为 0.0005。2000—2012 年中国 31 个省（自治区、直辖市）的排污费数据来自生态环境部，其余年份来自《中国环境年鉴》。据

---

① 马捷：《财政分权下生态补偿制度绩效的均衡分析——环保支出冲击视角》，硕士学位论文，浙江理工大学，2020 年。

2000—2014 年省际面板一阶自回归结果显示，环境税的可持续系数为 0.9744。事实上，此处的环境税可以认为是一种碳税，只不过使用排污费水平来表征碳税。参数 μ_1 和 μ_2 分别为纵向生态转移支付中公共投资和环保支出所占比例。假设他们按不变偏好进行分配，即与原先财政收入用于公共投资和环保支出的分配比例一致，那么地方公共投资 $g^1_{p,t}$ 和地方环保支出 $g^1_{e,t}$ 占地方财政总收入的比例分别为 0.2515 和 0.0641。μ_3 和 μ_4 分别为中央和地方政府将环境税所得用于环保支出的比例。环境税被用于环保支出和家庭补偿的比例无经验校准值。若中央和地方在环境税的分配上偏好一致且环境税被平均地分配给环保支出和家庭补偿，则这两个参数均可设为 0.5。所有参数校准和估计结果汇总见表 12—1。

表 12—1　参数校准和估计结果

参数	具体含义	校准 / 估计值	参数	具体含义	校准 / 估计值
α	私人资本产出弹性	0.5	ρ	污染排放强度（千克 / 元）	5.2
β	贴现因子	0.99	θ_1	技术进步可持续系数	0.8722
δ	资本折旧率	0.1	θ_2	税率可持续系数	0.9451
φ_1	闲暇对消费的替代弹性	0.87	θ_3	分权水平可持续系数	0.9504
φ_2	环境对消费的替代弹性	0.5	θ_4	中央公共投资可持续系数	0.9506
γ	公共资本产出弹性	0.1	θ_5	中央环保支出可持续系数	0.7164
ϕ_p	地方公共投资支出的权重	0.75	θ_6	地方公共投资可持续系数	0.9829
ϕ_e	地方环保投资支出的权重	0.75	θ_7	地方环保支出可持续系数	0.8887
d_0	生产减损函数参数	1.4×10^{-3}	θ_8	生态转移支付可持续系数	0.9625
d_1	生产减损函数参数	-6.7×10^{-6}	θ_9	环境税可持续系数	0.9744
d_2	生产减损函数参数	1.46×10^{-8}	τ_e	环境税	0.0005
η	环境自净能力	0.1	μ_1	纵向转移支付用于公共投资比例	0.2515

续表

参数	具体含义	校准 / 估计值	参数	具体含义	校准 / 估计值
ψ	环境改善效率	0.35	μ_2	纵向转移支付用于环保支出比例	0.0641
Q_0	初始环境质量状况	90.7893	μ_3	中央环境税用于环保支出比例	0.5
τ	税率	0.1	μ_4	地方环境税用于环保支出比例	0.5
v	分权水平	0.54			

三、模型稳态：基准情形及其政策组合

整个经济的动力系统方程基于跨期均衡原则可以转变为稳态方程，此时所有变量都可以表示成产出 Y 的函数。由于技术水平仅反映经济规模，因此其稳态值初始值大多取为 1。同理，可以假定产出的初始水平 $Y_0=1$，以便给定所有变量的稳态初始值进而求解所有变量的稳态值。在求解稳态值之前，还需要明确两类结构参数的稳态初始值，即需要明确中央和地方政府支出与产出 Y 的关系。

第一类是中央和地方政府支出占产出 Y 的比重。中央和地方公共投资占总产出的比值 g_p^0/Y 和 g_p^1/Y 根据 1978—2017 年预算内固定资产投资占名义总产出比值的平均值进行估计，分别为 0.0141 和 0.0212。中央和地方环保支出占总产出的比值 g_e^0/Y 和 g_e^1/Y 根据 2007—2017 年政府环保支出与名义总产出比值的平均值设定，分别取为 0.0003 和 0.0054。中央和地方政府对家庭的转移支付使用 2000—2017 年财政决算支出中医疗卫生支出、社会保障与就业支出、文化体育与传媒支出、教育支出之和进行估计，并根据中央和地方政府对家庭的转移支付与名义总产出比值的均值进行估计。[①]

---

① 张佐敏：《财政规则与政策效果——基于 DSGE 分析》，《经济研究》2013 年第 1 期。

中央和地方政府对家庭的转移支付占总产出的比值 tr^0/Y 和 tr^1/Y 分别取为 0.0032 和 0.0577。

第一类的结构参数估计值是经验值，包含纵向生态转移支付；第二类的基准情形应不包括纵向生态转移支付，需要适当剔除。基于第一类的结构参数估计值，中央财政总支出占产出的比重为 0.0176，同理有地方财政总支出占产出的比重为 0.0843，两者加总为 0.1019（近似于税率 0.1）。中央环保支出、公共投资和对家庭的转移支付占中央财政收入的比例分别为 0.0170、0.8011 和 0.1818。假设央地两级政府环保支出、公共投资和对家庭转移支付三种财政支出占比能反映其支出偏好，并按 0.54 的分权水平分配税收收入，且中央和地方政府的各项财政支出之和应等于税收收入，此时有中央政府三类支出占产出的比重为 0.0009、0.0441 和 0.0100。同理，可以得到基准情形下地方政府三类支出占产出的比重，分别为 0.0030、0.0118 和 0.0320。中央财政支出与央地财政总支出之比并不等于前文估计的分权水平，这是因为现实中上下级政府之间存在着转移支付等行为，各级政府也可通过发放债券等形式筹措财政资金。即便在更平均的分权水平下仍可能出现中央政府少支出、地方政府多支出的情况。为了维持政府预算约束的收支平衡，在纵向生态转移支付占产出的比重使用基准情形下中央政府财政支出（等于税收收入，约为 0.55）占产出比重减去第一类中的中央财政支出占产出的比重，稳态值初始值取为 0.0374。

根据上述稳态初始值的设定，利用 Matlab2018 求解稳态时经济系统方程组的稳态值。第一类稳态值初始值设定对应存在纵向生态转移支付情形，其稳态产出、环境污染存量和家庭居民效用水平的稳态值见表 12—2 情形 4。第二类稳态初始值设定对应基准情形，见表 12—2 情形 1。其中，社会总福利水平由家庭效用函数的二阶近似公式 $U=\dfrac{1-\beta^t}{1-\beta}U(C_t,L_t,Q_t)$（$t$ 取值 900 时 $\beta^t=0$）计算求得。在第一类稳态初始值设定的基础上附加环境税即可得到政策组合［环境税（地方税或共享税）+纵向生态转移支付］情形下的所有稳态；在第二类稳态初始值设定的基础上附加环境税即可得到环境税（地方税）和环境税（共享税）情形下的所有稳态。在表12—2中，情形4产出最大且增加显著，情形6环境污染存量最小且社会总福利也最大。与此同时，单一政策或政策组合将具有不同的经济、环境和社会效应。产出减少、污染增加或福利减少表明存在政策成本，产出增加、污染减少或福利增加表明存在政策收益。环境质量和社会福利的"双重红利"出现在情形2、情形5和情形6之中，其中情形6的环境效应和社会福利效应均最大。

表12—2　不同政策情形下主要宏观变量的稳态及成本—收益研判

变量	情形1：基准情形		情形2：环境税（地方税）	与基准之差	成本收益研判	情形3：环境税（共享税）	与基准之差	成本收益研判
Y	1.0092		0.9847	−0.0245	产出减少	1.0090	−0.0002	产出减少
E	52.4700		51.1941	−1.2759	污染减少	52.4595	−0.0105	污染减少
U	49.7850		50.4739	0.6889	福利增加	49.5363	−0.2487	福利减少

变量	情形4：纵向生态转移支付	与基准之差	成本收益研判	情形5：环境税（地方税）+纵向生态转移支付	与基准之差	成本收益研判	情形6：环境税（共享税）+纵向生态转移支付	与基准之差	成本收益研判
Y	1.0195▲	0.0103	产出增加	0.9831	−0.0261	产出减少	0.9359	−0.0733	产出减少
E	53.0033	0.5333	污染增加	51.1115	−1.3585	污染减少	48.6518▲	−3.8182	污染减少
U	55.8799	6.0949	福利增加	56.9574	7.1724	福利增加	58.3081▲	8.5231	福利增加

注：▲每一经济变量达到各自最优时所对应的政策情形。

四、仿真模拟：基于污染排放强度的敏感性分析

长期内，环境税（共享税）和纵向生态转移支付的政策组合能够实现环境质量的极大改善和社会福利的显著提高。这意味着环境政策组合需要明确共享税的制度变革方向，同时需要明确提高环境税或纵向生态转移支付水平可能产生的短期冲击。从稳态结果来看，环境税（共享税）和纵向生态转移支付的政策组合并不具有良好的产出效应，两类政策若对产出有正向冲击或更短的负向冲击则能为环境政策体系的完善提供新思路。图 12—8 给定了环境税和纵向生态转移支付增加 1% 时产出和环境污染存量在未来 40 期里的脉冲响应情况。

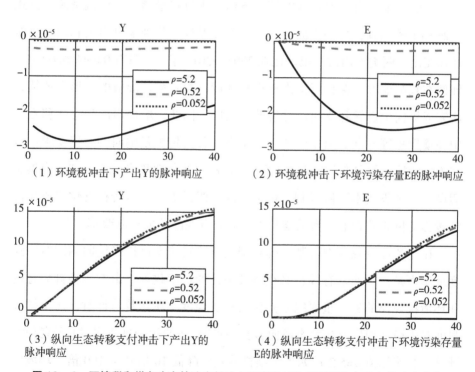

（1）环境税冲击下产出Y的脉冲响应　　（2）环境税冲击下环境污染存量E的脉冲响应

（3）纵向生态转移支付冲击下产出Y的
脉冲响应　　（4）纵向生态转移支付冲击下环境污染存量
E的脉冲响应

图 12—8　环境税和纵向生态转移支付冲击下产出 Y 和环境污染存量 E 的脉冲响应

图 12—8—（1）为环境税冲击下产出 Y 的脉冲响应，图 12—8—（3）为纵向生态转移支付冲击下产出 Y 的脉冲响应。脉冲实线（$\rho=5.2$）系根据

真实经验数据估算，此时纵向生态转移支付对产出具有明显的正向影响且在可预见的经济周期内一直具有拉动产出的作用，产出效应明显。相对于纵向生态转移支付的长期产出拉动，环境税的负向冲击在第 10 期左右开始减弱且随后将不断地回归稳态。图 12—8—（2）和图 12—8—（4）表明环境税天然地具有减少环境污染存量的作用但纵向生态转移支付在拉动产出的同时也增加了环境污染存量。因此，环境税（共享税）和纵向生态转移支付的政策组合在改善环境质量目标的同时对产出的冲击可以是短暂的。

纵向生态转移支付没有减少环境污染存量反而增加环境污染存量的原因主要有两个方面：一方面，产出拉动使得污染排放增加显著，在一定自净能力和有限政府环保投入的情况下污染排放存量增加，该机制源于公式（12—3）的刻画；另一方面，有限政府环保投入分别来自中央和地方政府环保支出，两类支出占产出之比在 2007—2017 年平均只有 0.03% 和 0.54%，即便在较高地方环保投资支出权重和环境改善效率校准值的情形下依然无法完成纵向生态转移支付的环境改善功能。因此，增加纵向生态转移支付中环境保护等专项支出是改变纵向生态转移支付扩张偏向的必然要求。转移支付的扩张偏向有其"财政幻觉"假说、"垄断性政府假说"、"压力集团假说"、"税收成本"假说和"价格效应"假说等，生态转移支付应该在传统转移支付的基础上适当调整其扩张偏向以匹配环境税制改革。[①]

在变革环境税地方税制安排和调整传统转移支付扩张偏向的同时，强度减排也是一个非常有效且必须持续坚持的环境政策。影响污染排放总量和环境税规模的另一重要因素是污染排放强度。在参数估计时，污染排放强度对于稳态初始值和稳态值而言至关重要。按照污染排放强度（千克/元）计算，其实际值 $\rho=5.2$；如果污染排放强度降低 10 倍乃至 100 倍，环境税和纵向生态转移支付对产出和环境污染存量的冲击会发生变化，而且它对

---

① 毛捷、吕冰洋、马光荣：《转移支付与政府扩张：基于"价格效应"的研究》，《管理世界》2015 年第 7 期。

环境税冲击的影响尤为显著，如图12—8所示。从图12—8—（1）和图12—8—（2)可以看出，污染排放强度降低10倍对环境税冲击的影响最佳。强度减排政策对纵向生态转移支付冲击的影响相对较少，但也明显存在从10到100倍变化的差异。因此，持之以恒地推进环境污染物强度减排是环境税和纵向生态转移支付政策组合有效实现政策目标的前提。

在推进强度减排的同时增加中央和地方环保支出也是短期内增加产出和改善环境质量的重要途径，如图12—9所示。相对于增加中央环保支出，地方环保支出冲击所带来的产出增加和环境质量改善更具有中长期影响。就产出而言，地方环保支出冲击的影响在第20期后基本消失而中央环保支出冲击的影响在第10期后便开始消失。相应的，地方环保支出冲击对环境污染存量的影响比中央环保支出冲击的影响略长3—5期。更有意义的结论在于，中央和地方环保支出冲击对环境污染存量的影响与污染

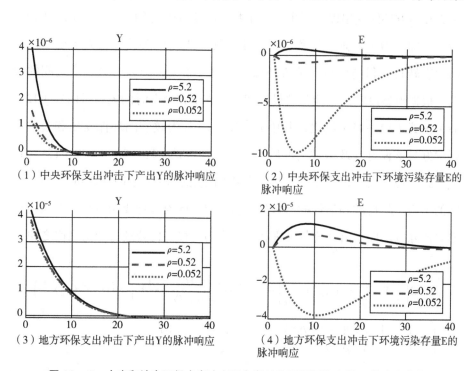

（1）中央环保支出冲击下产出Y的脉冲响应　　（2）中央环保支出冲击下环境污染存量E的脉冲响应

（3）地方环保支出冲击下产出Y的脉冲响应　　（4）地方环保支出冲击下环境污染存量E的脉冲响应

图12—9　中央和地方环保支出冲击下产出 Y 和环境污染存量 E 的脉冲响应

排放强度密切相关。在污染排放强度降低 10 倍的情形下，中央环保支出冲击对环境污染存量的影响已然由正变负，进一步降低污染排放强度时中央环保支出冲击对环境污染存量的影响将更加显著。在污染排放强度降低 10—100 倍之间，地方环保支出冲击对环境污染存量的影响也可以由正变负，地方环保支出的环境效应也将随着污染排放强度降低而愈发显著。

第四节　进一步讨论：环境财税政策选择与优化

环境财税政策选择与优化可以有等产出、等环境质量和等社会总福利等标准，本一般均衡分析框架重点讨论环境税和纵向生态转移支付政策的组合以及该政策组合可能受强度减排政策的差异化影响。在环境税（共享税）和纵向生态转移支付情形下，稳态时劳动、私人资本和公共资本均可以表示成中央和地方环保支出以及产出 Y 的函数，由此可得式（12—37）。由式（12—37）可知，为了刻画环境税和纵向生态转移支付的关系，首先需要明确纵向生态转移支付与中央和地方环保支出以及中央和地方公共投资之间的关系。根据模型设定，央地公共投资和环保支出在稳态时的关系可由式（12—38）—式（12—41）给出，其中 λ_1、λ_2、λ_3、λ_4 为政府的环保支出和公共投资偏好且该偏好在政策冲击前后保持一致。将式（12—38）—式（12—41）代入式（12—37）即可确定产出 Y 与纵向生态转移支付 vtr 和环境税率 τ_e 之间的关系。除校准和估计的参数外，将 λ 取为政府环保支出或公共投资占产出之比除以环保支出、公共投资和对家庭的转移支付分别占产出之比之和。

$$Y=\left(1-\Theta\left(\frac{\rho}{\eta}Y-\frac{\psi}{\eta}(g_e^1)^{\phi_e}(g_e^0)^{1-\phi_e}\right)\right)\times A\times\left(\frac{(1-\tau_e\rho)\alpha\beta(1-\tau)}{1-\beta+\beta\delta}Y\right)^{\alpha}\times\left((g_p^1)^{\phi_p}(g_p^0)^{1-\phi_p}\right)^{\gamma}$$

$$\times\left(\varphi_1\left(\left(1-\frac{(1-\tau_e\rho)(1-\tau)\alpha\beta\delta}{1-\beta+\beta\delta}\right)Y-g_p^0-g_e^0-g_p^1-g_e^1\right)\Big/(1-\tau)(1-\alpha)(1-\tau_e\rho)Y+1\right)^{\alpha-1}$$

$$（12—37）$$

$$g_p^0 = \lambda_1(v\tau Y - vtr) \tag{12—38}$$

$$g_e^0 = \lambda_2(v\tau Y - vtr) + \mu_4 v\tau_e \rho Y \tag{12—39}$$

$$g_p^1 = \lambda_3[(1-v)\tau Y + vtr] \tag{12—40}$$

$$g_e^1 = \lambda_4[(1-v)\tau Y + vtr] + \mu_3(1-v)\tau_e \rho Y \tag{12—41}$$

根据稳态初始值和式（12—37）可以确定产出和环境税率、生态转移支付占产出比重三者之间的关系，由环境税率和生态转移支付占比所构成的等产出曲线如图12—10所示。图12—10—（1）、图12—10—（2）和图12—10—（3）分别对应污染排放强度为5.2、0.52和0.052三种情形的等产出曲线。从图12—10可以看出，等产出曲线在有效取值范围内表现出凸向右侧、越靠近纵轴时产出水平越高、不相交等特征；在污染排放强度降低100倍时，等产出曲线表现出履足的趋势。此时，给定环境税率存在最优的纵向生态转移支付占比，即存在最优的环境税和纵向生态转移支付政策组合情形。

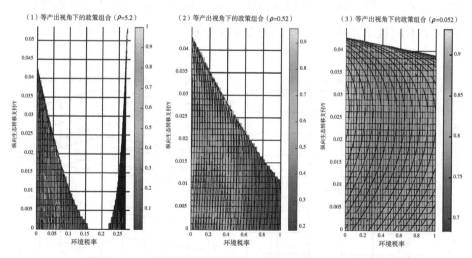

图12—10 基于不同污染排放强度的等产出视角下政策组合

与此同时，等产出曲线所对应的政策组合区间面积随着污染排放强度的降低而不断增加。这说明随着污染排放强度的减弱，环境政策的组合空间更大，政府的政策选择余地更多。在坚定不移的强度减排策略下，纵向生态转移支付与环境税（共享税）之间存在"政策锚定"，即政策组合的最优点。在 0.0005 的环境税率设定时，0.0374 的纵向生态转移支付占比偏高，适当降低生态转移支付占比能够增加产出。但纵向生态转移支付占比不能太低，最优区间在 0.02—0.03 之间，近 0.025。偏高的纵向生态转移支付占比估计是因为仅扣除了中央环保支出、公共投资和对家庭的转移支付。

当污染排放强度更低、环境税率更高时，旨在扩大产出的最优生态转移支付政策设计思路就更加明确。这些环境政策组合的环境绩效和社会总福利变化由图 12—11 给出。基于式（12—3）和式（12—7）的稳态以及式（12—37），等环境污染存量方程和等社会总福利方程可以得到。通过插值描点，等环境污染存量曲线和等社会总福利曲线如图 12—11 所示。图 12—11—（1）和图 12—11—（3）给定了相同的插值方法，此时两类政策的组合情形一致，但两类政策组合对环境污染存量和社会总福利的影响完全不同且不平滑。在污染排放强度为 0.52 时，两类政策组合的等环

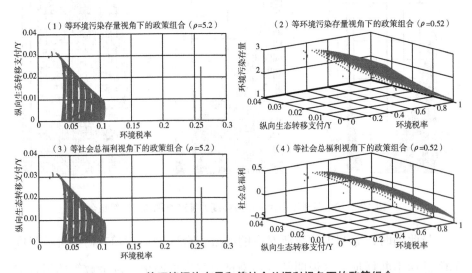

图 12—11　等环境污染存量和等社会总福利视角下的政策组合

境污染存量曲线和等社会总福利曲线的空间分布如图12—11—（2）和图12—11—（4）所示。显然，随着污染排放强度降低，政府的政策组合余地增加；更高的环境税率能够实现低污染排放存量，但社会总福利会也变负。最优的社会总福利会出现在环境税率和纵向生态转移支付占比的最优组合上，而此时环境污染存量肯定不是最低，但社会总产出可以最高。

　　总之，独立型环境税的开征标志着我国财税政策体系绿色化迈出了重要而坚实的一步。虽然独立型环境税只是排污费制度的"费改税"平移，但从研究结果来看它还是能够产生一定的环境绩效。只不过，任何一项政策总不是单一地发挥作用而且也往往不是为了实现单一的政策目标。以环境税改革为例，以提高环境质量为最终目标的环境税改革带来了很多关于经济下行压力的讨论，即环境税的出台是否会给经济产出带来负向影响。事实上，环境税的征收势必增加企业成本进而降低企业竞争力并减少产出。为了增加产出，配套政策的安排必不可少。

　　首先，环境税的出台在学界普遍认为应该是共享税的情况下中央政府作出了地方税的制度安排，补"缺口"的环境税制度安排在适当提高地方环境财力同时也失去了让中央参与地方环境治理的内在激励。因此，应该让中央分享环境税制变革所带来的收益，同时增加中央的环保支出和对家庭的转移支付，从而提高整体社会的总福利。与此同时，纵向生态转移支付制度直观地可以被认为有助于进一步帮助地方政府环境治理"补缺口"。然而，不论是中央转移支付还是地方转移支付的统计口径中均没有生态转移支付，加强生态转移支付的理论研究和实践探索十分必要。

　　其次，基于估算的广义纵向生态转移支付，即仅在中央财政支出中剔除环保支出、公共投资和对家庭的转移支付后，生态转移支付政策产出拉动效应明显。然而，纵向生态转移支付具有明显的扩张偏向，若能在准确估计狭义生态转移支付的基础上规范生态转移支付的用途将有助于完善生态转移支付制度。生态转移支付制度的建设可以有纵向和横向两个维度，让中央政府的纵向生态转移支付具有绿色偏向是将该政策与环境税匹配使用时重要的阶段性任务。因此，在征收环境税时匹配生态转移支付政策能够有效地平滑产出的冲击，也能够真实发挥生态转移支付的生态环境功能，还可阶段性地突显生态转移支付的绿色偏向。如何让重点生态功能区转移支付制度与生态转移支付制度实现合理有序对接是转移支付制度变革的重要方向。

最后，在环境税（共享税）和纵向生态转移支付的政策组合情形中，除了应该做好强度减排政策外，还应该认识到环保支出冲击的影响也很关键。在政府支出扩张偏向假设下，环保支出对环境污染存量的影响随着污染排放强度的变化由正变负，故加大环保支出政策必须匹配强度减排。同时，环境税（共享税）和纵向生态转移支付政策组合存在最优，任何一项单一政策的冲击效果都会随着污染排放强度的变化而变化，最优政策组合也会随着污染排放强度的变化而变化。持续推进强度减排一方面能够增加政府政策组合的空间，另一方面有利于更好地实现产出、环境和社会总福利等政策目标。在给定环境税率的情况下，各级地方政府应该积极寻找能够与该税率水平相适应的纵向生态转移支付水平。

第十三章 两区域环境动态随机一般均衡模型的构建及政策匹配

跨地区环境治理面临着环境改善、经济发展、社会公平等多重目标，需要政府手段和市场手段的相互匹配才能构建跨期长效机制。本章构建了两区域环境动态随机一般均衡模型并结合经验数据对横向生态转移支付和排污权交易两类制度及其制度耦合效应进行了评价。研究表明，只有在合适的排污权分配比例和横向生态转移支付标准的基础上，单一横向生态转移支付才是有效的；单一的排污权交易制度难以同时实现总体经济提升、地区经济提升和地区居民效用提升三大目标；横向生态转移支付制度与排污权交易制度的耦合短期内可以实现两地区环境质量的改善但会造成经济的部分损失，长期则可以实现三大目标。

第一节 跨界流域水环境治理的政策组合方案

改革开放以来，中国生态环境保护形势较为严峻，各领域污染形势错综复杂。尤其是在跨区域环境污染治理时，水污染和大气污染等的流动扩散特征加剧了环境治理的复杂性。地区间"各自为政"的治理模式往往难以为继，跨界生态环境的协同治理已成为应对跨区域环境问题的必然选择。在此背景下，以生态补偿制度为代表的庇古手段和以环境产权交易制度为代表的科斯手段的组合正逐渐成为各地方政府环境治理的重要方案。

首先，跨界流域水环境治理需要横向生态补偿或横向生态转移支付制度。[①]2015 年，中共中央、国务院《关于加快推进生态文明建设的意见》提出，"建立地区间横向生态保护补偿机制"。横向生态环境保护补偿是指采取公共政策或市场化手段调节不具有行政隶属的地区与地区之间的生态利益关系。[②]自 2010 年起，横向生态转移支付在新安江、九洲江、引滦入津流域等地区相继开展，且都取得了一定成效。[③]一般而言，在横向生态转移支付制度的实施过程中，中央和地方政府始终占据主导地位。例如，新安江跨界流域横向生态转移支付就是在中央部委的积极协调下安徽和浙江两省就补偿标准和补偿依据等进行了谈判。政府主导的横向生态转移支付手段固然是处理跨区域环境问题的有效手段，但完全由政府主导同样可能会面临失灵问题。跨界流域环境治理的"政府失灵"是指政府在环境资源调配过程中无法对环境资源进行合理而高效的分配和利用。

其次，环境资源产权交易是处理跨区域环境问题的另一个重要手段。环境资源产权主要包括排污权和生态保护受益权。[④]就跨界流域生态补偿而言，排污权交易制度是关键。2007 年以来，财政部、原环境保护部、国家发展改革委先后批复江苏、浙江、天津等 11 个省（自治区、直辖市）及青岛市开展排污权有偿使用和交易试点。排污权交易机制是指政府确定一定范围内可以排放的污染物总量，而后在保证总量不变的基础上，将指

① 生态转移支付是生态补偿的一类具体方式，主要是指政府生态补偿。横向生态转移支付是平级政府间就生态环境保护或损害而进行的转移支付。

② 王金南、刘桂环、文一惠：《以横向生态保护补偿促进改善流域水环境质量——〈关于加快建立流域上下游横向生态保护补偿机制的指导意见〉解读》，《环境保护》2017 年第 7 期。

③ 沈满洪、谢慧明：《跨界流域生态补偿的"新安江模式"及可持续制度安排》，《中国人口·资源与环境》2020 年第 9 期。

④ 张蕾、沈满洪：《生态文明产权制度的界定、分类及框架研究》，《中国环境管理》2017 年第 6 期。

标分配给相关企业并允许企业间进行交易。逐利的企业会让市场产生等于边际治理成本的排污权价格，从而使自身减排成本最小化。然而，理论上十分美好的排污权交易制度自 1987 年在上海首次试点，再到 2007 年全国的多处试点，三十年来迟迟没有在全国范围内施行，试点地区也甚少实施跨区域排污权交易制度。除了排污权交易政府监管机制不到位、排污权执法尚未跟进等政府机制的失灵外，市场失灵也是跨区域排污权交易制度低效的重要原因。秦泗阳等（2006）认为环境产权交易往往伴随着正负两种外部性；跨地区交易中，排污权的卖出方除了出售排污权获得收益以外，还会获得环境改善的额外收益，排污权的买入会因为环境损害而产生一些额外损失。①

最后，流域水环境治理需要政策组合方案。跨区域环境治理的横向生态转移支付手段会面临政府失灵，环境资源配置存在帕累托改进空间。流域环境治理的排污权交易手段也会面临外部性导致的市场失灵，存在资源配置扭曲现象。纯粹的市场化或是单一的政府主导模式都无法实现跨区域环境资源的有效配置。跨区域环境治理需要市场机制完成环境资源的高效分配，同时还需要政府的宏观调控保障各方利益。跨区域排污权交易机制和横向生态转移支付机制的双向匹配是解决跨区域环境治理问题的重要思路和必然趋势。

第二节　跨界流域水环境政策建模的研究基础

一、跨区域环境经济建模的实证和数理模型

空间计量模型是研究跨区域环境经济问题的主要实证模型。宋马林和

---

① 秦泗阳、吴颂华、常云昆：《水市场失灵及其防范措施》，《中国水利》2006 年第 19 期。

金培振（2016）基于 2002—2014 年省际面板数据建立了空间计量模型，研究了地方保护和资源错配对本地区和周边地区环境福利绩效的影响：地方保护及资源错配不但会造成本地区的环境福利绩效损失，还会通过空间溢出效应对周边地区的环境福利造成损失。① 基于数理模型的反事实分析也是研究跨区域的重要研究工具。王克强等（2015）利用 2007 年区域间投入产出表相关数据，使用多区域可计算一般均衡模型，模拟分析了农业用水效率政策和水资源税政策对国民经济的影响。② 李虹瑾（2021）建立了多区域系统动力（SD）模型分析天山北坡城市群水资源与经济社会系统的关系，对 2017—2043 年天山北坡城市群用水量和经济生产总值进行了仿真模拟。③ 动态随机一般均衡模型以其良好的模型扩展性和基于微观基础的预测性逐渐被用于跨区域经济问题研究。朱军和许志伟（2018）认为传统的动态随机一般均衡模型忽视了政府结构因素，无法讨论地方政府之间财政政策地区间溢出效应，他们建立了两区域多级政府的动态随机一般均衡模型，对财政分权下的财政政策及其区域间的策略互动效应进行了定量分析。④

二、跨地区环境治理的长效机制和可能绩效

在财政分权的背景下，地区保护主义、行政分割和环境经济系统的不健全对跨地区环境治理提出了严峻挑战。对于生态环境脆弱、经济发展水平不高和人民生活水平较低的地方，"饿着肚子保护环境"无法提供解决环境污染的长效机制。海斯等（Hayes, et al., 2015）研究发现，环境服务付费制度的成功取决于政府能否将环境保护的目标转化为一种集体资源管

---

① 宋马林、金培振：《地方保护、资源错配与环境福利绩效》，《经济研究》2016 年第 12 期。
② 王克强、邓光耀、刘红梅：《基于多区域 CGE 模型的中国农业用水效率和水资源税政策模拟研究》，《财经研究》2015 年第 3 期。
③ 李虹瑾：《基于系统动力学的天山北坡城市群水资源优化配置研究》，《水资源开发与管理》2021 年第 5 期。
④ 朱军、许志伟：《财政分权、地区间竞争与中国经济波动》，《经济研究》2018 年第 1 期。

理制度，在保障每个人利益的同时实现额外的环境效益。[1] 经济上的补偿是这种集体资源管理制度的内在动机。单一的生态环境保护目标无法协调各区域主体间的利益，跨地区环境治理的目标已经从单一的生态环境保护转变为生态环境保护、经济协同发展、保障民生等多重目标。[2] 跨地区环境治理长效机制的建立关键在于统一各个区域的利益目标，通过利益关系来构建利益整合机制。[3] 姜志奇和王习东（2021）数值模拟了跨区域排污权交易制度的绩效，研究表明跨区域排污权交易制度可以带来总排放量的明显下降。[4] 王树强和庞晶（2019）运用倾向得分匹配——双重差分方法将 2010 年中国排污权跨行政区域交易试点作为自然实验，分析了排污权跨区域交易制度对经济绿色发展的影响。[5] 结果显示了排污权跨区域交易政策对绿色经济的发展具有积极的作用。比彻姆等（Beauchamp, et al., 2018）基于柬埔寨北部 16 个村庄的保护区调查数据，研究了环境服务付费制度的效果，研究表明，环境服务付费制度可以提高保护区内部居民的农业生产率。[6] 景守武和张捷（2021）以新安江流域跨界横向生态补偿为

---

[1] Hayes, T., F. Murtinho & H. Wolff, "An Institutional Analysis of Payment for Environmental Services on Collectively Managed Lands in Ecuador", *Ecological Economics*, Vol. 118（2015）, pp. 81–89.

[2] 李齐云、汤群：《基于生态补偿的横向转移支付制度探讨》，《地方财政研究》2008 年第 12 期；钱水苗、王怀章：《论流域生态补偿的制度构建——从社会公正的视角》，《中国地质大学学报（社会科学版）》2005 年第 5 期；刘聪、张宁：《新安江流域横向生态补偿的经济效应》，《中国环境科学》2021 年第 4 期；Ingram, J., D. Wilkie & T. Clements, et al., "Evidence of Payments for Ecosystem Services as a Mechanism for Supporting Biodiversity Conservation and Rural Livelihoods", *Ecosystem Services*, Vol. 7（2014）, pp. 10–21; Pagiola, S., A. Arcenas & G. Platais, "Can Payments for Environmental Services Help Reduce Poverty? An Exploration of the Issues and the Evidence to Date from Latin America", *World Development*, Vol. 33, No. 2（2005）, pp. 237–253.

[3] 郭钰：《跨区域生态环境合作治理中利益整合机制研究》，《生态经济》2019 年第 12 期。

[4] 姜志奇、王习东：《跨区域大气污染协同治理中排污权弹性管控模型构建》，《科技管理研究》2021 年第 4 期。

[5] 王树强、庞晶：《排污权跨区域交易对绿色经济的影响研究》，《生态经济》2019 年第 2 期。

[6] Beauchamp, E., T. Clements & E. Milner-Gulland, "Assessing Medium-Term Impacts of Conservation Interventions on Local Livelihoods in Northern Cambodia", *World Development*, Vol. 101（2018）, pp. 202–218.

自然实验，研究了横向生态补偿对于企业全要素生产效率的影响，横向生态补偿制度对于受偿地区在企业全要素生产率上具有显著的提升效果且提升效果在短时间内可延续。[①]

三、环境经济政策的比较优势及其匹配效应

灵活运用多种政策的组合有利于实现各种预期目标，环境监管领域亦如此。单一的环境政策工具可能存在固有的缺陷。例如，许士春等（2012）研究发现，单一的环境政策效果可能和市场结构有关，排污税制度仅在完全竞争市场环境中才能达到最优；在非完全竞争市场结构下，排污税仅能达到次优状态。[②]单一环境治理政策的局限性和环境治理目标的多重性要求综合运用监管惩罚、财政补贴、环境产权交易机制等多种措施。尼森和海斯卡宁（Nissien & Heiskanen, 2014）认为，在应对气候问题时，可持续的气候政策应该建立在一揽子政策或混合政策的基础上，而不是建立在单个政策工具的基础上。[③]丰月和冯铁拴（2018）认为，环境治理困境的突破点在于灵活使用各个环境政策的独立特征，需要善用和慎用市场刺激手段，并将公众参与的环境制度纳入环境制度组合中。[④]对于环境政策的匹配效果研究，学者们也进行了丰富的讨论。罗伯茨和斯彭斯（Roberts & Spence, 1976）就发现，与单独使用排污费制度或者单独使用排污权交易制度相比，制度的耦合是更优的

---

① 景守武、张捷：《跨界流域横向生态补偿与企业全要素生产率》，《财经研究》2021年第5期。

② 许士春、何正霞、龙如银：《环境政策工具比较：基于企业减排的视角》，《系统工程理论与实践》2012年第11期。

③ Nissien, A. & E. Heiskanen, "Combinations of Policy Instruments to Decrease the Climate Impacts of Housing, Passenger Transport and Food in Finland", *Journal of Cleaner Production*, No. 107（2014）, pp. 455–466.

④ 丰月、冯铁拴：《管制、共治与组合：环境政策工具新思考》，《中国石油大学学报（社会科学版）》2018年第4期。

选择。① 霍兰（Holland, 2012）的研究发现，由于存在偷排污染的可能性，排污税制度要优于排污强度制度，但排污强度制度与消费税的政策组合效果又会高于单一使用排污税的效果。② 郭宏宝和朱志勇（2016）基于理论模型研究发现，在信息不对称情况下，税收政策与管制政策的组合比单独使用某个政策更具效率。③ 石敏俊等（2013）基于动态可计算一般均衡模型分析了不同环境政策对于环境、经济的复合影响：单一的碳税制度有较好的经济效果，但是减排效果一般；单一的碳排放权交易制度对于各行业都会产生较大的减排压力，但减排成本过高；碳排放权交易和与之匹配的碳税可以实现良好的经济与环境绩效。④ 孙亚男（2014）研究发现，碳交易制度与碳税制度耦合可以提高企业的收益，市场机制搭配科学合理的政府配置可以促进绿色增长。⑤ 王林辉等（2020）通过数据模拟的手段研究了环境税、清洁技术研发补贴、排污权交易等环境政策的耦合效应，政策组合效应明显优于单一政策。⑥

此外，跨区域环境治理目标不仅仅在于实现多区域的环境绩效改善，还在于促进经济协调发展和改善民生。不同的环境治理手段的预期目标和效果既有重叠，又有分歧，单一的环境治理政策往往难以同时实现经济增长、福利增长与环境质量改善等多重目标。⑦ 基于实证研究梳理可以发现，

① Roberts, M. & M. Spence, "Effluent Charges and Licenses under Uncertainty", *Journal of Public Economics*, Vol. 5, No. 3-4（1976），pp. 193-208.

② Holland, S., "Emissions Taxes versus Intensity Standards: Second-Best Environmental Policies with Incomplete Regulation", *Journal of Environmental Economics and Management*, Vol. 63, No. 3（2012），pp. 375-387.

③ 郭宏宝、朱志勇：《环境政策工具组合的次优改进效应》，《首都经济贸易大学学报》2016年第2期。

④ 石敏俊、袁永娜、周晟吕等：《碳减排政策：碳税、碳交易还是两者兼之？》，《管理科学学报》2013年第9期。

⑤ 孙亚男：《碳交易市场中的碳税策略研究》，《中国人口·资源与环境》2014年第3期。

⑥ 王林辉：《经济增长和环境质量相容性政策条件——环境技术进步方向视角下的政策偏向效应检验》，《管理世界》2020年第3期。

⑦ 张同斌、孙静、范庆泉：《环境公共治理政策的效果评价与优化组合研究》，《统计研究》2017年第3期。

横向生态转移支付手段和环境产权交易尤其是其中的排污权交易是解决跨区域环境治理的两大类主要手段；空间计量模型、可计算一般均衡模型、系统动力模型和动态随机一般均衡模型四种环境经济模型受到学者们的青睐；基于环境问题的长期性和随机性以及跨区域环境治理目标的多重性，建立两区域动态随机一般均衡模型研究多目标协同下的横向生态转移支付和排污权交易制度匹配有重要的理论和现实意义。

第三节　两区域环境动态随机一般均衡分析框架

一、基准模型的一般均衡分析框架

研究将场景设定在一个两地区相互接壤的水环境，即上下游两个地区，基准模型的理论分析框架如图13—1所示。每个地区都包含厂商、

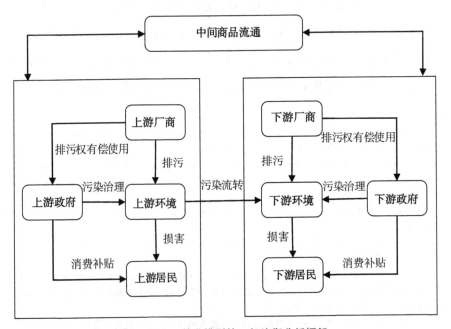

图 13—1　基准模型的一般均衡分析框架

居民、地方政府和环境四个部门。在基准情形下，上游地区和下游地区各自为政，围绕着如何实现各自地区利益最大化而展开各自的生产和消费行为。

在每个地区内部，厂商是主要生产部门，厂商通过支付工资和利息从地区内部招募劳动吸纳资本从事生产活动，负责生产一种中间产品并产生污染。企业排污实际上是使用了环境容量这种广义化的资源，即排污权。排污权可被刻画为除劳动和资本以外的第三种要素。企业使用排污权意味着该地区污染的加剧。居民基于效用最大化原则配置工作和闲暇，当然居民的效用受到本地区环境质量的影响，且假设居民对环境损害无能为力。地方政府是流域经济的宏观调控者，地方政府一方面需要对流域生态环境进行治理，另一方面需要对居民进行消费补贴。政府环境治理资金的主要来源是厂商排污权有偿使用所缴纳的费用。[①]在两区域模型中，两地区可以自由贸易，最终两种中间产品被加工成一种最终产品。

二、上下游排污权配置框架下的横向生态转移支付

在上下游发展机会等价的情形下，上游地区面临严格环境管制而下游地区没有面临相同程度的环境管制意味着，下游地区占用了上游地区的排污权。尽管从宏观层面将排污权总量配置到资源效率更高的下游地区可以促进经济效益最大化，但是却扩大了地区间的收入差距等，而且上游地区本就属于欠发达地区。为了协调流域环境治理时上下游的利益，横向生态转移支付制度应运而生。横向生态转移支付是不具有行政隶属关系但生态关系密切的地区间的利益协调手段。下游地区需要对上游地区进行横向生

---

① 主要是为了简化模型设定和参数估计，排污权有偿使用所得系企业上缴的所有环境相关税费。实际中，排污权交易所得只是很少的一部分政府环境治理资金。

态转移支付以弥补其因为缺少排污权而丧失的发展机会。由于在排污权宏观调配的受益一方是下游的厂商，而受损一方是上游的厂商，因此横向生态转移支付的具体形式为下游地方政府通过税收手段从下游厂商收取资金，然后通过横向生态转移支付的形式给予上游地方政府，上游地方政府以补贴的手段返还给上游的厂商，如图13-2所示。此时，地方政府除了收取排污权有偿使用费、进行污染治理和对居民进行消费补贴外，地方政府之间还需要就排污权的宏观调配和横向生态转移支付进行沟通和协商。[①]

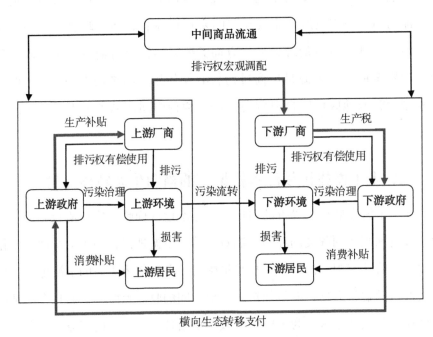

图13—2　包含横向生态转移支付的一般均衡分析框架

[①]　排污权宏观调配是指污染物排放总量在上下游之间的分配。此时，与横向转移支付相匹配的是排污权总量上下游配置后的有偿使用，尚不涉及上下游之间企业的排污权交易。实践中，排污权的跨地区交易，尤其是水污染权的跨地区交易，被认为必须限定在流域范围内。

三、跨地区排污权交易框架下的横向生态转移支付

对于经济发展受到限制的上游地区来说，减少排污权的使用并将其出售给下游地区，既可以完成环境保护的目标，又可以带来经济收益。对经济发展状况良好的下游地区来说，更多的排污权意味着更多要素投入和更高的经济效益，故也需要为排污权付费。跨地区排污权交易机制如图13—3所示。与基准模型相对应，增加了上下游间的排污权交易，允许上下游厂商之间进行排污权的直接交易。下游地区可以直接获得排污权，而上游地区可以直接获得出售排污权的收益。此时，地方政府只有收取排污权有偿使用费、进行污染治理和对居民进行消费补贴的传统职能，省去了下游政府征收生产税、上游政府的生产补贴以及下游政府对上游政府的横向生态转移支付。排污权交易数量和交易价格完全按照市场机制进行分配。

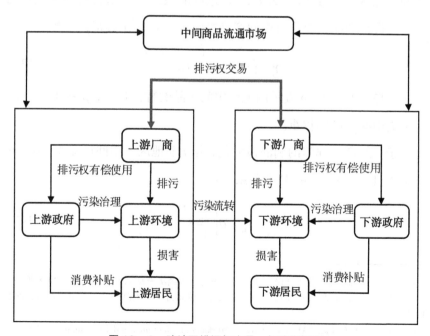

图13—3　跨地区排污权交易一般均衡框架

第四节 一般均衡分析框架的模型构建与机制设计

一、模型构建

参考朱军和许志伟（2018）、范庆泉等（2021）的相关设定，建立了包含两个地区动态随机一般均衡模型。[①] 两个地区分别记为地区 1 与地区 2，分别刻画上游欠发达地区与下游发达地区。具体模型设定如下：

（一）最终厂商和中间厂商行为

每个地区都有生产中间产品的厂商和生产最终产品的厂商。各地区利用劳动 L、资本 K 和排污权 X 来生产各自的中间产品。两地区的最终厂商将两地区的中间产品加工成最终产品。若非特指最终厂商，那么厂商一般是指中间厂商。地区 1 生产的中间产品为 Y_{1t}，其价格为 P_{1t}；地区 2 生产的中间产品为 Y_{2t}，其价格为 P_{2t}。各地区的最终产品来自两地区生产的中间产品，最终产品与上下游中间产品之间满足 CES 函数形式：[②]

$$Y_t = \left[\theta Y_{1t}^{\rho} + (1-\theta) Y_{2t}^{\rho} \right]^{\frac{1}{\rho}} \tag{13—1}$$

式（13—1）中，ρ 表示两地区中间产品的替代弹性，$\rho < 1$，θ 和 $1-\theta$ 表示两类中间产品的权重。

基于最终产品部门的利润最大化，第 t 期地区 1 中间产品 Y_{1t} 和中间产品价格 P_{1t} 以及最终产品 Y_t 的关系为：

$$P_{1t} = \theta \left(\frac{Y_{1t}}{Y_t} \right)^{\rho-1} \tag{13—2}$$

---

① 朱军、许志伟：《财政分权、地区间竞争与中国经济波动》，《经济研究》2018 年第 1 期；范庆泉、梁美健、乔元波：《碳排放权要素报酬与区域间再分配机制研究》，《财贸经济》2021 年第 11 期。

② Chu, H. & C. Lai, "Abatement R&D, Market Imperfections, and Environmental Policy in an Endogenous Growth Model", *Journal of Economic Dynamics and Control*, Vol. 41（2014），pp. 20–37.

式（13—2）中，地区 1 中间厂商雇佣劳动 L_{1t}，租赁资本 K_{1t}，基于排污权 X_{1t} 来生产 Y_{1t} 数量的中间产品。其生产函数由如下方程刻画：

$$Y_{1t} = K_{1t}^{\alpha_1} L_{1t}^{\alpha_2} X_{1t}^{1-\alpha_1-\alpha_2} \qquad (13—3)$$

式（13—3）中，参数 α_1、α_2、$1-\alpha_1-\alpha_2$ 分别为地区 1 的资本、劳动和排污权的生产弹性。假设中间品厂商是完全竞争的，利润最大化行为表明厂商对资本、劳动和排污权的需求方程为：

$$\alpha_1 Y_{1t} P_{1t} = K_{1t} R_{1t} \qquad (13—4)$$

$$\alpha_2 Y_{1t} P_{1t} = L_{1t} W_{1t} \qquad (13—5)$$

$$(1-\alpha_1-\alpha_2) Y_{1t} P_{1t} = X_{1t} P_{1nt} \qquad (13—6)$$

式（13—4）—式（13—6）中，R_{1t} 和 W_{1t} 分别代表地区 1 的资本收益率与工资率，P_{1nt} 代表地区 1 的排污权政府指导价。由于现实中厂商并不能无休止地向环境索取资源，因此政府需要实施严格的排污权总量控制制度。实际可用的排污权数量远远小于市场均衡状态下的排污权数量。假定政府对于地区 1 的排污权总量控制在 $\bar{X}_1$：

$$X_{1t} < \bar{X}_1 \qquad (13—7)$$

此时，基于利润最大化原则，厂商对资本、劳动和排污权的需求方程变为：

$$\alpha_1 Y_{1t} P_{1t} + \frac{\alpha_1}{\alpha_1+\alpha_2} \left[(1-\alpha_1-\alpha_2) Y_{1t} P_{1t} - \bar{X}_1 P_{1nt} \right] = K_{1t} R_{1t} \qquad (13—8)$$

$$\alpha_2 Y_{1t} P_{1t} + \frac{\alpha_2}{\alpha_1+\alpha_2} \left[(1-\alpha_1-\alpha_2) Y_{1t} P_{1t} - \bar{X}_1 P_{1nt} \right] = L_{1t} W_{1t} \qquad (13—9)$$

式（13—8）和式（13—9）中，左边第一项表示按要素产出弹性分配的要素报酬，第二项为总量控制造成的超额利润分配报酬，等号右边项为最终的要素分配结果。

式（13—1）—式（13—9）刻画了地区 1 厂商的最优行为。同理，设参数 κ_1、κ_2、$1-\kappa_1-\kappa_2$ 分别为地区 2 的资本、劳动和排污权的生产弹性，此时地区 2 厂商的最优行为：

$$X_{2t} < \overline{X}_2 \qquad (13—10)$$

$$\kappa_1 Y_2 P_2 + \frac{\kappa_1}{\kappa_1 + \kappa_2} \left[(1 - \kappa_1 - \kappa_2) Y_2 P_2 - \overline{\overline{X_2}} P_{2n} \right] = K_2 R_2 \qquad (13—11)$$

$$\kappa_2 Y_2 P_2 + \frac{\kappa_2}{\kappa_1 + \kappa_2} \left[(1 - \kappa_1 - \kappa_2) Y_2 P_2 - \overline{\overline{X_2}} P_{2n} \right] = L_2 W_2 \qquad (13—12)$$

（二）居民部门以及环境积累函数设定

效用函数参考费希尔和斯普林伯恩（2011）、范庆泉（2018）的设定，居民部门的目标函数设定为：[①]

$$\max \sum_{t=0}^{\infty} \beta^t (\ln C_{1t} + \varphi_1 \ln(1 - L_{1t}) + \varphi_2 \ln Q_{1t}) \qquad (13—13)$$

代表性居民的预算约束为：

$$C_{1t} + I_{1t} = (W_{1t} L_{1t} + R_{1t} K_{1t}) + G_{1ct} \qquad (13—14)$$

式（13—3）—式（13—14）中，C_{1t} 表示地区 1 居民在第 t 期的消费水平，I_{1t} 表示地区 1 居民在第 t 期的投资水平，K_{1t} 表示第 t 期的总资本水平，G_{1ct} 表示政府基于排污权有偿使用费对代表性居民的消费补贴。Q_{1t} 表示第 t 期的环境质量，β 为代表性居民的效用贴现率，φ_1、φ_2 分别为休闲、环境质量与地区 1 居民消费水平的同期替代弹性。

地区 2 与地区 1 的设定相类似：

$$\max \sum_{t=0}^{\infty} \beta^t (\ln C_{2t} + \varphi_3 \ln(1 - L_{2t}) + \varphi_4 \ln Q_{2t}) \qquad (13—15)$$

代表性居民的预算约束为：

$$C_{2t} + I_{2t} = (W_{2t} L_{2t} + R_{2t} K_{2t}) + G_{2ct} \qquad (13—16)$$

参照黄茂兴和林寿富（2013）的设定思路，环境质量 Q_{1t} 的函数表达

---

① Fischer, C. & M. Springborn, "Emissions Targets and the Real Business Cycle: Intensity Targets versus Caps or Taxes", *Journal of Environmental Economics and Management*, Vol. 62, No. 3（2011），pp. 352-366；范庆泉：《环境规制、收入分配失衡与政府补偿机制》，《经济研究》2018 年第 5 期。

式如下：[①]

$$Q_{1t} = Q_1^* - E_{1t} \qquad (13—17)$$

式（13—17）中，Q_1^* 表示初始时期地区 1 的环境质量状况，E_{1t} 表明排污权的使用量，排污权使用量越多，则环境质量状况 Q_{1t} 就越差。借鉴豪特尔（2012）的设定，其表达方程为：[②]

$$E_{1t+1} = \mu E_{1t} + \gamma X_{1t} - \upsilon G_{1et} \qquad (13—18)$$

式（13—18）中，η 代表环境自净能力，X_{1t} 代表 t 期地区 1 生产活动中的排污权使用量，可以理解为污染的排放量，γ 表示污染留存在地区 1 的比例，另外 $1-\gamma$ 将会顺着流域排放到下游地区 2。G_{1et} 表示 t 时期地区 1 的政府环保支出，υ 为环保指出对环境改善的指数。地区 2 的环境质量方程与排污权使用表达式为：

$$Q_{2t} = Q_2^* - E_{2t} \qquad (13—19)$$

$$E_{2t+1} = \mu E_{2t} + X_{2t} + (1-\gamma) X_{1t} - \upsilon G_{2et} \qquad (13—20)$$

与地区 1 不同，地区 2 的污染量还要加上地区 1 流转到地区 2 的污染量。

（三）横向生态转移支付以及排污权交易的机制设定

1. 基准情形

基准情形下，地方政府从厂商中收取排污权有偿使用费用于地方环保支出和居民消费补贴。因此，地区 1 政府的预算平衡方程为：

$$X_{1t} P_{1nt} = G_{1ct} + G_{1et} \qquad (13—21)$$

[①] 黄茂兴、林寿富：《污染损害、环境管理与经济可持续增长——基于五部门内生经济增长模型的分析》，《经济研究》2013 年第 12 期。

[②] Heutel, G., "How should Environmental Policy Respond to Business Cycles? Optimal Policy under Persistent Productivity Shocks", *Review of Economic Dynamics*, Vol. 15, No. 2（2012），pp. 244–264.

等式的左边为地方政府收入，主要为排污权有偿使用费。等式的右边为地方政府支出，包括居民消费补贴 G_{1ct} 和环保支出 G_{1et}。投入于居民消费补贴的比例为 g_{1c}，地区 1 政府对居民的消费补贴和环保支出的表达式为：

$$G_{1ct}=g_{1c}G_{1t} \qquad (13—22)$$

$$G_{1et}=(1-g_{1c})G_{1t} \qquad (13—23)$$

式（13—21）—式（13—23）刻画了地区 1 政府的预算平衡，地区 2 政府的预算平衡类似。此时，上下游之间除了中间产品贸易以及上游的污染会排放到下游之外，没有其他的联系。上下游政府处于各自为政的状态。

2.横向生态转移支付机制

横向生态转移支付的结果是增加了上游地区要素的报酬。G_{ht} 是横向生态转移支付，X_{2t} 和 X_{1t} 分别是地区 1 和地区 2 在 t 期的排污权，g_{ht} 是横向生态转移支付标准。

$$G_{ht}=\frac{(X_{2t}-X_{1t})}{2}g_{ht} \qquad (13—24)$$

$$\alpha_1 Y_{1t}P_{1t}+\frac{\alpha_1}{\alpha_1+\alpha_2}\left[(1-\alpha_1-\alpha_2)Y_{1t}P_{1t}-\bar{X}_1P_{1nt}\right]+\frac{\alpha_1}{\alpha_1+\alpha_2}G_{ht}=K_{1t}R_{1t} \quad (13—25)$$

$$\alpha_2 Y_{1t}P_{1t}+\frac{\alpha_2}{\alpha_1+\alpha_2}\left[(1-\alpha_1-\alpha_2)Y_{1t}P_{1t}-\bar{X}_1P_{1nt}\right]+\frac{\alpha_2}{\alpha_1+\alpha_2}G_{ht}=L_{1t}W_{1t} \quad (13—26)$$

$$\kappa_1 Y_{2t}P_{2t}+\frac{\kappa_1}{\kappa_1+\kappa_2}\left[(1-\kappa_1-\kappa_2)Y_{2t}P_{2t}-\bar{X}_2P_{2nt}\right]-\frac{\kappa_1}{\kappa_1+\kappa_2}G_{ht}=K_{2t}R_{2t} \quad (13—27)$$

$$\kappa_2 Y_{2t}P_{2t}+\frac{\kappa_2}{\kappa_1+\kappa_2}\left[(1-\kappa_1-\kappa_2)Y_{2t}P_{2t}-\bar{X}_2P_{2nt}\right]-\frac{\kappa_2}{\kappa_1+\kappa_2}G_{ht}=L_{2t}W_{2t} \quad (13—28)$$

式（13—25）至式（13—28）中，方程左边第一项表示按要素产出弹性分配的要素报酬，第二项为总量控制造成的超额利润分配报酬，第三项为横向生态转移支付对应的要素分配，等号右边项为最终的要素分配结果。

3.排污权交易机制

假定上下游地区拥有平等的发展机会，那么两地区就得到等量的排污权。如果建立排污权交易市场，允许排污权在上下游自由买卖，那么排污权便会在市场机制的作用下自发地从使用效率低的地区流入到排污权使用效率高的地区。

在均衡状态下，排污权交易让两地区的排污权边际产出相等。设两地区总排污权数量为 X_t，地区 1 和地区 2 交易之后各自的排污权占比为 χ_t 和 $1-\chi_t$，则均衡状态时，满足：

$$\frac{P_{1t}Y_{1t}(1-\alpha_1-\alpha_2)}{\chi_t}=\frac{P_{2t}Y_{2t}(1-\kappa_1-\kappa_2)}{1-\chi_t} \qquad (13-29)$$

此时，排污权在两个地区的边际产出相等，排污权的配置效率最高。设定排污权的市场价格为 P_{3t}。在均衡状态下，增加 1 单位排污权的边际产出为：

$$\frac{\partial Y_t}{\partial X_t}=\frac{P_{1t}Y_{1t}(1-\alpha_{1t}-\alpha_{2t})+P_{2t}Y_{2t}(1-\kappa_{1t}-\kappa_{2t})}{X_t}=P_{3t} \qquad (13-30)$$

同时，两地区资本与劳动的收入分配方式为：

$$\alpha_1 Y_{1t}P_{1t}+\frac{\alpha_1}{\alpha_1+\alpha_2}\left[(1-\alpha_1-\alpha_2)Y_{1t}P_{1t}-\bar{X}_1 P_{1nt}\right]+\frac{\alpha_1}{\alpha_1+\alpha_2}(\bar{X}_1-\chi_t X_t)P_{3t}=K_{1t}R_{1t}$$
$$(13-31)$$

$$\alpha_2 Y_{1t}P_{1t}+\frac{\alpha_2}{\alpha_1+\alpha_2}\left[(1-\alpha_1-\alpha_2)Y_{1t}P_{1t}-\bar{X}_1 P_{1nt}\right]+\frac{\alpha_2}{\alpha_1+\alpha_2}(\bar{X}_1-\chi_t X_t)P_{3t}=L_{1t}W_{1t}$$
$$(13-32)$$

$$\kappa_1 Y_{2t}P_{1t}+\frac{\kappa_1}{\kappa_1+\kappa_2}\left[(1-\kappa_1-\kappa_2)Y_{2t}P_{2t}-\bar{X}_2 P_{2nt}\right]+\frac{\kappa_1}{\kappa_1+\kappa_2}\left[\bar{X}_2-(1-\chi_t)X_t\right]P_{3t}=K_{2t}R_{2t}$$
$$(13-33)$$

$$\kappa_2 Y_{2t} P_{2t} + \frac{\kappa_2}{\kappa_1 + \kappa_2} \big[(1 - \kappa_1 - \kappa_2) Y_{2t} P_{2t} - \bar{X}_2 P_{2nt} \big] + \frac{\kappa_2}{\kappa_1 + \kappa_2} \big[\bar{X}_2 - (1 - \chi_t) X_t \big] P_{3t} = L_{2t} W_{2t}$$

$$（13—34）$$

式（13—31）至式（13—34）中，左边第一项表示按要素产出弹性分配的要素报酬，第二项为总量控制造成的超额利润分配报酬，第三项为排污权交易对应的要素分配，等号右边项为最终的要素分配结果。

（四）一般均衡与动力系统

整体经济的一般均衡需要满足以下条件：（1）居民和厂商各自最大化目标函数；（2）各类市场出清；（3）经济的资源约束条件成立，资源约束设为：

$$RY_{1t} = C_{1t} + I_{1t} + G_{1t} \qquad （13—35）$$

$$RY_{2t} = C_{2t} + I_{2t} + G_{2t} \qquad （13—36）$$

式（13—35）—式（13—36)中，RY 是地区 1 或 2 的总产出，是价值量。在没有横向转移支付时，RY 由中间产品数量乘以相应价格决定。当存在生态横向转移支付时，各地区的总产出受转移支付规模影响。

二、参数估计

模型中贴现因子 β 表示经济主体对未来效用相对于现在效用的评价，其取值依赖于个体的主观跨期偏好。中国这一特定经济体的贴现因子 β 和资本折旧率 δ 一般设为 0.99 和 0.1。[①] 闲暇对消费替代弹性 φ_1 代表经济主体关于消费和闲暇所带来效用的主观权重，一般取为 0.87。[②] 环境质量消费的替代

---

① 范庆泉：《环境规制、收入分配失衡与政府补偿机制》，《经济研究》2018 年第 5 期；吴化斌、许志伟、胡永刚等：《消息冲击下的财政政策及其宏观影响》，《管理世界》2011 年第 9 期；黄赜琳、朱保华：《中国的实际经济周期与税收政策效应》，《经济研究》2015 年第 3 期；陈昆亭、龚六堂：《粘滞价格模型以及对中国经济的数值模拟——对基本 RBC 模型的改进》，《数量经济技术经济研究》2006 年第 8 期。

② 王文甫、王子成：《积极财政政策与净出口：挤入还是挤出？——基于中国的经验与解释》，《管理世界》2012 年第 10 期。

弹性 φ_2 可校准为 0.45。[①] 参考托里斯（Torres, 2013）的做法，ρ 设定为 0.8。[②] 两地区中间产品的比重参考郑丽琳和朱启贵的做法，取为 0.5。[③] 下游发达地区的资本产出弹性和上游欠发达地区的资本产出弹性分别校准为 0.4778 和 0.4011。[④] 参考范庆泉（2018）的设定，将下游发达地区的排污权产出弹性设定为 0.2，上游欠发达地区的排污权产出弹性低于下游发达地区，设定为 0.1。[⑤] 污染物总量 X 标准化为 1。两地区初始时期环境质量状况 Q_1^* 和 Q_2^* 只影响居民效用水平而不影响整体结果，综合考虑到稳态水平的污染排放水平与消费水平，可校准为 50。国际上，环境自净能力 η 一般校准为 0.9。[⑥] 武晓利将环境治理系数 v 设定为 1.16。[⑦] 假定上游产生的污染对本地区和下游地区产生相同的损害，污染扩散指数 γ 设定为 0.5。在排污权有偿使用的价格估计方面，首先按照不收取排污权费的模型模拟出总产出水平；再计算 2001—2020 年中国环境污染治理投资总额占 GDP 的比重均值，为 1.35%；使用该比重乘以模型模拟计算出的 GDP 水平，然后除以排污权总量（模型中标准化为 1），最终估算得到的排污权价格为 0.01389；假定排污权有偿使用费被平均地分配给环保支出和居民消费补贴，消费补贴系数为 0.5。

① 刘凤良、吕志华：《经济增长框架下的最优环境税及其配套政策研究——基于中国数据的模拟运算》，《管理世界》2009 年第 6 期；范庆泉：《环境规制、收入分配失衡与政府补偿机制》，《经济研究》2018 年第 5 期。

② Torres, J., *Introduction to Dynamic Macroeconomic General Equilibrium Models*, Vernon Press, 2013.

③ 郑丽琳、朱启贵：《技术冲击、二氧化碳排放与中国经济波动——基于 DSGE 模型的数值模拟》，《财经研究》2012 年第 7 期。

④ 朱军、许志伟：《财政分权、地区间竞争与中国经济波动》，《经济研究》2018 年第 1 期。

⑤ 范庆泉：《环境规制、收入分配失衡与政府补偿机制》，《经济研究》2018 年第 5 期。

⑥ Heutel, G., "How should Environmental Policy Respond to Business Cycles? Optimal Policy under Persistent Productivity Shocks", *Review of Economic Dynamics*, Vol. 15, No. 2（2012），pp. 244-264; Angelopoulos, K., G. Economides & A. Philippopoulos, "What is the Best Environmental Policy?Taxes, Permits and Rules under Economic and Environmental Uncertainty", *Social Science Electronic Publishing*, No. 3（2010）.

⑦ 武晓利：《环保技术、节能减排政策对生态环境质量的动态效应及传导机制研究——基于三部门 DSGE 模型的数值分析》，《中国管理科学》2017 年第 12 期。

表 13—1　参数校准结果

参数	具体含义	校准值	参数	具体含义	校准值
φ_1	地区 1 闲暇对消费的替代弹性	0.87	φ_2	地区 1 环境对消费的替代弹性	0.45
φ_3	地区 2 闲暇对消费的替代弹性	0.87	φ_4	地区 2 环境对消费的替代弹性	0.45
β	贴现因子	0.99	δ	折旧率	0.1
θ	两种中间产品的重要程度	0.5	ρ	中间产品的替代弹性	0.8
α_1	地区 1 的资本产出弹性	0.4011	α_2	地区 1 的劳动产出弹性	0.4989
κ_1	地区 2 的资本产出弹性	0.4778	κ_2	地区 2 的劳动产出弹性	0.3222
μ	环境自净能力指数	0.9	γ	污染扩散指数	0.5
P_{1n}	地区 1 排污权价格	0.01389	P_{2n}	地区 2 排污权价格	0.01389
X	排污权总量控制上限	1	v	环境治理指数	1.16
Q_1^*	地区 1 环境初始水平	50	Q_2^*	地区 2 环境初始水平	50
g_{1c}	地区 1 消费补贴系数	0.5	g_{2c}	地区 2 消费补贴系数	0.5

第五节　跨地区环境治理目标及单一制度绩效评价

一、跨地区环境治理的目标

跨地区环境治理的目标包括实现经济增长、福利增长与环境质量改善。跨地区环境治理的最终目的是形成环境治理长效机制。

第一是宏观经济增长。实施环境规制以后，整体经济水平要有所提升。从整体视角来看，跨地区环境治理是为了整体上的绿色发展，如果在排污总量不变的基础上，总体经济效益下降了，则该环境政策失效。

第二是地方经济增长。实施环境制度以后，各地区（上下游）的经济发展状况要有所提升，尤其是上游地区。否则，上游地区只是被迫面临环境约束，没有出于自身利益驱动的环保事业是不可持续的。

第三是居民效用提升。实施环境制度以后，各地区的居民效用要有所提升。居民的效用水平同时受到经济效益和环境质量的双重影响，也是环境质量改善与否的重要指标。只要居民的环境效用损失可以被补偿并保持整体效用提高，此时环境规制被认为是有效的。

二、横向生态转移支付绩效

面对两地区差异化的生产效率以及总量固定的排污权，上下游政府面临两阶段选择。第一阶段是应当如何进行排污权总量的分配，从而实现经济总量最大化；第二阶段是应该实施何种标准的横向生态转移支付，从而实现两地区的相对公平。

（一）第一阶段：排污权初始分配

在排污权总量不变的情形下，上下游不同比例的排污权分配与经济总产出的关系如图13—4所示。

随着下游地区所分配到的排污权比例不断提高，经济总产出呈现出先递增后递减的趋势。第一阶段递增的原因是，面对两地区差异化的生产效率，下游地区资源的利用效率更高。同样数量的排污权，下游总能够生产出更多的产品。随着排污权比例进一步提高，经济总产出表现出了减少趋势。一方面，是因为排污权这种生产要素也遵循边际效用递减规律。随着排污权数量的饱和，下游地区能提高的生产水平也有限。另一方面，随着上游地区排污权的不断减少，上游地区的生产被进一步压缩，作为整体经济重要的中间产品生产商，其产出减少会造成整体产出的下降。

模拟结果表明，排污权这一类环境资源的分配存在最优的分配比例，需要给高生产效率的非环境保护地区分配更高的排污权比例。[①]但也需要给予环境保护地区分配一定量的排污权，以保障其基本的经济发展需求，

---

① 模拟时，排污权分配比例有101种分配方案，所有结果都表明总产出先递增后递减。同时，为了稳健起见，改变两地区替代弹性 ρ 和中间产品占总产出比例 θ 的数值也能得到了类似的结论。限于篇幅未予展示。

否则对于整体经济会造成损失。

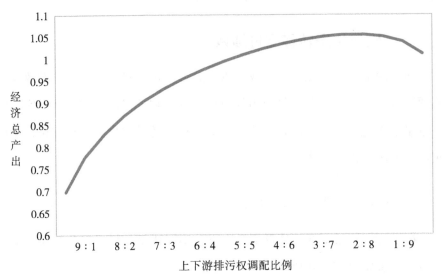

图 13—4　排污权宏观调配比例与经济总产出关系图

（二）横向生态转移支付标准的确定

　　当达到经济总产出最大化时，下游地区拥有更高的排污权数量，下游地区需要通过横向生态转移支付的方式对上游地区进行横向转移支付。数值模拟结果显示，上下游排污权分配比例在 22 ：78 时，经济总产出水平最高。因此，第二阶段的横向生态转移支付需要建立在该分配比例上。表 13—2 给出了在最优排污权分配的基础上，横向生态转移支付水平不断提高时两地区经济系统的动态变化。基准情形是指两地区各自为政的状态，此时排污权按照 50：50 的比例分配。对比基准情形，若经济总产出提高，则实现了总体经济增长目标；若两地区的经济水平均高于基准情形，则地方经济增长目标实现；若两地区居民效用水平均高于基准情形，则地方居民效用提高目标实现。同时满足三个目标的环境政策被认为是处理跨界环境治理的理想手段。

表 13—2　不同横向转移支付系数下主要宏观变量稳态值

经济系数	基准情形	横向生态转移支付系数					
		0	0.05	0.1	0.15	0.2	0.25
经济总产出	1.0101	1.0548 ▲	1.0510 ▲	1.0462 ▲	1.0403 ▲	1.0334 ▲	1.0254 ▲
上游地区产出	0.4326	0.4002	0.4203	0.4400 ▲	0.4593 ▲	0.4783 ▲	0.4968 ▲
下游地区产出	0.5775	0.6546 ▲	0.6307 ▲	0.6061 ▲	0.5810 ▲	0.5552	0.5285
上游地区居民效用	−0.2487	−0.3156	−0.2666	−0.2208 ▲	−0.1780 ▲	−0.1376 ▲	−0.0996 ▲
下游地区居民效用	−0.2445	−0.1314 ▲	−0.1683 ▲	−0.2076 ▲	−0.2495	−0.2945	−0.3430
总体经济增长	—	√	√	√	√	√	√
地方经济增长	—			√	√	√	√
地方居民效用提高	—			√			

注：▲代表变量相对于基准情形提高了，√表示实现了对应目标，—表示无比较结果。

随着横向生态转移支付比例的提高，总产出呈现下降趋势。然而，即便当横向生态转移支付比例增加到 0.25 时，总产出依旧大于基准情形。[①] 随着转移支付比例的提高，上游地区的产出逐渐提升，居民总效用提升，而下游地区的产出逐渐下降，居民总效用逐渐下降。当横向生态转移支付系数为 0.1 的时候，所有经济系数都优于基准情形。因此，相比于基准情形，差异化的排污权分配再配合横向生态转移支付制度可以提高两地区经济产出和居民效用水平。

三、排污权交易制度绩效

排污权交易制度可以同时确定排污权的市场价格以及排污权的最优分配比例，各主要宏观变量的稳态水平如表 13—3 所示。相对于生态转移支付制度情形，此时不需要两阶段决策。

---

① 本书模拟了补偿标准从 0 逐渐增加到 0.45 时经济系统的不断变化。补偿标准在 0.25 以后，下游地区经济产出不断减少，出现了过度补偿的现象，故表中只取到 0.25。同时，减小补偿标准的间隔不影响结论。

表13—3　排污权交易制度下主要宏观变量稳态值

经济系数	基准情形	排污权交易
经济总产出	1.0101	1.0417▲
上游地区产出	0.4326	0.4623▲
下游地区产出	0.5775	0.5794▲
上游地区居民效用	−0.2487	−0.1710▲
下游地区居民效用	−0.2445	−0.2546
总体经济增长目标	—	√
地方经济增长目标	—	√
地方居民效用提高目标	—	—

注：▲代表变量相对于基准情形提高了，√表示实现了对应目标，—表示无比较结果。

实施排污权交易制度以后，总产出、上游地区产出、下游地区产出、上游地区居民效用都或多或少有了增加，但是下游地区的居民效用水平却发生了下降。另外，上游地区产出提高的比例高达6.9%，高于总产出的提高比例。但是地区2的产出水平仅提高0.3%。总体来说，排污权交易可以实现总体经济增长目标和地区经济增长目标，但是没有办法实现地方居民效用的提高。为了探究排污权交易制度失效的原因，需要考察实施排污权交易制度更多变量的详细变化。

实施排污权交易制度以后，排污权从上游流转到了下游，最终的排污权使用量分别为0.2535和0.7465。由此可见，在市场机制的作用下，排污权会从低效率的地区流入高效率的地区。随后，由于排污权使用量的调整，上游地区的中间产品生产数量会下降，而下游地区的中间产品生产数量会上升。由于生产数量的变化，中间产品的市场价格也随之变化，上游地区中间产品的价格上升，而下游地区的中间产品价格下降。

由于排污权的重新分配，上游地区将自身的排污权售卖给下游地区，间接地提高了自身的环境质量；下游地区使用了更多的排污权，造成了自身环境的损害。上游地区尽管出售了排污权，中间产品的生产数量下降，但是由于产量下降造成了相对价格的提高，因此其经济收益下降并不明显。同时，出售了一定数量的排污权，获得了排污权的收益，上游地区的总产出水平显著提高。产出提高也相应带来了消费水平的提升，同时出售排污权也带来了环境的改善。在双重红利的驱动下，上游地区的效用也会显著提升。与之相对应，下游地区在产出数量提高的同时，价格下降一定程度抵消了经济收益的提升。而且由于需要为使用排污权付费，下游地区经济收益提升得不明显。同时，下游地区由于购买排污权带来了环境质量的下降。最终，下游地区的效用水平甚至呈现出下降的趋势。

此外，由于中间产品价格相对价格的变动会影响交易双方的总体收益。为了检验中间产品价格机制，可以改变中间产品的相对替代弹性数值，即选取了 0.1 和 1 两个数值，分别代表两地区的中间产品难以替代与完全替代三种情况，并与基准状况 0.8（较容易替代）进行比较。[①] 比较研究发现，替代弹性越低，产量变化引起的价格变动越高，而通过提高产量带来的收益也就越低，排污权交易对于排污权交易的购买者来说也越不利。当替代弹性提高到 1 时，即两地区生产的商品完全没有区别，此时无论是对于提高产量的下游地区来说还是对于降低产量的上游地区来说，相对价格始终不变，相对价格变动带来的产出变化机制不发生作用。

第六节　横向生态转移支付和排污权交易制度的耦合效应

排污权交易制度由于中间产品价格机制和污染转移机制会在一定程度上损害下游地区的利益，使得排污权交易制度变得没那么有利。因此，在

---

① 稳健性检验了替代弹性从 0.1 变化到 1 的情况，结果显示随着替代弹性的提高排污权制度绩效会提高。

跨地区环境治理问题上，单一的环境制度未必能实现环境目标。横向生态转移支付制度可能面临政府失灵问题，而排污权交易制度可能面临市场失灵的风险。

一、耦合制度设定

（一）耦合制度的理论框架

横向生态转移支付和排污权交易的匹配如图13—5所示。排污权交易数量和交易价格完全按照市场机制进行分配，地方政府之间还需要就横向生态转移支付水平进行沟通和协商。由于排污权交易制度实施对下游地区不利，此时横向生态转移支付的方向为上游地区补偿下游地区。由于排污权交易中的污染转移机制使得环境污染转移主要损害了居民的效用，此时

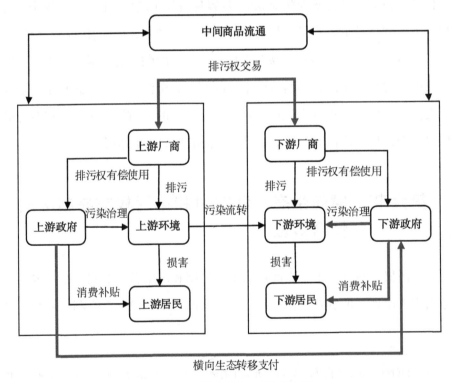

图13—5　耦合制度一般均衡框架

横向生态转移补偿给下游地区的环保支出以及居民消费补贴。换言之，上游地区从政府支出中拿出一部分资金来补偿下游地区的政府支出，以改善下游地区的环境和居民效用。

（二）耦合制度的模型设定

鉴于两地区排污权使用总量为 X_t，地区1和地区2交易之后各自的排污权占比为 χ_t 和 $1-\chi_t$，均衡状态满足：

$$\frac{P_{1t}Y_{1t}(1-\alpha_1-\alpha_2)}{\chi_t}=\frac{P_{2t}Y_{2t}(1-\kappa_1-\kappa_2)}{1-\chi_t} \tag{13—37}$$

排污权的市场价格为 P_{3t}，由均衡状态下排污权的边际产出决定。

$$\frac{\partial Y_t}{\partial X_t}=\frac{P_{1t}Y_{1t}(1-\alpha_{1t}-\alpha_{2t})+P_{2t}Y_{2t}(1-\kappa_{1t}-\kappa_{2t})}{X_t}=P_{3t} \tag{13—38}$$

在均衡状态下，两地区资本与劳动的收入分配如下：

$$\alpha_1Y_{1t}P_{1t}+\frac{\alpha_1}{\alpha_1+\alpha_2}\Big[(1-\alpha_1-\alpha_2)Y_{1t}P_{1t}-\bar{X}_1P_{1nt}\Big]+\frac{\alpha_1}{\alpha_1+\alpha_2}(\bar{X}_1-\chi_tX_t)P_{3t}=K_{1t}R_{1t} \tag{13—39}$$

$$\alpha_2Y_{1t}P_{1t}+\frac{\alpha_2}{\alpha_1+\alpha_2}\Big[(1-\alpha_1-\alpha_2)Y_{1t}P_{1t}-\bar{X}_1P_{1nt}\Big]+\frac{\alpha_2}{\alpha_1+\alpha_2}(\bar{X}_1-\chi_tX_t)P_{3t}=L_{1t}W_{1t} \tag{13—40}$$

$$\kappa_1Y_{2t}P_{1t}+\frac{\kappa_1}{\kappa_1+\kappa_2}\Big[(1-\kappa_1-\kappa_2)Y_{2t}P_{2t}-\bar{X}_2P_{2nt}\Big]+\frac{\kappa_1}{\kappa_1+\kappa_2}(\bar{X}_2-(1-\chi_t)X_t)P_{3t}=K_{2t}R_{2t} \tag{13—41}$$

$$\kappa_2Y_{2t}P_{2t}+\frac{\kappa_2}{\kappa_1+\kappa_2}\Big[(1-\kappa_1-\kappa_2)Y_{2t}P_{2t}-\bar{X}_2P_{2nt}\Big]+\frac{\kappa_2}{\kappa_1+\kappa_2}(\bar{X}_2-(1-\chi_t)X_t)P_{3t}=L_{2t}W_{2t} \tag{13—42}$$

在实施排污权交易的基础之上，政府横向生态转移支付的资金用途不再是补偿厂商，而是用于环境治理和居民消费补贴。此时，政府收支方程为：

$$G_{ht} = \frac{(X_{2t} - X_{1t})}{2} g_{ht} \qquad (13\text{—}43)$$

$$G_{1t} = \bar{X}_1 P_{1nt} - G_{ht} \qquad (13\text{—}44)$$

$$G_{2t} = \bar{X}_2 P_{2nt} + G_{ht} \qquad (13\text{—}45)$$

二、耦合制度的长期效应分析

根据上游地区财政收入与排污权交易后两地区排污的分配情况计算，横向生态转移支付的标准 g_{ht} 应小于 0.025。耦合制度的模拟结果如表 13—4 所示。

表 13—4　制度耦合情形下主要宏观变量稳态值

经济系数	基准情形	排污权交易	标准为 g_{ht} 横向生态转移支付	排污权交易与标准为 g_{ht} 的横向转移支付耦合		
			0.1	0.015	0.02	0.025
经济总产出	1.0101	1.0417▲	1.0462▲	1.0414▲	1.0414▲	1.0413▲
上游地区产出	0.4326	0.4623▲	0.4400▲	0.4593▲	0.4583▲	0.4573▲
下游地区产出	0.5775	0.5794▲	0.6061▲	0.5821▲	0.5831▲	0.5840▲
上游地区居民效用	−0.2487	−0.1710▲	−0.2208▲	−0.1795▲	−0.1823▲	−0.1851▲
上游地区居民效用	−0.2445	−0.2546	−0.2076▲	−0.2459▲	−0.2430▲	−0.2402▲
横向生态转移支付金额	—	—	0.028	0.0025	0.0037	0.0049
总体经济增长目标	—	√	√	√	√	√
地方经济增长目标	—	√	√	√	√	√
地方居民效用提高目标	—	—	√		√	√

注：▲代表变量相对于基准情形提高了，√表示实现了对应目标，—表示无比较结果。

数据模拟的结果显示，相对于基准情形，排污权交易支付搭配 0.02 和 0.025 补偿标准下的横向生态转移支付制度，所有的稳态目标均有所提升。[①] 因此，可以得出结论，横向生态转移支付与排污权交易制度的耦合

---

① 研究还模拟了耦合制度中横向转移支付标准从 0 增加到 0.025 的效果，限于篇幅选取了 0.015、0.02、0.025 三个取值。未展示结果不影响结论。

有助于实现两地区的帕累托改进，达到总体经济增长目标、地区经济增长目标和地方居民效用提高目标。

耦合制度相比于单独实施排污权交易制度，尽管总产出略有下降，上游地区的产出和效用水平有所下降，但下游地区的产出和效用水平有所上升，这样一来各方的利益有所协调，相比于基准状况各方的利益都有所提升。因此，横向生态转移支付弥补了单纯使用排污权交易制度时下游地区的效用损失，从而有效减少了单一排污权交易制度的市场失灵问题。

耦合制度相比于单独横向生态转移支付制度，一方面，政府无须考虑排污权的有效分配问题，市场机制自发地实现排污权的高效配置；另一方面，耦合制度中横向生态转移支付的金额相比于单独实施横向生态转移支付的金额有了较大的减少。在单纯的横向生态转移支付中，补偿的目标在于使上游厂商得到产出上的补偿。耦合制度的横向生态转移支付目标是弥补下游地区居民的效用损失。相比之下，耦合制度里的横向生态补偿制度补偿金额较少，补偿难度相比之下有了较大的减少。此时，横向生态补偿制度对于政府财政能力的要求较低，排污权的宏观分配不需要做，政府的试错成本也较低，发生政府失灵的风险大大降低。

三、耦合制度的短期效应分析

横向生态转移支付制度的政府主动性体现在横向生态转移支付的系数 g_{th} 之上。排污权交易制度的政府主动性体现在排污权的初始价格 P_{1nt} 和 P_{2nt} 之上。横向生态转移支付和排污权价格的随机冲击可以改写为：

$$\ln(g_{ht}) = (1-\rho_g)\ln(\overline{g}_h) + \rho_g \ln(g_{h,t-1}) + \varepsilon_{1,t} \qquad (13\text{—}46)$$

$$\ln(P_{1nt}) = (1-\rho_{p1})\ln(\overline{P}_{1n}) + \rho_{p1}\ln(P_{1n,t-1}) + \varepsilon_{2,t} \qquad (13\text{—}47)$$

$$\ln(P_{2nt}) = (1-\rho_{p2})\ln(\overline{P}_{2n}) + \rho_{p2}\ln(P_{2n,t-1}) + \varepsilon_{3,t} \qquad (13\text{—}48)$$

其中，$\bar{g}_h$、$\bar{P}_{1n}$ 和 $\bar{P}_{2n}$ 为稳态时的横向转移支付系数和两地区的排污权价格，另外，其对数形式分别服从可持续系数为 ρ_g、ρ_{p1} 和 ρ_{p2}，随机扰动项为 $\varepsilon_{1,t}$、$\varepsilon_{2,t}$ 和 $\varepsilon_{3,t}$ 的一阶自回归过程。由于缺乏地方横向转移支付的数据，一般使用中央转移支付来替代。使用地方财政收入中的中央补助收入表示生态转移支付，中央补助收入数据来自《中国财政年鉴》。1994—2014 年的省际面板数据估计表明生态转移支付 $\bar{g}_h$ 的可持续系数为 0.9625。此外，使用环境税来刻画排污权的初始价格。根据 2000—2014 年省际面板一阶自回归结果显示，排污权初始价格的可持续系数为 0.9744。

（一）排污权初始价格冲击

上下游地区排污权初始价格冲击的动态响应十分类似。以下游地区为例，短期内排污权价格冲击会引起下游地区产出下降，环境质量提高，从而带来下游地区的居民效用提高。随后，排污权价格带来消费的下降逐渐抵消了环境改善带来的居民效用提高，居民效用水平逐渐下降。

上下游地区面临一致的排污权初始价格冲击结果如图 13—7 所示。两个地区呈现出相同的经济特征，即产出下降，环境质量上升，效用水平先提高后下降。对于整个流域来说，在严格的总量控制制度下，排污权价格并不能改变排污权使用量。这是由于总量控制使得排污权变得稀缺，其价值远高于排污权的初始价格，即使价格提高，厂商也依然会选择全额购买排污权。因此，仅从污染排放角度出发，排污权价格提升对于环境改善没有作用。与此同时，排污权有偿使用费作为政府环境治理的支出来源，提升排污权初始价格会带来环境质量的改善。在此情形下，排污权有偿使用费的本质就是，将一部分经济效益拿去治理环境，排污权有偿使用费只有环境治理效用，没有污染矫正作用。因此，排污权有偿使用费冲击对于环境经济协同的改善效用有限。

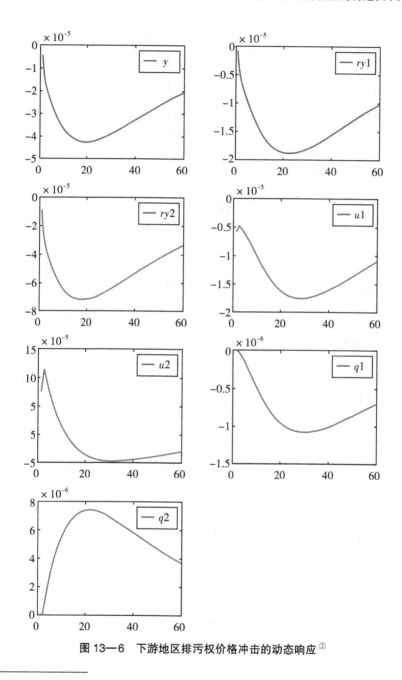

图13—6 下游地区排污权价格冲击的动态响应 [①]

① 图中 y 代表经济总产出，$ry1$ 代表上游地区经济产出，$ry2$ 代表下游地区经济产出，$u1$ 代表上游地区居民效用，$u2$ 代表下游地区居民效用，$q1$ 代表上游地区环境状况，$q2$ 代表下游地区环境状况，下同。

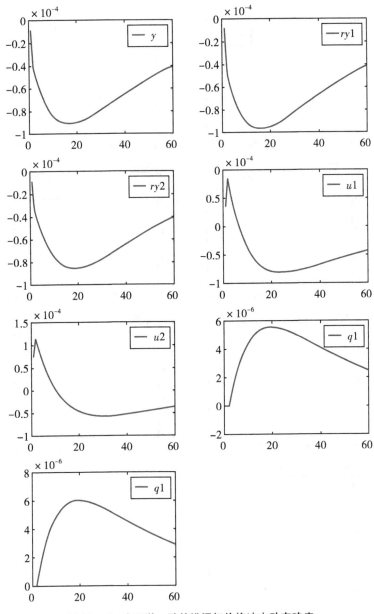

图13—7 上下游一致的排污权价格冲击动态响应

（二）横向生态转移支付冲击

如图13—8所示，在横向生态转移支付冲击下，总体经济呈现上升趋势，上游地区的经济水平下降，环境质量下降，效用水平下降，而下游地区的经济水平提高，环境质量上升，效用水平提高。

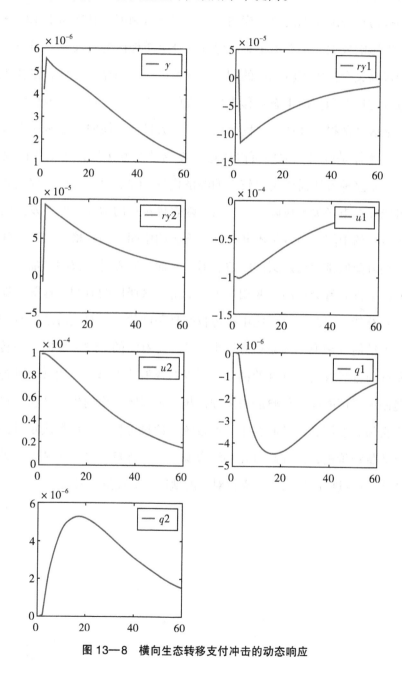

图 13—8 横向生态转移支付冲击的动态响应

（1）单一的横向生态转移支付制度可能面临政府失灵风险。经济发展水平不同的上下游地区存在排污权的最优分配比例。在实现总产出最大化的排污权分配比例之上，横向生态转移支付制度受到横向生态转移支付的标准影响较大，补偿不足难以保证弥补上游地区的发展机会损失，补偿标准过高又会损害下游地区的利益。数值模拟结果显示，只有在合适的排污权分配比例和横向生态转移支付标准的基础上，才可以实现总体经济提升、地区经济提升和地区居民效用提升三大目标。横向生态转移支付制度的实施主体是政府，他们可以通过不断调试的方法趋近于最优的政策力度，但是这种方法需要付出较大的经济代价。（2）单一的排污权交易制度也可能存在市场失灵风险。一方面，随着排污权的增加，经济发达的下游地区生产的中间产品数量不断提高，下游的中间产品价格会相对下降，那就会相对降低排污权购买的收益。另一方面，随着排污权的增加，下游地区的污染排放就会提高，变相损害了下游地区居民的效用，这部分损失没有得到补偿。因此，单一使用排污权交易制度往往是对上游地区有利，而对于下游地区来说，利益相对较小，甚至是有害的。（3）横向生态转移支付制度与排污权交易制度的耦合，可以有效地减少单一使用某一种跨地区环境制度所可能面临得政府失灵和市场失灵风险。横向生态转移支付与排污权交易制度耦合的核心在于，通过统一的排污权交易市场决定排污权的交易数量和价格，发挥政府在环境资源配置中维持经济稳定和弥补外部性等功能，通过横向生态转移支付对下游地区的居民进行补偿。

第十四章 跨界流域生态补偿机制的运行问题及其对策建议研究

　　跨界流域生态补偿要求地方政府加强生态转移支付能力建设。这就要积极推进市场主导下水权或排污权交易制度等与生态补偿制度的融合，要积极拓展政府主导下生态补偿基金来源，要积极鼓励公众参与生态补偿实践。在新安江流域，新一轮流域跨界生态补偿是坚持"绿水青山就是金山银山"理念、加快构建生态产品价值实现机制的再出发，是对"十四五"时期长三角地区尤其是皖浙两省推进绿色共治、共建、共享机制创新的再深化，也是加快推进生态文明体制机制改革和开创流域生态补偿新格局的再探索，面临的一些新问题亟待策解。

第一节　加强地方政府生态转移支付能力建设

　　生态补偿是解决市场失灵造成的生态负外部性问题的重要手段。财政转移支付是生态补偿的重要资金来源。用于生态补偿的财政转移支付是生态转移支付的重要内容，其支付方式包括上级政府主导的纵向转移支付、由生态系统服务受益地区向生态服务功能区进行的横向转移支付。① 纵向转移支付又包括一般性转移支付与专项转移支付。在一般性转移支付中，国家重点生态功能区转移支付制度实施较早，中央转移支付资金规模不断增长，从2008年的60.52亿元增长到2021年的882亿元（预算），增长近14倍。专项转移支付资金在一定程度上要求专款专用，环境保护领域的专项转移支付如节能环保项目的资金规模亦是在波动中呈现出增长趋势。横向转移支付主要存在于流域上下游政府间，包括省际间与省内县级政府间，它们分别需要中央政府或省级政府的引导和协调，其资金来源主要是政府，企业和社会等主体的参与度较低。②

生态补偿中的财政转移支付仍以中央的转移支付为主，但地方政府的转移支付责任逐渐增加，转移支付资金压力逐渐提高。中共中央办公厅、国务院办公厅于2021年9月印发了《关于深化生态保护补偿制度改革的意见》（以下简称《意见》）。该《意见》在提出生态保护补偿制度目标的基础上进一步明确，中央财政会继续加大生态环保转移支付力度以及健全横向补偿机制。在长江经济带，5个跨省的流域生态保护补偿机制已建立，11个省（市）内流域生态保护补偿机制也已建立。以2012年最早开始跨省流域生态补偿实践的新安江为参照，中央政府在省际流域生态保护补偿机制中的补偿资金责任逐渐下降，省级地方政府最终需要完全承担补偿资金责任。省内流域生态保护补偿机制同样存在补偿资金责任向下级政府转移的趋势。因此，虽然在建立健全生态保护补偿制度的过程中中央政府的生态环保转移支付力度继续加大，但地方政府补偿责任资金的压力也是随之加大的。在巨大的补偿责任和补偿资金压力下，地方政府如何筹集资金、保障生态保护补偿资金及时到位、提高生态转移支付能力亟待策解。

---

① 邓晓兰、黄显林、杨秀：《积极探索建立生态补偿横向转移支付制度》，《经济纵横》2013年第10期。
② 卢洪友、潘星宇：《建国以来生态环境财政理论及制度变迁》，《地方财政研究》2019年第10期。

一、积极推进市场主导下水权和排污权交易制度等与生态补偿制度的融合

水权交易是典型的通过市场机制优化配置水资源的手段。2016 年 4 月水利部印发了《水权交易管理暂行办法》，将我国水权交易归结为三种主要类型，即区域水权交易、取水权交易以及灌溉用水户水权交易。我国水权交易实践基本也以这三种交易模式为主：区域水权交易如内蒙古跨盟市、广东上下游地方政府间、河南跨流域地方政府间的水权交易；取水权交易如甘肃、新疆、内蒙古等省区"农转非"水权交易；灌溉用水户水权交易如石羊河流域农民用水户间的水权交易等。[①]其中，区域水权交易能够与流域生态补偿相融合，有助于缓解地方政府的生态补偿资金压力。

以广东上下游地方政府间的水权交易为例分析区域水权交易与流域生态补偿之间的关联。广东省拥有西江、东江、北江、韩江等多条流域，流域上下游城市经济发展水平不一，普遍呈现出下游城市经济发展水平较高且用水需求较大的特点。在水权的供求关系中，上游城市由于水资源开发利用程度较低，节水空间较大，是水权的供给者，而下游城市由于水资源利用已接近用水总量控制上限，是水权的需求者。而且，由于城市经济发展水平较高，下游城市对水权交易可承受的价格相对较高。[②]在流域上下游城市间水权交易过程中，上游城市节约水资源供给下游城市使用减轻了流域处理污染物的负荷，提高了流域断面的水质。这与流域生态补偿中普遍显现出的上游保护水资源，下游对上游进行生态补偿的方向一致。[③]因

---

① 田贵良、伏洋成、李伟等：《多种水权交易模式下的价格形成机制研究》，《价格理论与实践》2018 年第 2 期。

② 赵璧奎、黄本胜、邱静等：《基于生态补偿的区域水权交易价格研究》，《广东水利水电》2014 年第 5 期。

③ 陈艳萍、罗冬梅、程亚雄：《考虑生态补偿的完全成本法区域水权交易基础价格研究》，《水利经济》2021 年第 5 期。

此，区域水权交易价格设置需要考虑生态补偿因素。

区域水权交易与流域生态补偿制度可以逻辑自恰。假设某流域上游至下游分别有城市 A、城市 B、城市 C，若城市 A 出让水权给城市 C，则城市 A 节约水资源供给城市 C 使用，当流经城市 A 与城市 B 的流域断面的水量充沛且水质达标时，若城市 A 与城市 B 之间存在生态补偿协议，则城市 B 要向城市 A 进行补偿。若城市 C 向城市 A 支付的水权价格中考虑生态补偿因素，则可大大缓解城市 B 的生态补偿资金压力，而城市 C 支付的水权价格最终能够在一定程度上转嫁到实际用水户身上。反过来，若城市 A 向城市 C 购买水权，则城市 A 用水增加，同时流域上游污染负荷加重，流向城市 B 的水质变差，城市 A 需要向城市 B 支付一定的生态补偿。流域内水权交易价格考虑生态补偿能够有效减少地方政府的生态补偿资金压力。

就水权交易价格的确定方法而言，实践中最为常见的是协商定价法。区域水权交易价格往往是区域的水利部门进行协商确定，协商过程可联合生态环境部门将生态补偿因素考虑进来。这表明区域水权交易与流域生态补偿可以相融合。区域水权交易属于一级市场中的交易，在水权分配以及二级市场交易中区域政府支付的水权价格还能够在一定程度上转嫁到用水户身上，从而减轻区域政府部门的资金压力。这进一步表明区域水权交易与流域生态补偿的融合可以有效。同理，虽然水排污权交易体系在我国尚未建立，但类比于水权交易。[①] 区域间的水排污权交易与流域生态补偿之间也可以相互融合，共同促进流域生态环境的改善。

因此，在流域水权交易和水排污权交易的定价中考虑生态补偿因素一方面可以缓解政府的生态补偿资金压力，另一方面可以激发供求双方的节

---

① 肖加元、潘安：《基于水排污权交易的流域生态补偿研究》，《中国人口·资源与环境》2016 年第 7 期。

水意愿。根据研究测算，现行的区域水权交易价格中尚未充分考虑到生态补偿因素，如在巴彦淖尔与乌海市的区域水权交易中，测算得到的考虑生态补偿的区域水权交易价格为 1.2 元 / 立方米，高于实践中的交易价格（1.03 元 / 立方米）。[①] 具体地讲，地方政府需要同水利部门、生态环境部门以及财政部门共同制定相互协调的政策。区域水权交易的主体是地方政府或其授权的部门或单位，执行管理监督的是水行政管理部门。现行流域生态补偿的责任主体是地方政府，地方生态环境部门与财政部门负责落实。区域水权交易制度与流域生态补偿制度的融合需要地方政府作为责任主体，地方水利部门、生态环境部门以及财政部门相互协调。

具体地，可以首先依据区域水权交易定价模型以及生态补偿标准计算方法计算出区域水权交易的基本价格与流域生态补偿的基本标准。再通过流域上下游区域协商的方式，在充分考虑区域水权交易与流域生态补偿的融合后，分别确定区域水权交易价格以及流域生态补偿标准。在区域水权交易与流域生态补偿制度融合的过程中，要构建水利部门、生态环境部门以及财政部门之间的充分协商机制，制定清晰的权利与义务边界，保障两项制度融合的顺利实施。

二、积极拓展政府主导下生态补偿资金来源

我国区域间的生态补偿实践多采取利益相关方共同出资构建生态补偿基金的做法，如河北子牙河流域内石家庄、邯郸、邢台、衡水、沧州等城市间的生态补偿就采取生态补偿基金扣缴的方式实现。[②] 新安江流域跨安徽和浙江省界的生态补偿也采取中央出资 3 亿元、安徽与浙江各出资 1 亿

---

① 陈艳萍、罗冬梅、程亚雄：《考虑生态补偿的完全成本法区域水权交易基础价格研究》，《水利经济》2021 年第 5 期。

② 王军锋、侯超波、闫勇：《政府主导型流域生态补偿机制研究：对子牙河流域生态补偿机制的思考》，《中国人口·资源与环境》2011 年第 7 期。

元构成生态补偿基金的方式实现。^①这些实践多强调通过设置合理的补偿基金扣缴标准以及建立补偿基金使用监督管理办法来推进生态补偿，基本以财政资金为主要来源。相比于国外实践，国内的生态补偿需要拓展补偿资金来源，缓解地方政府的生态补偿资金压力。厄瓜多尔皮马皮罗市自 2000 年起设立水资源保护基金，并且该基金的运作后续引入非官方组织——可再生自然资源发展组织与当地政府机构共同运营管理。该基金由家庭用水户缴纳的水消费附加税的 20%、水基金的利润以及政府财政拨款构成，其中每年水消费附加税是政府财政拨款的约 5 倍，大大缓解了当地政府的生态补偿资金压力。^②

我国已建立的生态补偿基金制度侧重于补偿资金在流域上下游区域间的扣缴，旨在实现流域生态环境保护目标。随着地方政府生态补偿资金压力逐渐加大，拓展生态补偿的资金来源迫在眉睫。具体地，水资源税、环境税及环境相关的行政罚款均可以投入生态补偿基金中，生态彩票也是可以尝试的创新政策，收入也可以投入生态补偿基金中。首先，我国水资源税于 2016 年率先在河北试点，2017 年试点范围扩展到北京、天津、山西、内蒙古、河南、山东、四川、宁夏、陕西九省，试点期间水资源税额归地方政府支配。其次，环境税于 2018 年起正式开征，税额归地方政府支配。此外，环境相关的行政罚款也可以有条件地投入到生态补偿基金之中，生态彩票，即为了生态建设和环境保护目的而发行的彩票也值得尝试。^③

完善的生态补偿基金制度要求地方政府首先建立面向本地的生态补偿

---

① 刘某承、孙雪萍、林惠风等：《基于生态系统服务消费的京承生态补偿基金构建方式》，《资源科学》2015 年第 8 期。

② 武靖州：《国外生态补偿基金的实践与启示——基于政府与市场主导模式的比较》，《生态经济》2018 年第 10 期。

③ 刘呈庆、蒋金星、尹建中：《生态彩票购买意愿的影响因素分析——基于济南市的问卷调查》，《中南财经政法大学学报》2017 年第 1 期；邓凌翙：《心理学视角下大众"生态彩票"可行性分析》，《江苏社会科学》2010 年第 S1 期。

基金，并尝试引入市场主体来运营基金，最终基金的资金来源包括财政拨款，全部或部分比例的水资源税、环境保护税、环境相关的行政罚款，以及运营基金的利润。面向本地的生态补偿基金用于本地的生态补偿项目。其次，流域上下游地方政府间还需要建立面向流域的生态补偿基金，资金来源包括中央政府以及地方政府的全部出资。此外，生态补偿基金制度的有效运行需要多部门协调。面向本地的生态补偿基金设立由地方政府负责，财政部门、税务部门及生态环境部门等需要将财政拨款、税款以及行政罚款等按时缴入基金。基金的运营可以由地方政府负责，或引入第三方市场主体；若由第三方市场主体负责运营，那么还需要监督管理部门执行监督管理职责。

具体地，可以将水资源税、环境保护税、环境相关行政罚款纳税生态补偿基金。构建地方政府主管，地方政府或第三方市场主体运营，以政府财政补贴、水资源税、环境保护税、环境相关行政罚款和基金运营所得为资金来源的生态补偿基金，并将生态补偿基金作为流域生态补偿的资金来源。生态补偿基金的构建与运行同样需要构建财政部门、税务部门及生态环境部门之间的充分合作机制，同时需要构建对生态补偿基金运营及资金使用的监督机制，保障生态补偿基金被合理的运营以及有效的使用。

三、积极鼓励公众参与生态补偿

公众参与流域生态补偿一直是学者们在研究中积极鼓励和呼吁的，但实践中流域生态补偿的公众参与机制尚未建立。黄涛珍和李爱萍在研究中总结了美国、英国、德国、哥斯达黎加等国家生态补偿中的公众参与的实践经验，尤其是在哥斯达黎加；其水电公司（EG）按每公顷18美元标准向国家林业基金缴纳资金，占国家补偿标准（30美元）的六成，大大缓解了政府的补偿资金压力。① 在公众参与机制中，国际组织、非政府环保组织、研究机构、企业、社区及个人均可以提供生态补偿资金。②

公众参与流域生态补偿具有十分重要的作用。这一方面有助于缓解地方政府的补偿资金压力，另一方面有利于公众全面了解生态补偿现状，明确自身在流域生态补偿中的权利和义务，并能够进一步发挥对政府职责以及生态补偿资金使用的监督作用。③ 非政府环保组织可能是最有意向参与生态补偿的主体，中国已有 3000 多家注册的非政府环保组织。虽然不同组织关注的方向有所差别，但均有致力于生态环境保护的诉求。非政府环保组织的参与可以有效缓解政府的补偿资金压力，同时也可以激励社会其他主体参与的积极性。

建立流域生态补偿的公众参与机制一方面需要明确公众参与渠道。公众参与的首要条件便是给各公众参与主体提供明确、便利的参与渠道。流域生态补偿的公众参与主体包括国际组织、非政府环保组织、研究机构、企业、社区及个人等。生态补偿的公众参与渠道既包括直接通过政府职能部门实现，也包括间接通过非政府环保组织和媒体等途径实现。所有可实现生态补偿的公众参与途径需要通过媒体等宣传手段让公众有所了解。另一方面需要完善资金使用的监督机制。公众需要了解真实的环境信息与资金使用信息，政府需要规定生态补偿中的信息公开条目，确保公众参与的生态补偿资金信息透明、信息共享。建立由公众代表组成的监督小组，定期参加生态补偿资金使用报告的审议。为生态补偿的公众参与机制提供行政与法律保障。

---

① 黄涛珍、李爱萍：《国外生态补偿机制对我国流域生态补偿的启示》，《水利经济》2014年第 6 期。

② 李怀恩、史淑娟、党志良等：《水北调中线工程陕西水源区生态补偿机制研究》，《自然资源学报》2009 年第 10 期。

③ 伊媛媛：《论我国流域生态补偿中的公众参与机制》，《江汉大学学报（社会科学版）》2014 年第 5 期。

　　总之，要充分发挥非政府环保组织和媒体的作用，构建通过政府职能部门、非政府环保组织和媒体等实现的流域生态补偿公众参与渠道，借助媒体和新媒体等手段进行宣传，让企业、社区和个人等可能参与流域生态补偿的主体了解参与渠道。公众参与进来的生态补偿资金可以进一步投入生态补偿基金，实现公众参与机制与生态补偿基金的融合。同样重要的是，构建公众参与的生态补偿资金来源与使用监督机制，保障流域生态补偿公众参与机制的有效实施。

第二节　第四轮新安江流域跨界生态补偿实践面临的主要问题

　　新安江流域生态补偿是全国首个跨省流域生态补偿试点，习近平总书记等先后多次就该流域的生态环境治理作出过重要批示，新安江流域跨界生态补偿试点极具代表性，揭示的问题也具有一般性。

一、"亿元对赌水质"框架不可持续

　　"亿元对赌水质"是第一轮方案，实现了生态保护补偿和环境损害赔偿的耦合，即如果皖浙交界断面水质达到协议标准，浙江给安徽1亿元；如果没有达到协议标准，安徽给浙江1亿元。在第二轮补偿（2014—2016年）中，皖浙"对赌"的1亿元变为了2亿元，而中央的3亿元生态补偿资金保持不变。这意味着，中央、安徽和浙江省的出资比例由第一轮的3∶1∶1变为了第二轮的3∶2∶2，中央的出资比例在下调，"对赌"框架不变。2018—2020年是第三轮试点，"对赌"的基本框架还是没变，但中央的3亿元资金却没有到位。"第三轮"补偿时中央不再出资表明"对赌"框架不合理，毕竟新安江流域的"对赌"只要安徽和浙江即可，"对赌"框架下的中央出资名不正言不顺。与此同时，在2019年千岛湖从杭州的

备用水源变为正式水源后，杭州或浙江已不太可能接受皖浙交界断面水质的恶化，剩下的也就是浙江每年给安徽的 1 个亿或 2 个亿，这样的补偿既满足不了上游地区的补偿诉求，也与上游提供的流域生态产品价值不符，"对赌"的意义基本上名存实亡。

二、皖浙两省的补偿责任分担机制不明确

不管是第一轮的"亿元对赌水质"，还是第二轮或是第三轮的"两亿元对赌水质"，安徽和浙江在出资比例上都表现出了"绝对公平"。上下游政府 1∶1 的出资比例虽然符合理论上的"对赌"要求，也有助于试点政策的尽快落地，但不是流域生态补偿中上下游政府的责任分担比例。糟糕的是，"对赌"框架下的出资比例往往给人以下错觉：第一轮中央的补偿责任占 3/5，安徽和浙江分别占 1/5；第二轮中央的补偿责任占 3/7，安徽和浙江分别占 2/7。更糟糕的是，这一错觉可能在其他跨省流域生态补偿中也存在，九洲江流域和汀江—韩江流域等上下游政府的出资比例也是 1∶1。但是，在非"对赌"框架下，上下游政府间的补偿责任可以不是 1∶1。譬如，潮白河流域基于经济原则确定了中央、河北和北京的出资比例是 3∶1∶3。当然，这并不是说新安江流域安徽和浙江 1∶1 的补偿责任分担机制不好，也不是说潮白河流域河北和北京 1∶3 的补偿责任分担机制就好，好与不好均需要有理有据。新安江流域三轮试点的"对赌"框架解释不了这背后的逻辑，成功的流域试点要求进一步明确合理的补偿责任分担机制。

三、流域生态系统服务价值的实现机制不健全

生态系统服务是指人类从生态系统中获得的所有惠益，包括产品供给服务、气候调节服务、水流动调节服务、土壤保持服务、水质净化服务、空气净化服务、病虫害防治服务、固碳释氧服务和文化服务。这些服务可以根据土地利用类型按照当量因子法和生态系统生产总值核算法等换算成

生态系统服务价值。产品供给和文化服务能够在市场中实现其经济价值，如农业和旅游业产值等，故这两类服务的价值被纳入生态系统服务市场价值；其余服务价值未在市场中实现，故被纳入生态系统服务非市场价值。根据生态系统生产总值核算法，基于流域土地遥感数据测算的新安江流域生态系统服务价值在 2000 年是 4442 亿元，在 2018 年是 4461 亿元。其中，2000 年生态系统服务的非市场价值约为 2060 亿元，市场价值约为 2382 亿元；2018 年生态系统服务的非市场价值约为 2085 亿元，市场价值约为 2376 亿元。虽然价值核算结果在不同的方法间有较大差异，但同一方法下不同年份之间的价值还是可比的。新安江流域生态系统服务的非市场价值增加了 25 亿元但没有实现，市场价值却减少了 6 亿元，市场价值和非市场价值的实现机制不畅。

第三节　构建第四轮新安江流域跨界生态补偿机制的对策建议

"三轮九年"试点（2012—2020 年），新安江流域生态环境质量持续改善，上游黄山市和淳安县等地绿色发展步入正轨，跨省流域生态补偿的民众知晓率高达 96% 且为全国其他地区流域生态补偿提供了经验参考，但第四轮新安江流域跨界生态补偿需要实现"对赌"框架与"补偿"框架的有机结合、纵向补偿与横向补偿的相互耦合、整体财权与环境事权的相互匹配，以及市场补偿与政府补偿的相互融合。

一、让"对赌"框架成为"补偿"框架的一部分，尝试在流域范围内推进多级政府横向生态转移支付试点

第一，在水质问题上坚持生态保护补偿和环境损害赔偿耦合框架。水质考核这把利剑无论是在第四期还是更长期的补偿中均应高悬。坚持"优

质优价"，更高的水质要求对应更高的补偿标准，更高的来水质量可以对应更高的补偿诉求，但需要将新安江来水和千岛湖取水安全纳入干部政绩考核，落实"一票否决制"。第四轮补偿可以沿用第三轮补偿中的"2亿元对赌水质"方案，中央退出"对赌"框架但不退出"补偿"框架。第二，在流域范围内推进多级政府横向生态转移支付试点。横向生态转移支付是指同级地方政府间因生态环境治理而发生的资金平行转移。"对赌"框架是安徽与浙江之间的省级横向转移支付，"补偿"框架下地级市或县市区政府也可以参与到横向转移支付中来。新安江流域区县主要包括安徽的祁门县、黟县、黄山区、绩溪县、休宁县、徽州区、屯溪区、歙县和浙江的淳安县，有些区县会因为工业发展而面临生态系统服务价值减少的情形，有些区县会因为生态环境保护得好而出现生态系统服务价值增加的情形，黄山市各区县之间及其与淳安之间可以存在"双向"补偿关系，补偿方向不仅取决于水的"流向"，还取决于生态系统服务价值的变化。第三，区分"对赌"框架和"补偿"框架的出资性质和比例。明确皖浙出资的"对赌"性质以及中央出资的"补偿"性质，前者主要基于水质对赌，后者可以基于生态系统服务价值变化。通盘考虑整体流域时，生态系统服务价值增加的地区是受偿方，生态系统服务价值减少的地区是补偿方，流域内外的出资比例根据财权和事权匹配原则确定。

二、明确横向生态转移支付方案，寻求流域外"受益区"包括中央政府的资金支持

第一，明确流域生态系统服务非市场价值的构成及变化的决定因素。生态系统服务市场价值可以通过市场交易等机制实现，实现的充分与否取决于流域要素市场的发育程度和流域政府的努力程度，而非市场价值部分在现阶段则主要依靠政府机制。估算时，非市场价值部分的气候调节和土壤保持价值由森林和草地面积决定，病虫害防治价值由森林面积决定，水

质净化和空气净化价值由河流/湖泊和湿地面积决定，固碳释氧价值由农田、森林和草地的生长质量决定。第二，基于生态系统服务非市场价值变化确定各区县的生态转移支付方向及额度。2000—2018年，流域各区县生态系统服务非市场价值的年度变化值有正有负，正值表示生态系统非市场价值在增加，此时该地区应获得生态转移支付，反之则反。据测算，新安江流域的黄山区、徽州区、绩溪县和祁门县生态系统非市场价值在减少，年均减少611万元；其余的黟县、休宁县、屯溪区、歙县、淳安县在增加，年均增加9348万元，流域总体年均净增8737万元。第三，处理好流域内外和省内外生态转移支付关系。正向的流域生态系统服务的非市场价值变化表明流域政府可以每年向流域外"受益区"包括中央争取生态转移支付资金。与此同时，浙江生态系统服务非市场价值的年度变化值也为正，对淳安进行补偿和向省外包括中央争取补偿也理所应当。此外，"流域内"省外和"省内"流域外地区也可以根据生态经济利益关系调整其出资比例。

三、根据整体财权和环境事权相匹配原则明确补偿责任，加强环境事权的上级统筹

环境财权是指中央和地方占有、支配和使用环境相关财政资金的权力，环境事权对应生态环境治理等公共事务和服务中政府应当承担的任务和职责。整体财权与环境事权的相匹配是现阶段生态环境治理的必然要求。第一，根据整体财权和环境事权的匹配原则，中央还是需要对新安江流域进行补偿且出资比例不低于60%。根据2012—2015年可得财政数据测算，中央、安徽和浙江在2012—2014年的出资比例大约为3.2∶0.9∶0.9；从2015年开始进入第二轮补偿试点，中央、安徽和浙江的出资比例大约为4.17∶1.41∶1.42。由此可见，皖浙两省1∶1或2∶2出资比例背后的"硬核"逻辑是整体财权和环境事权的相匹配。第二，探索环境财权与环境事权相匹配的实现路径。事实上，对于上游地区而言，生态补偿多少无所谓。

生态补偿少了,其他转移支付就多了;生态补偿多了,其他转移支付就少了。要解决生态补偿激励不相容的问题。与其中央财政实施模模糊糊的转移支付,还不如明明白白地践行"绿水青山就是金山银山"理念、努力推进生态产品的价值转化。第三,加强环境事权集权以弥补上级生态转移支付的不足。财权和事权还要与财力有效结合。更好地发挥生态补偿机制需要充分考虑转移支付能力。当中央和地方支付能力不足时,"出力"也是一种很好的支付方式。譬如,省市两级联合推动千岛湖特别生态功能区建设,皖浙两省合作推进新安江—千岛湖生态补偿机制试验区建设,长三角地区一体化推进新安江流域综合保护工程建设。

四、深化多元化、市场化补偿机制,积极谋划居民主体率先参与到新安江流域生态补偿实践

第一,探索"流域内"生态系统服务价值增值的市场化补偿。横向生态转移支付给定了"流域内"生态系统服务价值增加值的"流域外"补偿方案,"流域内"生态系统服务价值增加值的"流域内"补偿方案也是可行的,但缺少内在激励,需要依靠市场。第二,在水价调价用户可承受范围内,率先让流域下游居民通过水价方式参与补偿实践。居民支付方式可以有两种:一是基于更高水价的直接支付;二是基于水资源费调整的间接支付,间接支付可以包含"受益区"政府对水厂的补贴。第三,按2∶5分担原则确定政府和居民的出资比例。综合考察流域政府统计数据和居民调查数据,淳安得到的政府补偿金额为6.9亿元,下游居民愿意补偿的金额为17.2亿元(均值水平),政府补偿和居民补偿之比为2∶5。第四,大流域视角全面统筹居民补偿。从县级层面看,流域内县级政府的上下游关系会变得"无序",流域居民的上下游关系更加复杂。突破水的"流向"约束并从更大流域视角统筹居民的参与方式更优。更大流域意味着水价分担的群体更大,调价政策更容易实现。

参考文献

［1］白俊红、聂亮：《环境分权是否真的加剧了雾霾污染？》，《中国人口·资源与环境》2017年第12期。

［2］曹鸿杰、卢洪友、祁毓：《分权对国家重点生态功能区转移支付政策效果的影响研究》，《财经论丛》2020年第5期。

［3］曹子阳、吴志峰、匡耀求：《DMSP/OLS夜间灯光影像中国区域的校正及应用》，《地球信息科学学报》2015年第9期。

［4］陈根发、林希晨、倪红珍：《我国流域生态补偿实践》，《水利发展研究》2020年第11期。

［5］陈红光、王秋丹、李晨洋：《支付意愿引导技术：支付卡式、单边界二分式和双边界二分式的比较——以三江平原生态旅游水资源的非使用价值为例》，《应用生态学报》2014年第9期。

［6］陈菁、李建发：《财政分权、晋升激励与地方政府债务融资行为——基于城投债视角的省级面板经验证据》，《会计研究》2015年第1期。

［7］陈诗一、林伯强：《中国能源环境与气候变化经济学研究现状及展望——首届中国能源环境与气候变化经济学者论坛综述》，《经济研究》2019年第7期。

［8］陈挺、何利辉：《中国生态横向转移支付制度设计的初步思考》，

《经济研究参考》2016 年第 58 期。

［9］陈伟、余兴厚、熊兴:《政府主导型流域生态补偿效率测度研究——以长江经济带主要沿岸城市为例》,《江淮论坛》2018 年第 3 期。

［10］陈旭佳:《主体功能区建设中财政支出的资源环境偏向研究》,《中国人口·资源与环境》2015 年第 11 期。

［11］陈艳萍、罗冬梅、程亚雄:《考虑生态补偿的完全成本法区域水权交易基础价格研究》,《水利经济》2021 年第 5 期。

［12］陈莹、马佳:《太湖流域双向生态补偿支付意愿及影响因素研究——以上游宜兴、湖州和下游苏州市为例》,《华中农业大学学报》(社会科学版) 2017 年第 1 期。

［13］陈颖彪、郑子豪、吴志峰:《夜间灯光遥感数据应用综述和展望》,《地理科学进展》2019 年第 2 期。

［14］程承坪、陈志:《省级政府环境保护财政支出效率及其影响因素分析》,《统计与决策》2017 年第 13 期。

［15］邓琨:《财政转移支付文献综述》,《合作经济与科技》2018 年第 23 期。

［16］邓晓兰、黄显林、杨秀:《积极探索建立生态补偿横向转移支付制度》,《经济纵横》2013 年第 10 期。

［17］邓雪薇、黄志斌、张甜甜:《新时代多元协同共治流域生态补偿模式研究》,《齐齐哈尔大学学报》(哲学社会科学版) 2021 年第 8 期。

［18］丁斐、庄贵阳、朱守先:《"十四五"时期我国生态补偿机制的政策需求与发展方向》,《江西社会科学》2021 年第 3 期。

［19］丁振民、姚顺波:《区域生态补偿均衡定价机制及其理论框架研究》,《中国人口·资源与环境》2019 年第 9 期。

［20］董战峰、郝春旭、璩爱玉等:《黄河流域生态补偿机制建设的思路与重点》,《生态经济》2020 年第 2 期。

〔21〕敦越、杨春明、袁旭：《流域生态系统服务研究进展》，《生态经济》2019 年第 7 期。

〔22〕樊存慧：《生态补偿横向转移支付研究动态及文献评述》，《财政科学》2020 年第 10 期。

〔23〕范庆泉、周县华、张同斌：《动态环境税外部性、污染累积路径与长期经济增长——兼论环境税的开征时点选择问题》，《经济研究》2016 年第 8 期。

〔24〕范庆泉：《环境规制、收入分配失衡与政府补偿机制》，《经济研究》2018 年第 5 期。

〔25〕范志勇、宋佳音：《主流宏观经济学的"麻烦"能解决吗？》，《中国人民大学学报》2019 年第 2 期。

〔26〕丰月、冯铁拴：《管制、共治与组合：环境政策工具新思考》，《中国石油大学学报》（社会科学版）2018 年第 4 期。

〔27〕伏润民、缪小林：《中国生态功能区财政转移支付制度体系重构——基于拓展的能值模型衡量的生态外溢价值》，《经济研究》2015 年第 3 期。

〔28〕甘甜、王子龙：《长三角城市环境治理效率测度》，《城市问题》2018 年第 1 期。

〔29〕高玫：《流域生态补偿模式比较与选择》，《江西社会科学》2013 年第 11 期。

〔30〕郭宏宝、朱志勇：《环境政策工具组合的次优改进效应》，《首都经济贸易大学学报》2016 年第 2 期。

〔31〕郭四代、仝梦、张华：《我国环境治理投资效率及其影响因素分析》，《统计与决策》2018 年第 8 期。

〔32〕郭钰：《跨区域生态环境合作治理中利益整合机制研究》，《生态经济》2019 年第 12 期。

［33］郭长林：《财政政策扩张、异质性企业与中国城镇就业》，《经济研究》2018 年第 5 期。

［34］何德旭、苗文龙：《财政分权是否影响金融分权——基于省际分权数据空间效应的比较分析》，《经济研究》2016 年第 2 期。

［35］胡振华、刘景月、钟美瑞等：《基于演化博弈的跨界流域生态补偿利益均衡分析——以漓江流域为例》，《经济地理》2016 年第 6 期。

［36］黄茂兴、林寿富：《污染损害、环境管理与经济可持续增长——基于五部门内生经济增长模型的分析》，《经济研究》2013 年第 12 期。

［37］黄涛珍、李爱萍：《国外生态补偿机制对我国流域生态补偿的启示》，《水利经济》2014 年第 6 期。

［38］黄英、周智、黄娟：《基于 DEA 的区域农村生态环境治理效率比较分析》，《干旱区资源与环境》2015 年第 3 期。

［39］黄赜琳、朱保华：《中国的实际经济周期与税收政策效应》，《经济研究》2015 年第 3 期。

［40］贾康、梁季：《辨析分税制之争：配套改革取向下的全面审视》，《财政研究》2013 年第 12 期。

［41］江波、Christina, P.、欧阳志云：《湖泊生态服务受益者分析及生态生产函数构建》，《生态学报》2016 年第 8 期。

［42］姜志奇、王习东：《跨区域大气污染协同治理中排污权弹性管控模型构建》，《科技管理研究》2021 年第 4 期。

［43］蒋永甫、弓蕾：《地方政府间横向财政转移支付：区域生态补偿的维度》，《学习论坛》2015 年第 3 期。

［44］焦丽鹏、刘春腊、徐美：《近 20 年来生态补偿绩效测评方法研究综述》，《生态科学》2020 年第 6 期。

［45］靳乐山、吴乐：《中国生态补偿十对基本关系》，《环境保护》2019 年第 22 期。

［46］景守武、张捷：《新安江流域横向生态补偿降低水污染强度了吗？》，《中国人口·资源与环境》2018年第10期。

［47］鞠昌华、裴文明、张慧：《生态安全：基于多尺度的考察》，《生态与农村环境学报》2020年第5期。

［48］孔令桥、郑华、欧阳志云：《基于生态系统服务视角的山水林田湖草生态保护与修复——以洞庭湖流域为例》，《生态学报》2019年第23期。

［49］李彩红、葛颜祥：《流域双向生态补偿综合效益评估研究——以山东省小清河流域为例》，《山东社会科学》2019年第12期。

［50］李国平、李潇、汪海洲：《国家重点生态功能区转移支付的生态补偿效果分析》，《当代经济科学》2013年第5期。

［51］李国平、刘生胜：《中国生态补偿40年：政策演进与理论逻辑》，《西安交通大学学报》（社会科学版）2018年第6期。

［52］李国平、张文彬：《退耕还林生态补偿契约设计及效率问题研究》，《资源科学》2014年第8期。

［53］李国平、赵媛、邓广凌等：《"引汉济渭"受水区居民支付意愿研究》，《西安交通大学学报》（社会科学版）2018年第2期。

［54］李国祥、张伟：《环境分权、环境规制与工业污染治理效率》，《当代经济科学》2019年第3期。

［55］李虹瑾：《基于系统动力学的天山北坡城市群水资源优化配置研究》，《水资源开发与管理》2021年第5期。

［56］李京梅、李宜纯：《生境和资源等价分析法国外研究进展与应用》，《资源科学》2019年第11期。

［57］李静、倪冬雪：《中国工业绿色生产与治理效率研究——基于两阶段SBM网络模型和全局Malmquist方法》，《产业经济研究》2015年第3期。

［58］李静、彭飞、毛德凤：《研发投入对企业全要素生产率的溢出效

应——基于中国工业企业微观数据的实证分析》,《经济评论》2013年第3期。

［59］李坦、范玉楼:《新安江流域生态补偿标准核算模型研究》,《福建农林大学学报》(哲学社会科学版)2017年第6期。

［60］李永友、张帆:《垂直财政不平衡的形成机制与激励效应》,《管理世界》2019年第7期。

［61］李长健、孙富博、黄彦臣:《基于CVM的长江流域居民水资源利用受偿意愿调查分析》,《中国人口·资源与环境》2017年第6期。

［62］梁丽、边金虎、李爱农等:《中巴经济走廊DMSP/OLS与NPP/VIIRS夜光数据辐射一致性校正》,《遥感学报》2020年第2期。

［63］廖柳文、秦建新、刘永强等:《基于土地利用转型的湖南省生态弹性研究》,《经济地理》2015年第9期。

［64］廖晓慧、李松森:《完善主体功能区生态补偿财政转移支付制度研究》,《经济纵横》2016年第1期。

［65］林爱华、沈利生:《长三角地区生态补偿机制效果评估》,《中国人口·资源与环境》2020年第4期。

［66］林春、孙英杰、刘钧霆:《财政分权对中国环境治理绩效的合意性研究——基于系统GMM及门槛效应的检验》,《商业经济与管理》2019年第2期。

［67］林春:《财政分权与中国经济增长质量关系——基于全要素生产率视角》,《财政研究》2017年第2期。

［68］刘冰熙、王宝顺、薛钢:《我国地方政府环境污染治理效率评价——基于三阶段Bootstrapped DEA方法》,《中南财经政法大学学报》2016年第1期。

［69］刘呈庆、蒋金星、尹建中:《生态彩票购买意愿的影响因素分析—基于济南市的问卷调查》,《中南财经政法大学学报》2017年第1期。

［70］刘聪、张宁：《新安江流域横向生态补偿的经济效应》，《中国环境科学》2021 年第 4 期。

［71］刘高慧、胡理乐、高晓奇等：《自然资本的内涵及其核算研究》，《生态经济》2018 年第 4 期。

［72］刘炯：《生态转移支付对地方政府环境治理的激励效应——基于东部六省 46 个地级市的经验证据》，《财经研究》2015 年第 2 期。

［73］刘菊、傅斌、王玉宽等：《关于生态补偿中保护成本的研究》，《中国人口·资源与环境》2015 年第 3 期。

［74］刘军会、马苏、高吉喜等：《区域尺度生态保护红线划定——以京津冀地区为例》，《中国环境科学》2018 年第 7 期。

［75］刘某承、孙雪萍、林惠凤等：《基于生态系统服务消费的京承生态补偿基金构建方式》，《资源科学》2015 年第 8 期。

［76］刘穷志、李岚：《长江经济带环保支出效率测度》，《工业技术经济》2018 年第 12 期。

［77］刘晓凤、张文雅、程小兰等：《跨域水治理中的尺度重构：以东江为例》，《世界地理研究》2021 年第 2 期。

［78］柳荻、胡振通、靳乐山：《生态保护补偿的分析框架研究综述》，《生态学报》2018 年第 2 期。

［79］龙小宁、黄小勇：《公平竞争与投资增长》，《经济研究》2016 年第 7 期。

［80］卢洪友、杜亦譞、祁毓：《生态补偿的财政政策研究》，《环境保护》2014 年第 5 期。

［81］卢洪友、潘星宇：《建国以来生态环境财政理论及制度变迁》，《地方财政研究》2019 年第 10 期。

［82］卢洪友、余锦亮：《生态转移支付的成效与问题》，《中国财政》2018 年第 4 期。

［83］卢志文：《省际流域横向生态保护补偿机制研究》，《发展研究》2018 年第 7 期。

［84］芦苇青、王兵、徐琳瑜：《一种省域综合生态补偿绩效评价方法与应用》，《生态经济》2020 年第 4 期。

［85］陆凤芝、杨浩昌：《环境分权、地方政府竞争与中国生态环境污染》，《产业经济研究》2019 年第 4 期。

［86］罗怀敬、孔鹏志：《区域生态补偿中横向转移支付标准的量化研究》，《东岳论丛》2015 年第 10 期。

［87］吕冰洋、毛捷、马光荣：《分税与转移支付结构：专项转移支付为什么越来越多？》，《管理世界》2018 年第 4 期。

［88］吕冰洋、张凯强：《转移支付和税收努力：政府支出偏向的影响》，《世界经济》2018 年第 7 期。

［89］马国霞、於方、王金南等：《中国 2015 年陆地生态系统生产总值核算研究》，《中国环境科学》2017 年第 4 期。

［90］马庆华、杜鹏飞：《新安江流域生态补偿政策效果评价研究》，《中国环境管理》2015 年第 3 期。

［91］马兆良、田淑英、王展祥：《生态资本与长期经济增长——基于中国省际面板数据的实证研究》，《经济问题探索》2017 年第 5 期。

［92］毛捷、吕冰洋、马光荣：《转移支付与政府扩张：基于"价格效应"的研究》，《管理世界》2015 年第 7 期。

［93］娜仁、陈艺、万伦来等：《中国典型流域生态补偿财政支出的减贫效应研究》，《财政研究》2020 年第 5 期。

［94］聂承静、程梦林：《基于边际效应理论的地区横向森林生态补偿研究——以北京和河北张承地区为例》，《林业经济》2019 年第 1 期。

［95］聂承静、刘彬、程梦林等：《基于区域协调发展理论的京津冀地区横向森林生态补偿研究》，《安徽农业科学》2017 年第 33 期。

［96］聂倩、匡小平：《完善我国流域生态补偿模式的政策思考》，《价格理论与实践》2014 年第 10 期。

［97］牛志伟、邹昭晞：《农业生态补偿的理论与方法——基于生态系统与生态价值一致性补偿标准模型》，《管理世界》2019 年第 11 期。

［98］潘美晨、宋波：《受偿意愿在确定生态补偿标准上下限中的作用》，《中国环境科学》2021 年第 4 期。

［99］潘孝珍：《中国地方政府环境保护支出的效率分析》，《中国人口·资源与环境》2013 年第 11 期。

［100］庞洁、靳乐山：《基于渔民受偿意愿的鄱阳湖禁捕补偿标准研究》，《中国人口·资源与环境》2020 年第 7 期。

［101］彭玉婷：《新安江流域水源地生态补偿的综合效益评价》，《江淮论坛》2020 年第 5 期。

［102］齐结斌、胡育蓉：《环境质量与经济增长——基于异质性偏好和政府视界的分析》，《中国经济问题》2013 年第 5 期。

［103］祁毓、陈怡心、李万新：《生态转移支付理论研究进展及国内外实践模式》，《国外社会科学》2017 年第 5 期。

［104］祁毓、卢洪友、徐彦坤：《中国环境分权体制改革研究：制度变迁、数量测算与效应评估》，《中国工业经济》2014 年第 1 期。

［105］秦蓓蕾、王亚雄、赖国友：《基于层次分析法的东江流域生态补偿评价模型探究》，《广东水利水电》2021 年第 5 期。

［106］秦昌波、王金南、葛察忠等：《征收环境税对经济和污染排放的影响》，《中国人口·资源与环境》2015 年第 1 期。

［107］秦天、彭珏、邓宗兵等：《环境分权、环境规制对农业面源污染的影响》，《中国人口·资源与环境》2021 年第 2 期。

［108］曲超、刘桂环、吴文俊等：《长江经济带国家重点生态功能区生态补偿环境效率评价》，《环境科学研究》2020 年第 2 期。

［109］曲富国、孙宇飞：《基于政府间博弈的流域生态补偿机制研究》，《中国人口·资源与环境》2014年第11期。

［110］饶清华、林秀珠、邱宇等：《基于机会成本的闽江流域生态补偿标准研究》，《海洋环境科学》2018年第10期。

［111］饶晓辉、刘方：《政府生产性支出与中国的实际经济波动》，《经济研究》2014年第11期。

［112］单云慧：《新时代生态补偿横向转移支付制度化发展研究——以卡尔多—希克斯改进理论为分析进路》，《经济问题》2021年第2期。

［113］沈满洪、毛狄：《海洋生态系统服务价值评估研究综述》，《生态学报》2019年第6期。

［114］沈满洪、魏楚、谢慧明等：《完善生态补偿机制研究》，中国环境出版社2015年版。

［115］沈满洪、谢慧明：《跨界流域生态补偿的"新安江模式"及可持续制度安排》，《中国人口·资源与环境》2020年第9期。

［116］沈满洪、谢慧明：《绿水青山的价值实现》，中国财政经济出版社2019年版。

［117］沈满洪：《河长制的制度经济学分析》，《中国人口·资源与环境》2018年第1期。

［118］沈满洪：《生态补偿机制建设的八大趋势》，《中国环境管理》2017年第3期。

［119］沈满洪：《习近平生态文明体制改革重要论述研究》，《浙江大学学报》（人文社会科学版）2019年第6期。

［120］沈满洪：《资源与环境经济学》，中国环境出版社2015年版。

［121］石敏俊、袁永娜、周晟吕等：《碳减排政策：碳税、碳交易还是两者兼之？》，《管理科学学报》2013年第9期。

［122］史兴旺、焦建国：《政府间财权、财力与事权关系研究述评》，

《经济研究参考》2018 年第 43 期。

［123］宋马林、金培振：《地方保护、资源错配与环境福利绩效》，《经济研究》2016 年第 12 期。

［124］孙宏亮、巨文慧、杨文杰等：《中国跨省界流域生态补偿实践进展与思考》，《中国环境管理》2020 年第 4 期。

［125］孙静、马海涛、王红梅：《财政分权、政策协同与大气污染治理效率——基于京津冀及周边地区城市群面板数据分析》，《中国软科学》2019 年第 8 期。

［126］孙开、孙琳：《基于投入产出率的财政环境保护支出效率研究——以吉林省地级市面板数据为依据的 DEA-Tobit 分析》，《税务与经济》2016 年第 5 期。

［127］孙开：《中国财政分权的多维测度与空间分异》，《财经问题研究》2014 年第 10 期。

［128］孙贤斌、孙良萍、王升堂等：《基于 GIS 的跨流域生态补偿模型构建及应用——以安徽省大别山区为例》，《中国生态农业学报》（中英文）2020 年第 3 期。

［129］孙亚男：《碳交易市场中的碳税策略研究》，《中国人口·资源与环境》2014 年第 3 期。

［130］谭婉冰：《基于强互惠理论的湘江流域生态补偿演化博弈研究》，《湖南社会科学》2018 年第 3 期。

［131］田贵良、伏洋成、李伟等：《多种水权交易模式下的价格形成机制研究》，《价格理论与实践》2018 年第 2 期。

［132］田贵贤：《生态补偿类横向转移支付研究》，《河北大学学报（哲学社会科学版）》2013 年第 2 期。

［133］田雅翔、戴宇：《流域生态补偿机制绩效评价研究——以湘江为例》，《商》2016 年第 7 期。

［134］汪中华、陈思宇:《DSGE 模型下碳税政策与厂商技术冲击的动态效应研究》,《科技与管理》2021 年第 4 期。

［135］王兵、罗佑军:《中国区域工业生产效率、环境治理效率与综合效率实证研究——基于 RAM 网络 DEA 模型的分析》,《世界经济文汇》2015 年第 1 期。

［136］王大尚、李屹峰、郑华等:《密云水库上游流域生态系统服务功能空间特征及其与居民福祉的关系》,《生态学报》2014 年第 1 期。

［137］王德凡:《基于区域生态补偿机制的横向转移支付制度理论与对策研究》,《华东经济管理》2018 年第 1 期。

［138］王东:《永定河流域治理 PPP 模式创新初探》,《建筑经济》2020 年第 3 期。

［139］王慧杰、毕粉粉、董战峰:《基于 AHP——模糊综合评价法的新安江流域生态补偿政策绩效评估》,《生态学报》2020 年第 20 期。

［140］王克强、邓光耀、刘红梅:《基于多区域 CGE 模型的中国农业用水效率和水资源税政策模拟研究》,《财经研究》2015 年第 3 期。

［141］王林辉、王辉、董直庆:《经济增长和环境质量相容性政策条件——环境技术进步方向视角下的政策偏向效应检验》,《管理世界》2020 年第 3 期。

［142］王林辉:《经济增长和环境质量相容性政策条件——环境技术进步方向视角下的政策偏向效应检验》,《管理世界》2020 年第 3 期。

［143］王任、蒋竺均:《燃油税、融资约束与企业行为——基于 DSGE 模型的分析》,《中国管理科学》2021 年第 4 期。

［144］王树强、庞晶:《排污权跨区域交易对绿色经济的影响研究》,《生态经济》2019 年第 2 期。

［145］王西琴、高佳、马淑芹等:《流域生态补偿分担模式研究:以九洲江流域为例》,《资源科学》2020 年第 2 期。

［146］王遥、潘冬阳、彭俞超等：《基于 DSGE 模型的绿色信贷激励政策研究》，《金融研究》2019 年第 11 期。

［147］王奕淇、李国平、马嫣然：《流域生态服务价值补偿分摊研究——以渭河流域为例》，《干旱区资源与环境》2019 年第 11 期。

［148］王奕淇、李国平、延步青：《流域生态服务价值横向补偿分摊研究》，《资源科学》2019 年第 6 期。

［149］王奕淇、李国平：《基于选择实验法的流域中下游居民生态补偿支付意愿及其偏好研究——以渭河流域为例》，《生态学报》2020 年第 9 期。

［150］王奕淇、李国平：《流域生态服务价值供给的补偿标准评估——以渭河流域上游为例》，《生态学报》2019 年第 1 期。

［151］吴健、郭雅楠：《生态补偿：概念演进、辨析与几点思考》，《环境保护》2018 年第 5 期。

［152］吴健、毛钰娇、王晓霞：《中国环境税收的规模与结构及其国际比较》，《管理世界》2013 年第 4 期。

［153］吴乐、孔德帅、靳乐山：《中国生态保护补偿机制研究进展》，《生态学报》2019 年第 1 期。

［154］吴力波、钱浩祺、汤维祺：《基于动态边际减排成本模拟的碳排放权交易与碳税选择机制》，《经济研究》2014 年第 9 期。

［155］吴娜、宋晓谕、康文慧等：《不同视角下基于 InVEST 模型的流域生态补偿标准核算——以渭河甘肃段为例》，《生态学报》2018 年第 7 期。

［156］吴兴弈、刘纪显、杨翱：《模拟统一碳排放市场的建立对我国经济的影响——基于 DSGE 模型》，《南方经济》2014 年第 9 期。

［157］武靖州：《国外生态补偿基金的实践与启示——基于政府与市场主导模式的比较》，《生态经济》2018 年第 10 期。

［158］武晓利：《环保技术、节能减排政策对生态环境质量的动态效

应及传导机制研究——基于三部门 DSGE 模型的数值分析》,《中国管理科学》2017 年第 12 期。

[159] 武晓利:《环保政策、治污努力程度与生态环境质量——基于三部门 DSGE 模型的数值分析》,《财经论丛》2017 年第 4 期。

[160] 武永义、熊圩清、方明娟:《陕北矿产资源地生态补偿横向转移支付探讨》,《西部财会》2014 年第 12 期。

[161] 相晨、严力蛟、韩轶才:《千岛湖生态系统服务价值评估》,《应用生态学报》2019 年第 11 期。

[162] 肖加元、潘安:《基于水排污权交易的流域生态补偿研究》,《中国人口·资源与环境》2016 年第 7 期。

[163] 肖俊威、杨亦民:《湖南省湘江流域生态补偿的居民支付意愿 WTP 实证研究——基于 CVM 条件价值法》,《中南林业科技大学学报》2017 年第 8 期。

[164] 谢高地、张彩霞、张昌顺等:《中国生态系统服务的价值》,《资源科学》2015 年第 9 期。

[165] 谢高地、张彩霞、张雷明等:《基于单位面积价值当量因子的生态系统服务价值化方法改进》,《自然资源学报》2015 年第 8 期。

[166] 谢慧明、俞梦绮、沈满洪:《国内水生态补偿财政资金运作模式研究:资金流向与补偿要素视角》,《中国地质大学学报》（社会科学版）2016 年第 5 期。

[167] 谢婧、文一惠、朱媛媛等:《我国流域生态补偿政策演进及发展建议》,《环境保护》2021 年第 7 期。

[168] 谢玲、李爱年:《责任分配抑或权利确认:流域生态补偿适用条件之辨析》,《中国人口·资源与环境》2016 年第 10 期。

[169] 辛帅:《论生态补偿制度的二元性》,《江西社会科学》2020 年第 2 期。

［170］徐文成、薛建宏、毛彦军：《宏观经济动态性视角下的环境政策选择》，《中国人口·资源与环境》2015 年第 4 期。

［171］严立冬、屈志光、黄鹂：《经济绿色转型视域下的生态资本效率研究》，《中国人口·资源与环境》2013 年第 4 期。

［172］杨翱、刘纪显、吴兴弈：《基于 DSGE 模型的碳减排目标和碳排放政策效应研究》，《资源科学》2014 年第 7 期。

［173］杨翱、刘纪显：《模拟征收碳税对我国经济的影响——基于 DSGE 模型的研究》，《经济科学》2014 年第 6 期。

［174］杨庚、曹银贵、罗古拜等：《生态系统恢复力评价研究进展》，《浙江农业科学》2019 年第 3 期。

［175］杨海乐、危起伟、陈家宽：《基于选择容量价值的生态补偿标准与自然资源资产价值核算——以珠江水资源供应为例》，《生态学报》2020 年第 10 期。

［176］杨兰、胡淑恒：《基于动态测算模型的跨界生态补偿标准研究—以新安江流域为例》，《生态学报》2020 年第 17 期。

［177］杨柳勇、张泽野、郑建明：《中央环保督察能否促进企业环保投资？——基于中国上市公司的实证分析》，《浙江大学学报》（人文社会科学版）2021 年第 3 期。

［178］杨荣金、孙美莹、傅伯杰等：《长江流域生态系统可持续管理策略》，《环境科学研究》2020 年第 5 期。

［179］杨文杰、赵越、赵康平等：《流域水生态系统服务价值评估研究——以黄山市新安江为例》，《中国环境管理》2018 年第 4 期。

［180］杨晓萌：《中国生态补偿与横向转移支付制度的建立》，《财政研究》2013 年第 2 期。

［181］杨欣、蔡银莺、张安录：《农田生态补偿横向财政转移支付额度研究——基于选择实验法的生态外溢视角》，《长江流域资源与环境》

2017 年第 3 期。

［182］杨志勇：《分税制改革中的中央和地方事权划分研究》，《经济社会体制比较》2015 年第 2 期。

［183］伊媛媛：《论我国流域生态补偿中的公众参与机制》，《江汉大学学报》（社会科学版）2014 年第 5 期。

［184］于成学、张帅：《辽河流域跨省界断面生态补偿与博弈研究》，《水土保持研究》2014 年第 2 期。

［185］于海峰、赵丽萍：《关于我国环境相关税收的宏观分析与微观判断》，《财政科学》2016 年第 5 期。

［186］于皓、张柏、王宗明等：《1990～2015 年韩国土地覆被变化及其驱动因素》，《地理科学》2017 年第 11 期。

［187］于文超：《公众诉求、政府干预与环境治理效率——基于省级面板数据的实证分析》，《云南财经大学学报》2015 年第 5 期。

［188］虞慧怡、许志华、曾贤刚：《生态补偿绩效及其影响因素研究进展》，《生态经济》2016 年第 8 期。

［189］袁广达、杜星博、孙笑：《流域生态补偿横向转移支付标准量化范式——基于生态损害成本核算的视角》，《财会通讯》2021 年第 11 期。

［190］袁广达、仲也、郭译文：《基于太湖流域生态承载力的生态补偿横向转移支付研究》，《南京工业大学学报》（社会科学版）2021 年第 2 期。

［191］袁伟彦、周小柯：《生态补偿问题国外研究进展综述》，《中国人口·资源与环境》2014 年第 11 期。

［192］曾凡银：《新安江流域生态补偿制度的创新演进》，《理论建设》2020 年第 4 期。

［193］查爱苹、邱洁威、黄瑾：《条件价值法若干问题研究》，《旅游学刊》2013 年第 4 期。

［194］张丛林、黄洲、郑诗豪等：《基于赤水河流域生态补偿的政府

和社会资本合作项目风险识别与分担》,《生态学报》2021年第17期。

［195］张化楠、葛颜祥、接玉梅等:《生态认知对流域居民生态补偿参与意愿的影响研究》,《中国人口·资源与环境》2019年第9期。

［196］张晖、吴霜、张燕媛等:《流域生态补偿政策对受偿地区经济增长的影响研究——以安徽省黄山市为例》,《长江流域资源与环境》2019年第12期。

［197］张捷、傅京燕:《我国流域省际横向生态补偿机制初探——以九洲江和汀江—韩江流域为例》,《中国环境管理》2016年第6期。

［198］张蕾、沈满洪:《生态文明产权制度的界定、分类及框架研究》,《中国环境管理》2017年第6期。

［199］张丽云、江波、甄泉等:《洞庭湖生态系统非使用价值评估》,《湿地科学》2016年第12期。

［200］张明凯、潘华、胡元林:《流域生态补偿多元融资渠道融资效果的SD分析》,《经济问题探索》2018年第3期。

［201］张琦、郑瑶、孔东民:《地区环境治理压力、高管经历与企业环保投资——一项基于〈环境空气质量标准(2012)〉的准自然实验》,《经济研究》2019年第6期。

［202］张同斌、孙静、范庆泉:《环境公共治理政策的效果评价与优化组合研究》,《统计研究》2017年第3期。

［203］张文彬、华崇言、张跃胜:《生态补偿、居民心理与生态保护—基于秦巴生态功能区调研数据研究》,《管理学刊》2018年第2期。

［204］张翼飞、刘宇辉:《城市景观河流生态修复的产出研究及有效性可靠性检验——基于上海城市内河水质改善价值评估的实证分析》,《中国地质大学学报》(社会科学版)2017年第2期。

［205］张智楠:《广东省环保财政支出的投入产出效率——基于地级市面板数据的DEA-Tobit模型检验》,《地方财政研究》2018年第2期。

［206］张佐敏：《财政规则与政策效果——基于 DSGE 分析》，《经济研究》2013 年第 1 期。

［207］赵璧奎、黄本胜、邱静等：《基于生态补偿的区域水权交易价格研究》，《广东水利水电》2014 年第 5 期。

［208］赵卉卉、向男、王明旭等：《东江流域跨省生态补偿模式构建》，《中国人口·资源与环境》2015 年第 5 期。

［209］赵晶晶、葛颜祥：《流域生态补偿模式实践、比较与选择》，《山东农业大学学报》（社会科学版）2019 年第 2 期。

［210］赵双剑、王驰：《欠发达地区教育经费地区补偿的实现途径》，《经济论坛》2018 年第 1 期。

［211］赵玉、张玉、熊国保：《基于随机效用理论的赣江流域生态补偿支付意愿研究》，《长江流域资源与环境》2017 年第 7 期。

［212］赵越、刘桂环、马国霞等：《生态补偿：迈向生态文明的"绿金之道"》，《中国财政》2018 年第 2 期。

［213］赵越、杨文杰、姚瑞华等：《我国水环境补偿的实践、问题与对策》，《宏观经济管理》2015 年第 8 期。

［214］郑尚植、宫芳：《中国式分权、地方官员自利行为与环境治理效率——基于 Dea-Tobit 面板数据的实证研究》，《上海经济研究》2015 年第 4 期。

［215］郑云辰、葛颜祥、接玉梅等：《流域多元化生态补偿分析框架：补偿主体视角》，《中国人口·资源与环境》2019 年第 7 期。

［216］周晨、李国平：《流域生态补偿的支付意愿及影响因素——以南水北调中线工程受水区郑州市为例》，《经济地理》2015 年第 6 期。

［217］朱浩、傅强、魏琪：《地方政府环境保护支出效率核算及影响因素实证研究》，《中国人口·资源与环境》2014 年第 6 期。

［218］朱建华、张惠远、郝海广等：《市场化流域生态补偿机制探

索——以贵州省赤水河为例》,《环境保护》2018 年第 24 期。

［219］朱九龙:《基于联合生态工业园的南水北调中线工程水源区横向生态补偿模式》,《水电能源科学》2016 年第 4 期。

［220］朱军、许志伟:《财政分权、地区间竞争与中国经济波动》,《经济研究》2018 年第 1 期。

［221］朱军、姚军:《中国公共资本存量的再估计及其应用——动态一般均衡的视角》,《经济学(季刊)》2017 年第 4 期。

［222］朱军:《基于 DSGE 模型的"污染治理政策"比较与选择——针对不同公共政策的动态分析》,《财经研究》2015 年第 2 期。

［223］Abadie, A., Diamond, A., Hainmueller, J., "Comparative Politics and the Synthetic Control Method", *American Journal of Political Science*, Vol. 59, No. 2, 2015.

［224］Aguilar-Gómez, C., Arteaga-Reyes, T., Gomez-Demetrio, W., et al., "Differentiated Payments for Environmental Services: A Review of the Literature", *Ecosystem Services*, Vol. 44, 2020.

［225］Angelopoulos, K., Economides, G., Philippopoulos, A., "First-and Second-Best Allocations under Economic and Environmental Uncertainty", *International Tax and Public Finance*, Vol. 20, No. 3, 2013.

［226］Annicchiarico, B., Correani, L., Dio, F., "Environmental Policy and Endogenous Market Structure", *Resource and Energy Economics*, Vol. 52, 2018.

［227］Annicchiarico, B., Diluiso, F., "International Transmission of the Business Cycle and Environmental Policy", *Resource and Energy Economics*, Vol. 58, 2019.

［228］Anthoff D., Tol R., "The Uncertainty about the Social Cost of Carbon: A Decomposition Analysis Using FUND", *Climatic Change*, Vol. 117,

No. 3, 2013.

［229］Argentiero, A., Atalla, T., Bigerna, S., et al., "Comparing Renewable Energy Policies in EU-15, U.S. and China: A Bayesian DSGE Model", *The Energy Journal*, Vol. 38, 2017.

［230］Atalla, T., Blazquez, J., Hunt, L., et al., "Prices versus Policy: An Analysis of the Drivers of the Primary Fossil Fuel Mix", *Energy Policy*, Vol. 106, 2017.

［231］Babatunde, K., Begum, R., Said, F., "Application of Computable General Equilibrium (CGE) to Climate Change Mitigation Policy: A Systematic Review", *Renewable and Sustainable Energy Reviews*, Vol. 78, 2017.

［232］Barrage, L., "Optimal Dynamic Carbon Taxes in a Climate-Economy Model with Distortionary Fiscal Policy", *American Historical Review*, Vol. 124, No. 2, 2019.

［233］Beauchamp, E., Clements, T., Milner-Gulland, E., "Assessing Medium-Term Impacts of Conservation Interventions on Local Livelihoods in Northern Cambodia", *World Development*, Vol. 101, 2018.

［234］Bellver-Domingo, A., Hernández-Sancho, F., Molinos-Senante, M., "A Review of Payment for Ecosystem Services for the Economic Internalization of Environmental Externalities: A Water Perspective", *Geoforum*, Vol. 70, 2016.

［235］Benavides, C., Gonzales, L., Diaz, M., et al., "The Impact of a Carbon Tax on the Clean Electricity Generation Sector", *Energies*, Vol. 8, No. 4, 2015.

［236］Bian, J., Ren, H., Liu, P., "Evaluation of Urban Ecological Well-Being Performance in China: A Case Study of 30 Provincial Capital Cities", *Journal of Cleaner Production*, Vol. 254, 2020.

［237］Blazquez, J., Martin–Moreno, J., Perez, R., et al., "Fossil Fuel Price Shocks and CO_2 Emissions: The Case of Spain", *Energy Journal*, Vol. 38, No. 1, 2017.

［238］Bloom, N., "Fluctuations in Uncertainty", *Journal of Economic Perspectives*, Vol. 28, 2014.

［239］Blundo–Canto, G., Baxd, V., Quintero, M., et al., "The Different Dimensions of Livelihood Impacts of Payments for Environmental Services (PES) Schemes: A Systematic Review", *Ecological Economics*, Vol. 149, 2018.

［240］Busch, J., Ring, I., Akullo, M., et al., "A Global Review of Ecological Fiscal Transfers", *Nature Sustainability*, Vol. 4, No. 9, 2021.

［241］Chan, Y., "Are Macroeconomic Policies Better in Curbing Air Pollution than Environmental Policies? A DSGE Approach with Carbon–Dependent Fiscal and Monetary Policies", *Energy Policy*, Vol. 141, 2020.

［242］Chan, Y., "Collaborative Optimal Carbon Tax Rate under Economic and Energy Price Shocks: A Dynamic Stochastic General Equilibrium Model Approach", *Journal of Cleaner Production*, Vol. 256, 2020.

［243］Chan, Y., "On the Impacts of Anticipated Carbon Policies: A Dynamic Stochastic General Equilibrium Model Approach", *Journal of Cleaner Production*, Vol. 256, 2020.

［244］Chan, Y., "Optimal Emissions Tax Rates under Habit Formation and Social Comparisons", *Energy Policy*, Vol. 146, 2020.

［245］Cheng, X., Long, R., Chen, H., et al., "Coupling Coordination Degree and Spatial Dynamic Evolution of a Regional Green Competitiveness System – A Case Study from China", *Ecological Indicators*, Vol. 104, 2019.

［246］Chu, H., Lai, C., "Abatement R&D, Market Imperfections, and Environmental Policy in an Endogenous Growth Model", *Journal of Economic*

Dynamics and Control, Vol. 41, 2014.

［247］Chu, X., Zhang, J., Wang, C., et al., "Households' Willingness to Accept Improved Ecosystem Services and Influencing Factors: Application of Contingent Valuation Method in Bashang Plateau, Hebei Province", *Journal of Environmental Management*, Vol. 255, 2020.

［248］Cox, G., "Selling Forest Environmental Services: Market-Based Mechanisms for Conservation and Development", *Ecological Economics*, Vol. 45, No. 2, 2016.

［249］Dilaver, O., Jump, R., Levine, P., "Agent-Based Macroeconomics and Dynamic Stochastic General Equilibrium Models: Where do We Go from here?", *Journal of Economic Surveys*, Vol. 32, No. 4, 2018.

［250］Dissou, Y., Karnizova, L., "Emissions Cap or Emissions Tax? A Multi-Sector Business Cycle Analysis", *Journal of Environmental Economics and Management*, Vol. 79, 2016.

［251］Engel, S., "The Devil in the Detail: A Practical Guide on Designing Payments for Environmental Services", *International Review of Environmental Resource and Economics*, Vol. 9, No. 1-2, 2016.

［252］Eyraud, L., Lusinyan, L., "Vertical Fiscal Imbalance and Fiscal Performance in Advanced Economies", *Journal of Monetary Economics*, Vol.60, No. 5, 2013.

［253］Ezzine-de-Blas, D., Corbera, E., Lapeyre, R., "Payments for Environmental Services and Motivation Crowding: Towards a Conceptual Framework", *Ecological Economics*, Vol. 156, 2019.

［254］Ezzine-de-Blas, D., Wunder, S., Ruiz-Pérez, M., et al., "Global Patterns in the Implementation of Payments for Environmental Services", *PLoS One*, Vol. 11, No. 3, 2016.

[255] Farmer, J., Hepburn, C., Mealy P., et al., "A Third Wave in the Economics of Climate Change", *Environmental & Resource Economics*, Vol. 62, No. 2, 2015.

[256] Feng, D., Liang, L., Wu, W., et al., "Factors Influencing Willingness to Accept in the Paddy Land-to-Dry Land Program Based on Contingent Value Method", *Journal of Cleaner Production*, Vol. 183, 2018.

[257] Feng, Y., Dong, X., Zhao, X., et al., "Evaluation of Urban Green Development Transformation Process for Chinese Cities during 2005 - 2016", *Journal of Cleaner Production*, Vol. 266, 2020.

[258] Fischer, C., Heutel, G., "Environmental Macroeconomics: Environmental Policy, Business Cycles, and Directed Technical Change", *Annual Review of Resource Economics*, Vol. 5, 2013.

[259] García-Amado, L., Pérez, M., Garcí a, S., "Motivation for Conservation: Assessing Integrated Conservation and Development Projects and Payments for Environmental Services in La Sepultura Biosphere Reserve, Chiapas, Mexico", *Ecological Economics*, Vol. 89, 2013.

[260] Gerst, M., Wang, P., Roventini, A., et al., "Agent-Based Modeling of Climate Policy: An Introduction to the ENGAGE Multi-Level Model Framework", *Environmental Modelling and Software*, Vol. 44, 2013.

[261] Gonschorek, G., Schulze, G., Sjahrir, B., "To the Ones in Need or the Ones You Need? The Political Economy of Central Discretionary Grants Empirical Evidence from Indonesia", *European Journal of Political Economy*, Vol. 54, 2018.

[262] Hayes, T., Murtinho, F., Wolff, H., "An Institutional Analysis of Payment for Environmental Services on Collectively Managed Lands in Ecuador", *Ecological Economics*, Vol. 118, 2015.

［263］He, J., Huang, A., Xu, L., "Spatial Heterogeneity and Transboundary Pollution: A Contingent Valuation (CV) Study on the Xijiang River Drainage Basin in South China", *China Economic Review*, Vol. 36, 2015.

［264］Hope, C., "Critical Issues for the Calculation of the Social Cost of CO_2: Why the Estimates from PAGE09 are Higher than Those from PAGE2002", *Climatic Change*, Vol. 117, No. 3, 2013.

［265］Huang, Y., Li, L., Yu, Y., "Does Urban Cluster Promote the Increase of Urban Eco-Efficiency? Evidence from Chinese Cities", *Journal of Cleaner Production*, Vol.197, 2018.

［266］Ingram, J., Wilkie, D., Clements, T., et al., "Evidence of Payments for Ecosystem Services as a Mechanism for Supporting Biodiversity Conservation and Rural Livelihoods", *Ecosystem Services*, Vol. 7, 2014.

［267］Kolinjivadi, V., Mendez, A., Dupras, J., "Putting Nature 'to Work' through Payments for Ecosystem Services (PES): Tensions between Autonomy, Voluntary Action and the Political Economy of Agri-Environmental Practice", *Land Use Policy*, Vol. 81, 2019.

［268］Li, C. & R. Swain, "Growth, Water Resilience, and Sustainability: A DSGE Model Applied to South Africa", *Working Paper*, Vol. 2, No. 4, 2014.

［269］Liu, A., "Tax Evasion and Optimal Environmental Taxes", *Journal of Environmental Economics and Management*, Vol. 66, No. 3, 2013.

［270］Liu, Z., Kontoleon, A., "Meta-Analysis of Livelihood Impacts of Payments for Environmental Services Programmes in Developing Countries", *Ecological Economics*, Vol. 149, 2018.

［271］Lloyd-Smith, P., Adamowicz, W., "Can Stated Measures of Willingness-to-Accept Be Valid? Evidence from Laboratory Experiments", *Journal of Environmental Economics and Management*, Vol. 91, 2018.

［272］Martin, A., Gross-Camp, N., Kebede, B., et al., "Measuring Effectiveness, Efficiency and Equity in an Experimental Payments for Ecosystem Services Trial", *Global Environmental Change*, Vol. 28, 2014.

［273］Muradian, R., Arsel, M., Pellegrini, L., et al., "Payments for Ecosystem Services and the Fatal Attraction of Win-Win Solutions", *Conservation Letters*, Vol. 6, No. 4, 2013.

［274］Nissien, A., Heiskanen, E., "Combinations of Policy Instruments to Decrease the Climate Impacts of Housing, Passenger Transport and Food in Finland", *Journal of Cleaner Production*, No. 107, 2014.

［275］Niu, T., Yao, X., Shao, S., et al., "Environmental Tax Shocks and Carbon Emissions: An Estimated DSGE Model", *Structural Change and Economic Dynamics*, Vol. 47, 2018.

［276］Obeng, E., Aguilar, F., "Value Orientation and Payment for Ecosystem Services: Perceived Detrimental Consequences Lead to Willingness-to-Pay for Ecosystem Services", *Journal of Environmental Management*, Vol. 206, 2018.

［277］Ola, O., Menapacea, L., Benjamin, E., et al., "Determinants of the Environmental Conservation and Poverty Alleviation Objectives of Payments for Ecosystem Services (PES) Programs", *Ecosystem Services*, Vol. 35, 2019.

［278］Pan X., Xu H., Li M., et al., "Environmental Expenditure Spillovers: Evidence from an Estimated Multi-Area DSGE Model", *Energy Economics*, Vol. 86, 2020.

［279］Parhi, M., Diebolt, C., Mishra, T., et al., "Convergence Dynamics of Output: Do Stochastic Shocks and Social Polarization Matter?", *Economic Modelling*, Vol. 30, 2013.

［280］Pastor, L., Veronesi, P., "Political Uncertainty and Risk Premia",

Journal of Financial Economics, Vol. 110, 2013.

[281] Ren, Y., Lu, L., Zhang, H., et al., "Residents' Willingness to Pay for Ecosystem Services and Its Influencing Factors: A Study of the Xin'an River Basin", *Journal of Cleaner Production*, Vol. 268, No. 122301, 2020.

[282] Rodríguez-de-Francisco, J., Budds, J., "Payments for Environmental Services and Control over Conservation of Natural Resources: The Role of Public and Private Sectors in the Conservation of the Nima Watershed, Colombia", *Ecological Economics*, Vol. 117, 2015.

[283] Salzman, J., Bennett, G., Carroll, N., et al., "The Global Status and Trends of Payments for Ecosystem Services", *Nature Sustainability*, Vol. 1, No. 3, 2018.

[284] Schomers, S., Matzdorf , B., "Payments for Ecosystem Services: A Review and Comparison of Developing and Industrialized Countries", *Ecosystem Services*, Vol. 6, 2013.

[285] Shobandea, O., Shodipeb, O., "Carbon Policy for the United States, China and Nigeria: An Estimated Dynamic Stochastic General Equilibrium Model", *Science of the Total Environment*, No. 697, 2019.

[286] Stern, N., "Current Climate Models are grossly Misleading", *Nature*, Vol. 530, 2016.

[287] Stiglitz, J., "Where Modern Macroeconomics Went Wrong", *Oxford Review of Economic Policy*, Vol. 34, No. 1-2, 2018.

[288] Torres, J., *Introduction to Dynamic Macroeconomic General Equilibrium Models*, Vernon Press, 2013.

[289] Wesseh, P., Lin, B., "Optimal Carbon Taxes for China and Implications for Power Generation, Welfare, and the Environment", *Energy Policy*, Vol. 118, 2018.

[290] Wu, Y., Huang, Y., Zhao, J., et al., "Transfer Payment Structure and Local Government Fiscal Efficiency: Evidence from China", *China Finance and Economic Review*, Vol. 5, No. 1, 2017.

[291] Wunder, S., "Revisiting the Concept of Payments for Environmental Services", *Ecological Economics*, Vol. 20, 2015.

[292] Wunder, S., Brouwer, R., Engel, S., et al., "From Principles to Practice in Paying for Nature's Services", *Nature Sustainability*, Vol. 1, No. 3, 2018.

[293] Xiao, B., Fan, Y., Guo, X., "Dynamic Interactive Effect and Co-Design of SO_2 Emission Tax and CO_2 Emission Trading Scheme", *Energy Policy*, Vol. 152, 2021.

[294] Yu, H., Wang, Y., Li, X., et al., "Measuring Ecological Capital: State of the Art, Trends, and Challenges", *Journal of Cleaner Production*, Vol. 219, 2019.

[295] Yuan, Q., Yang, D., Yang, F., et al., "Green Industry Development in China: An Index Based Assessment from Perspectives of both Current Performance and Historical Effort", *Journal of Cleaner Production*, Vol. 250, 2020.

[296] Zając, P., Avdiushchenko, A., "The Impact of Converting Waste into Resources on the Regional Economy, Evidence from Poland", *Ecological Modelling*, Vol. 437, 2020.

[297] Zhang, H., Cao, T., Li, H., et al., "Dynamic Measurement of News-Driven Information Friction in China's Carbon Market: Theory and Evidence", *Energy Economics*, Vol. 95, 2021.

[298] Zhang, J., Zhang, Y., "Examining the Economic and Environmental Effects of Emissions Policies in China: A Bayesian DSGE Model", *Journal of Cleaner Production*, Vol. 266, 2020.

后　记

　　党的二十大报告指出要"建立生态产品价值实现机制，完善生态保护补偿制度"。建立健全流域生态补偿制度，尤其是跨界流域生态补偿制度，是完善生态保护补偿制度的重要内容。基于国家社科基金项目2019年度课题指南中应用经济的第78号具体条目——健全生态补偿机制研究，《跨界流域生态补偿的一般均衡分析及横向转移支付研究》课题设计成功获得国家社科基金重点项目资助（批准号：19AJY007）。

　　课题组在项目设计时指出，我国生态补偿在补偿范围、补偿框架和补偿方式上呈现"三重三轻"现象：重区内生态补偿、轻区际生态补偿；重局部均衡分析、轻一般均衡分析；重纵向转移支付、轻横向转移支付。因此，本项目以新安江流域生态补偿为例，围绕效率补偿原则探究一般均衡分析框架下跨界流域生态补偿中不同参与主体的效用变化和福利损益，并基于公平补偿原则探究跨界流域横向转移支付中的均衡性转移支付和生态转移支付及与其他环保政策的协同效应。立项以来，课题组按照国家社科基金重点项目的要求，先后经历了细化提纲、调查研究、报告撰写、论文和成果要报写作、参会宣讲、课题报告完善等阶段。

　　课题组先后发表论文10余篇：包括SSCI论文3篇，其中一区2篇；SCI论文4篇，其中一区2篇；CSSCI论文1篇，中国精品科技期刊论文1

篇，人大复印资料《生态环境与保护》全文转载 1 篇。与此同时，撰写成果要报 4 件：2 件得到浙江省委原书记的肯定性批示，2 件得到浙江省原省长的肯定性批示，1 件得到浙江省原常务副省长的肯定性批示，1 件得到浙江省原副省长的肯定性批示，1 件得到民盟中央采用，1 件得到杭州市发改委等有关部门采纳。此外，形成专著 1 部，由人民出版社出版。

本书是课题组集体智慧的结晶。每一章都由我与执笔人研讨后形成写作提纲，初稿形成后我对每一章稿子进行认真审读并提出详细的修改意见。有一些章节系发表的论文整合而来，过程中修改了很多轮。各章执笔的分工如下：

绪论，谢慧明（宁波大学商学院、长三角生态文明研究中心、东海研究院）；第一章，郭立伟（浙大城市学院商学院）、谢慧明；第二章，谢慧明、裘文韬（中央财经大学政府管理学院）、吴应龙（浙江大学经济学院）；第三章，余璇（宁波大学商学院、东海研究院）；第四章，谢慧明、郑瑶琪（宁波大学商学院）；第五章，郑瑶琪、谢慧明；第六章，郑瑶琪、谢慧明；第七章，程永毅（宁波大学商学院、东海研究院）江挺（厦门大学环境与生态学院）；第八章，谢慧明、毛狄（浙江大学经济学院）、沈满洪（浙江农林大学生态文明研究院）；第九章，毛狄、沈满洪、谢慧明；第十章，王迪（浙江农林大学生态文明研究院）、谢慧明；第十一章，张兵兵（浙江财经大学财政税务学院）、谢慧明；第十二章，谢慧明、马捷（浙江理工大学经济管理学院）、沈满洪；第十三章，谢慧明、吴应龙；第十四章，谢慧明、沈满洪、张兵兵。

在项目调研过程中，浙江省杭州市、宁波市、淳安县和安徽省黄山市等有关职能部门均给予了大力支持，在此表示衷心感谢！在阶段性成果的形成过程中，课题组先后参加了 2020 年中国城市学年会、第二届和第五届中国能源环境与气候变化经济学者论坛、第六届中国财政学论坛等会议 10 余次，与会专家在充分肯定的基础上给出了许多建设性意见，在此一并表示感谢！值此出版之际，感谢宁波大学东海研究院和浙江省陆海国土空间利用与治理协同创新中心的出版资助，感谢人民出版社吴焰东副主任的精心指教和认真审读，感谢宁波大学商学院唐慧阳研究生的细致校对！此外，鉴于课题研究周期较长，一些文件和数据的引用相对滞后，一些结论的延展性也有待进一步检验，不足之处敬请指正！

谢慧明

2023 年 8 月

责任编辑：吴焰东
封面设计：石笑梦

图书在版编目（CIP）数据

跨界流域生态补偿的一般均衡分析及横向转移支付研究／谢慧明等 著 . —北京：
人民出版社，2023.10
ISBN 978-7-01-025864-5

I.①跨… II.①谢… III.①流域—生态环境—补偿—机制—研究—中国
IV.① X321.2

中国国家版本馆 CIP 数据核字（2023）第 155544 号

跨界流域生态补偿的一般均衡分析及横向转移支付研究
KUAJIE LIUYU SHENGTAI BUCHANG DE YIBAN JUNHENG FENXI JI
HENGXIANG ZHUANYI ZHIFU YANJIU

谢慧明　沈满洪　毛狄　等著

人民出版社 出版发行
（100706　北京市东城区隆福寺街 99 号）

北京中科印刷有限公司印刷　新华书店经销

2023 年 10 月第 1 版　2023 年 10 月北京第 1 次印刷
开本：710 毫米 ×1000 毫米 1/16　印张：24.5
字数：330 千字

ISBN 978-7-01-025864-5　定价：108.00 元

邮购地址 100706　北京市东城区隆福寺街 99 号
人民东方图书销售中心　电话（010）65250042　65289539